55 43 这样的包装真让人欣喜呀（使用的线的颜色应不同于搭配物的颜色），作品参见P52、P40。

19 人 品参见P24。

59 花样钩织到第2行时，与上下的花样搭配组合古典优雅（使用的线的颜色应不同于搭配物的颜色），作品参见P53。

57 用黏合剂粘贴到竹制盒子上，独具匠心（使用的线的颜色应不同于搭配物的颜色），作品参见P52。

169 用黏合剂与纸粘贴组合，作品参见P113。

197 摇曳的镶边用作室内装饰，作品参见P125。

208 用来装饰货架，让厨房小物增添几分乐趣，作品参见P132。

191 不同材质的搭配会更加温暖，作品参见P124。

203 缠在香烛瓶口，可以随时替换，作品参见P129。

209.210.212 与便签或卡片一起放在软木板上，作品参见P136。

173 和珍珠串珠搭配制作出纤细的项链，作品参见P116。

198 用来装饰普通的手帕，营造出特别的感觉，作品参见P128。

目录
Contents

PART Ⅰ

原色小垫布

在PART Ⅰ 中汇集了用原色钩织的各种小垫布。不论是纤细可爱的小花、绽放盛开的大花样饰小垫布，还是梦幻般充满魅力的雪花小垫布，包括广受大家好评的“凤梨花样钩织”“网状钩织”“方眼钩织”等，都有详细的介绍。

1 15cm

2 20cm

钩织方法：详见P10~11
设计制作：河合真弓

重点提示

I

锁针的圆环起针

最初针脚的钩织方法

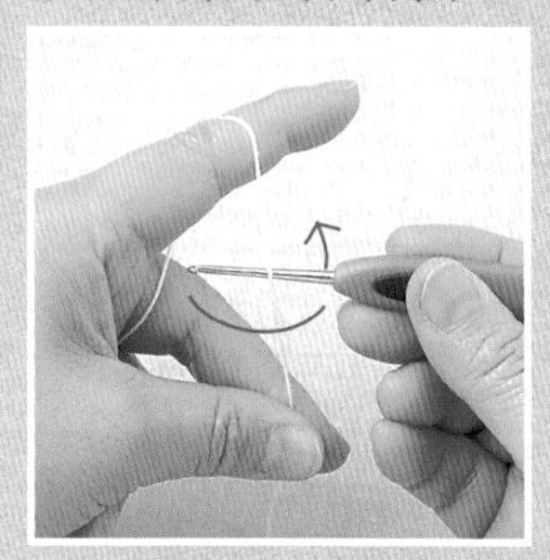

1 左手拿线，右手拿钩针，从线的外侧插入钩针，再按照箭头所示方法转1圈。

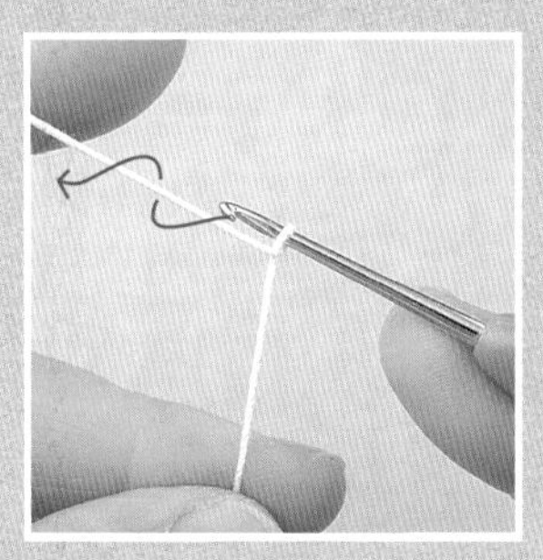

2 再次按照箭头所示方法转动钩针，再挂线。

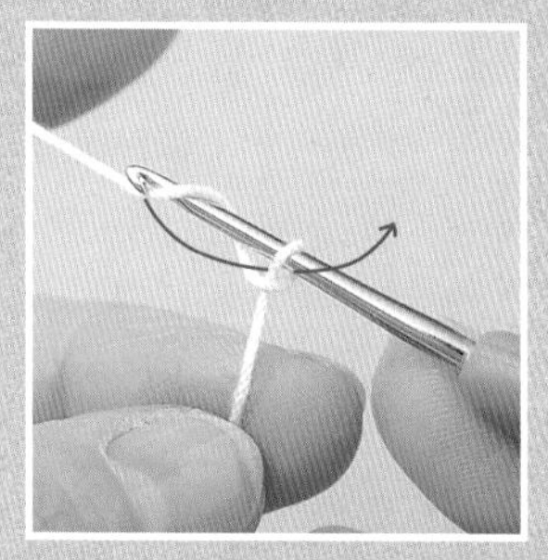

3 钩针上挂线后，按照箭头所示方向引拔钩织。

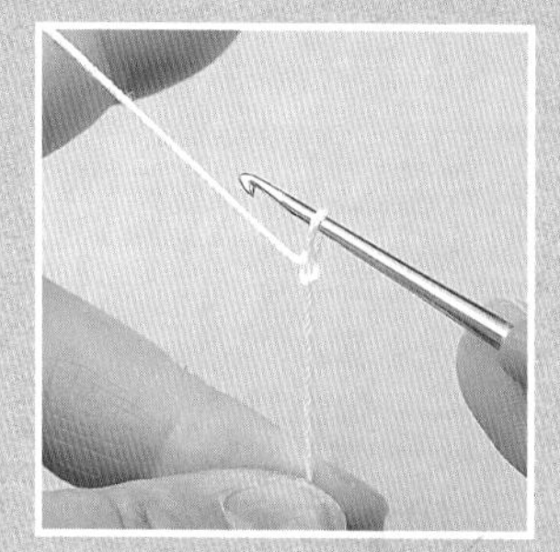

4 "最初针脚"钩织完成。此针不算做1针。

锁针 ⬭

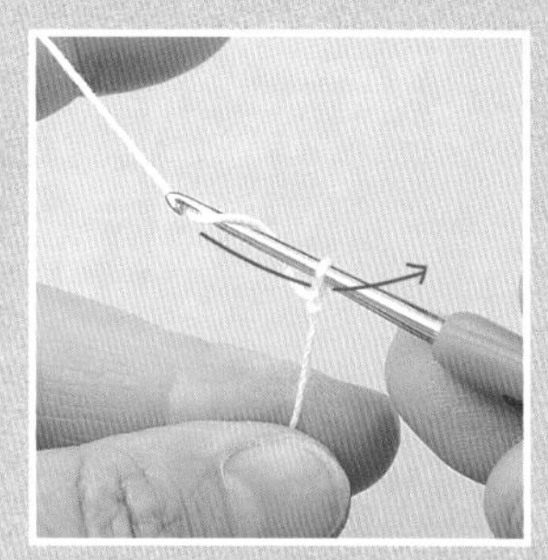

5 钩针上挂线，按照箭头所示方法引拔钩织。

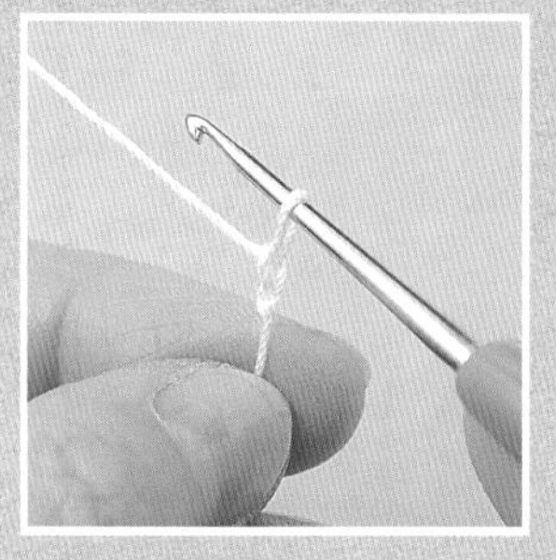

6 完成1针锁针，此针算做第1针锁针。

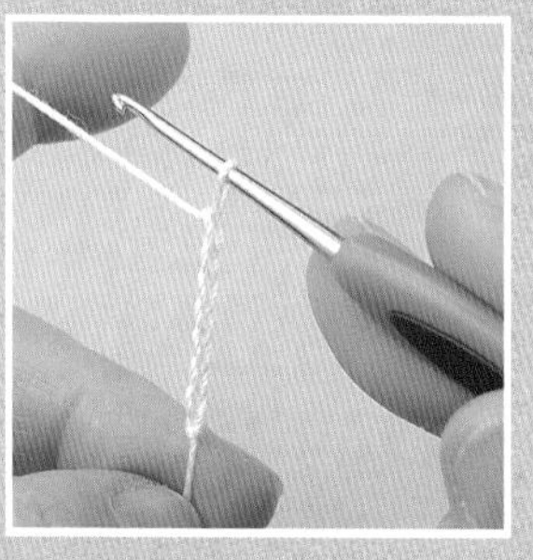

7 按照步骤5的要领，再次钩织6针锁针，合计7针。

引拔针 ⬬

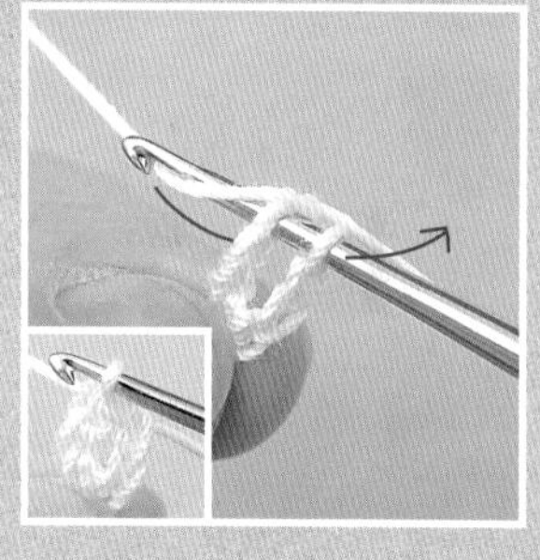

8 将钩针插入第1针锁针中，挂线后引拔钩织，完成引拔针。

长针和短针

长针（第1行）

1 先钩织3针立起的锁针，再在钩针上挂线，然后按照箭头所示方法将钩针插入圆环中，引拔抽出线。

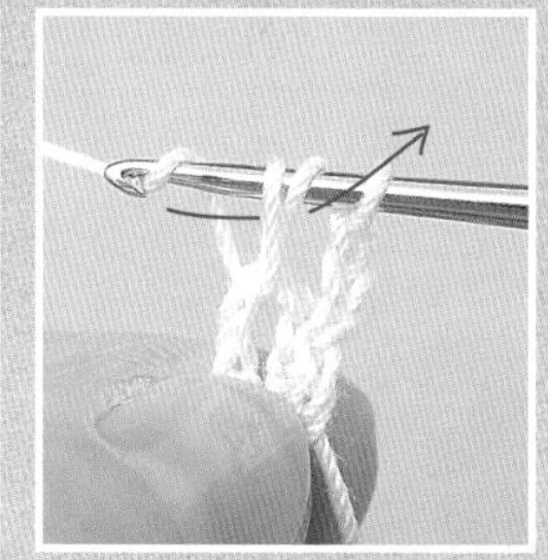

2 钩针上挂线后先引拔穿过2个线圈。

3 再次在钩针上挂线，引拔穿过剩下的线圈，1针长针钩织完成。

短针（第4行）×

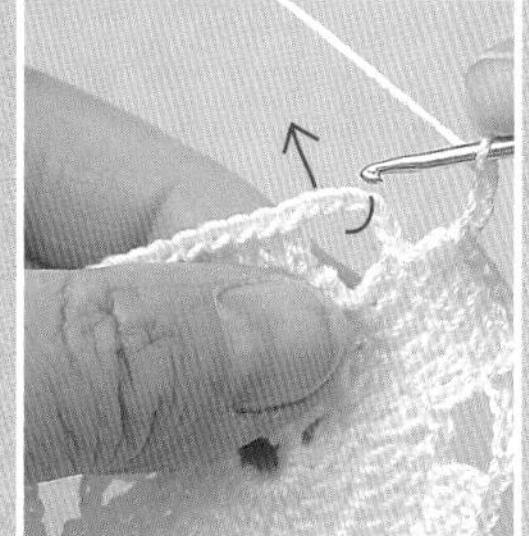

4 按照箭头所示将上一行的锁针成束挑起后引拔抽出。

5 针尖挂线，一次性引拔穿过2个线圈，1针短针钩织完成。

I

尺寸：15 cm

作品参见P8

重点提示见P9

材料及工具

奥林巴斯Emmygrande：8g

蕾丝针：0号

尺寸：20 cm

作品参见P8

材料及工具

奥林巴斯Emmygrande：14g

蕾丝针：0号

3　20cm

4　20cm

钩织方法：详见P14~15
设计制作：河合真弓

重点提示

4

锁针的圆环起针

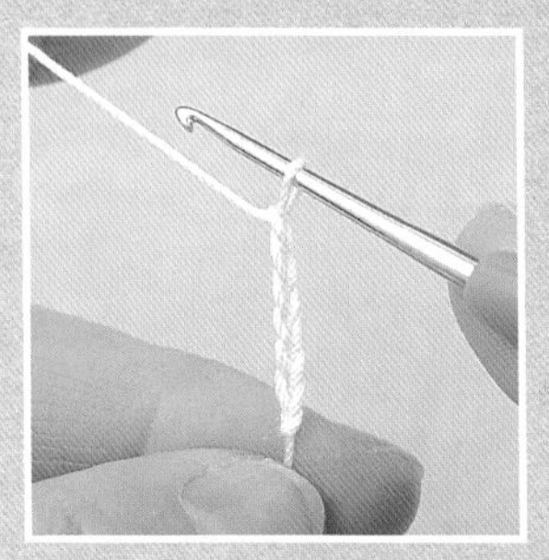

5 参照P9“锁针的圆环起针”的步骤1~6，按照相同的要领钩织5针锁针，共计6针。

引拔针

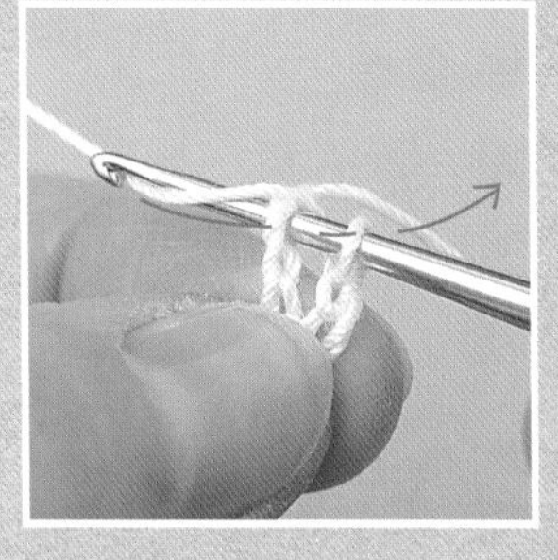

6 最后，将钩针插入第1针锁针中，挂线后引拔钩织。

7 中心钩织出“锁针的圆环起针”。

长针的枣形针（第2行）

锁针3针和长针3针的枣形针

I 钩织最初的枣形针时，先钩织3针立起的锁针，然后将上一行的线圈成束挑起，钩织未完成的长针。

未完成的3针长针

2 钩织3针未完成的长针，挂线后一次性引拔穿过所有的线圈。最初的枣形针完成。

4针长针的枣形针

3 第2次钩织枣形针时，按照步骤2的方法钩织4针未完成的长针，挂线后一次性引拔穿过所有的线圈。

4 钩织完2针枣形针后会出现如图所示的样子。第3针后按照步骤3的要领钩织。

从第4行开始钩织四边形

前3行1圈钩织16个花样，第4行在4个地方钩织凤梨花样，基底部分由长长针和锁针构成扇形花样。

重点提示

117 作品参见P88

配色线的替换方法

I 在第3行替换颜色。钩织完第2行最后的引拔针时，先将钩织好的线挂在钩针上，再将替换的线挂在针尖，然后按照箭头所示方向引拔钩织。

2 接着钩织1针立起的锁针，再用短针钩织一圈。

3 钩织完第3行最后的短针后，按照步骤1所示方法在最后的引拔针处替换配色线。

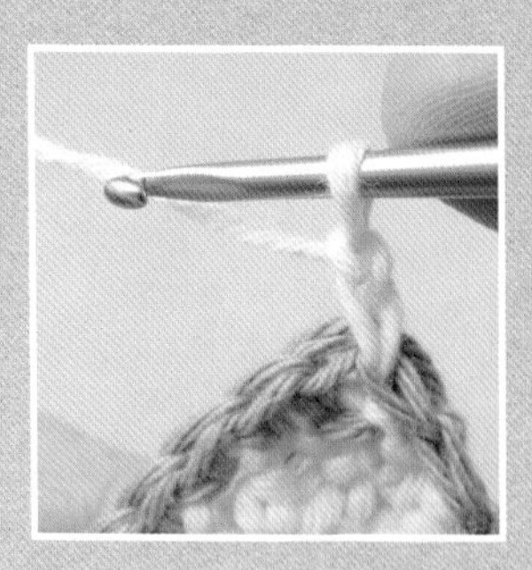

4 接着钩织2针立起的锁针。

3

尺寸：20 cm

作品参见P12

材料及工具

奥林巴斯Emmygrande：17g

蕾丝针：0号

4

尺寸：20 cm

作品参见P12

重点提示见P13

材料及工具

奥林巴斯Emmygrande：10g

蕾丝针：0号

5 10cm 10cm 6

7 10cm 10cm 8

钩织方法：详见P18
设计制作：Sachiyo*Fukao

9 10cm 10cm 10

11 10cm 10cm 12

钩织方法：详见P19
设计制作：Sachiyo*Fukao

5

尺寸：10 cm

作品参见P16

材料及工具

奥林巴斯Emmygrande：5g

钩针：2/0号

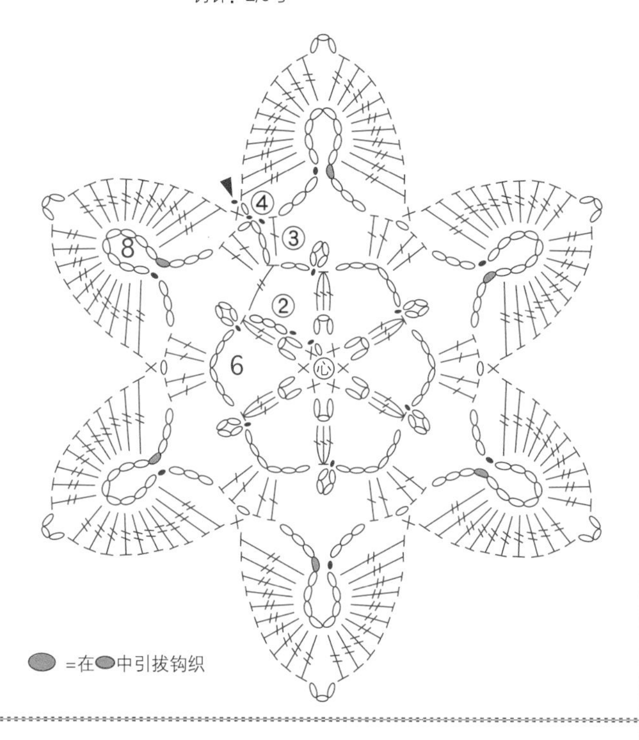

⬬ =在⬬中引拔钩织

6

尺寸：10 cm

作品参见P16

材料及工具

奥林巴斯Emmygrande：5g

钩针：2/0号

7

尺寸：10 cm

作品参见P16

材料及工具

奥林巴斯Emmygrande：5g

钩针：2/0号

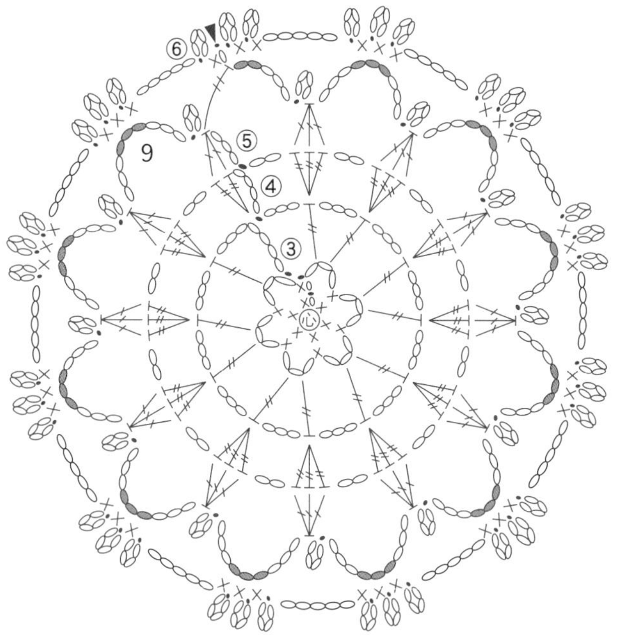

⬬ =钩织第6行引拔小链针的短针时，在此针锁针的半针里山中钩织

8

尺寸：10 cm

作品参见P16

材料及工具

奥林巴斯Emmygrande：5g

钩针：2/0号

9

尺寸：10 cm

作品参见P17

材料及工具

奥林巴斯Emmygrande：6g

钩针：2/0号

10

尺寸：10 cm

作品参见P17

材料及工具

奥林巴斯Emmygrande：5g

钩针：2/0号

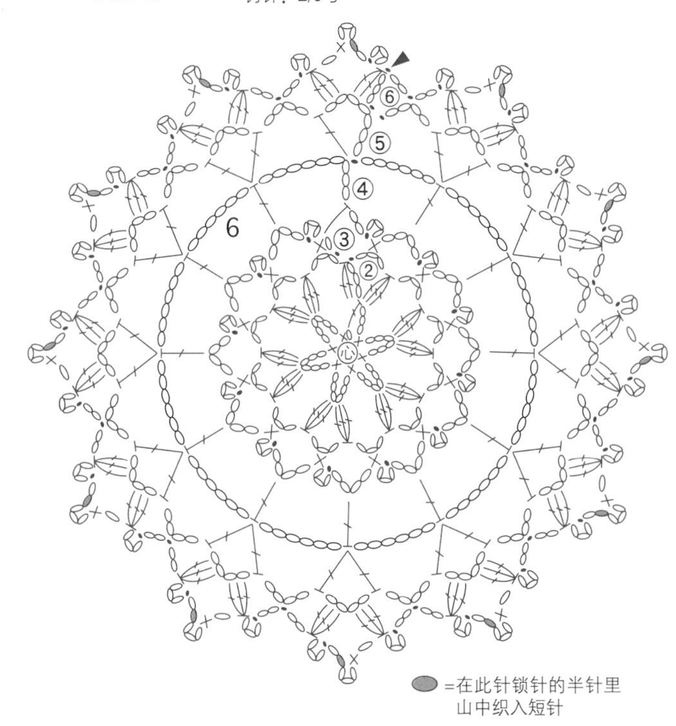

=在此针锁针的半针里山中织入短针

11

尺寸：10 cm

作品参见P17

材料及工具

奥林巴斯Emmygrande：4g

钩针：2/0号

=在此针锁针的半针里山中织入短针

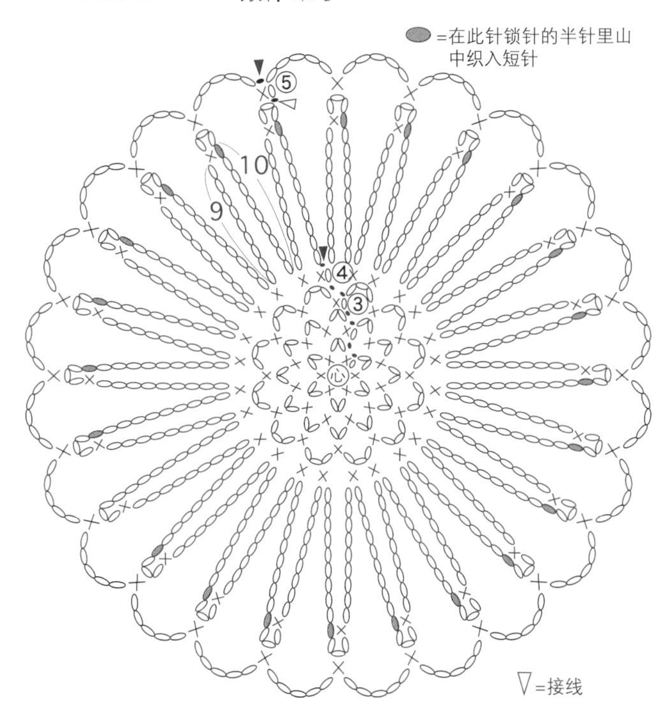

▽=接线

12

尺寸：10 cm

作品参见P17

材料及工具

奥林巴斯Emmygrande：7g

钩针：2/0号

=2行缘钩织

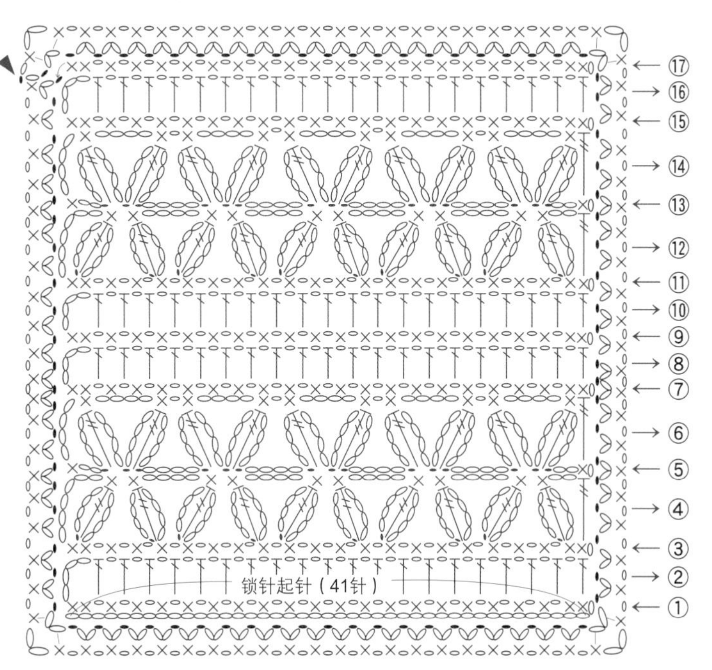

13 20cm

14 20cm

钩织方法：详见P22
设计制作：冈麻理子

20cm I5

20cm I6

钩织方法：详见P23

设计制作：作品15：冈麻理子；作品16：利阳

13

尺寸：20 cm

作品参见P20

材料及工具

奥林巴斯Emmygrande：18g

蕾丝针：0号

14

尺寸：20 cm

作品参见P20

材料及工具

奥林巴斯Emmygrande：14g

蕾丝针：0号

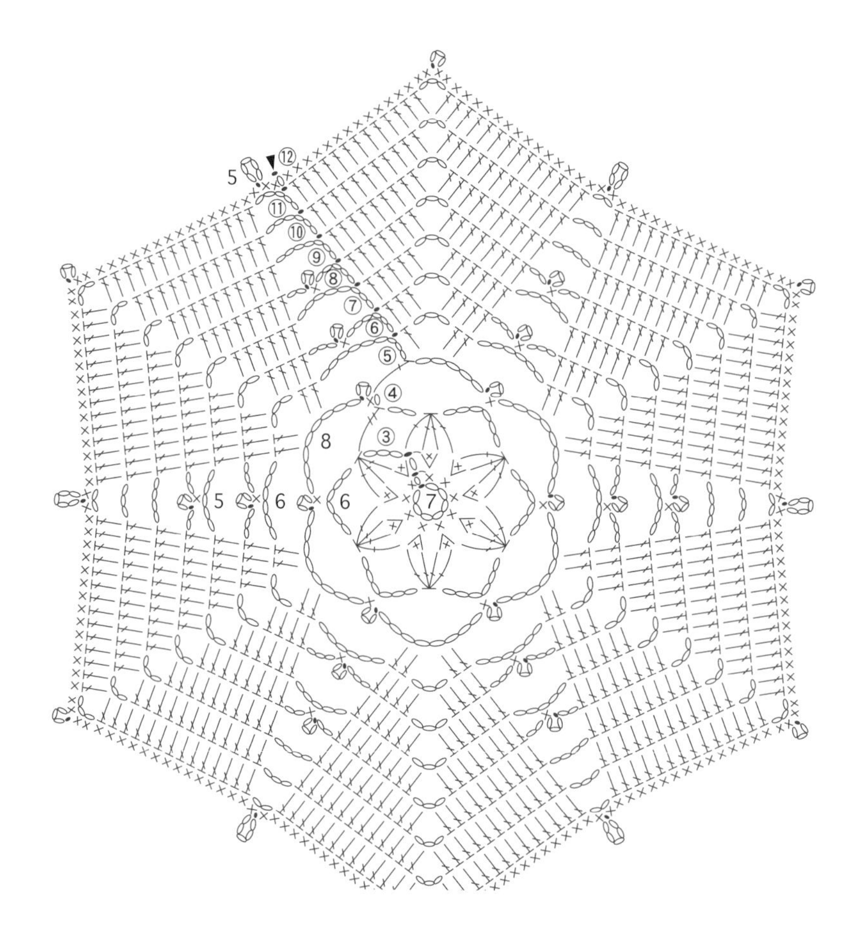

I5

尺寸：20 cm

作品参见P21

材料及工具

奥林巴斯Emmygrande：14g

蕾丝针：0号

I6

尺寸：20 cm

作品参见P21

材料及工具

奥林巴斯Emmygrande：16g

蕾丝针：0号

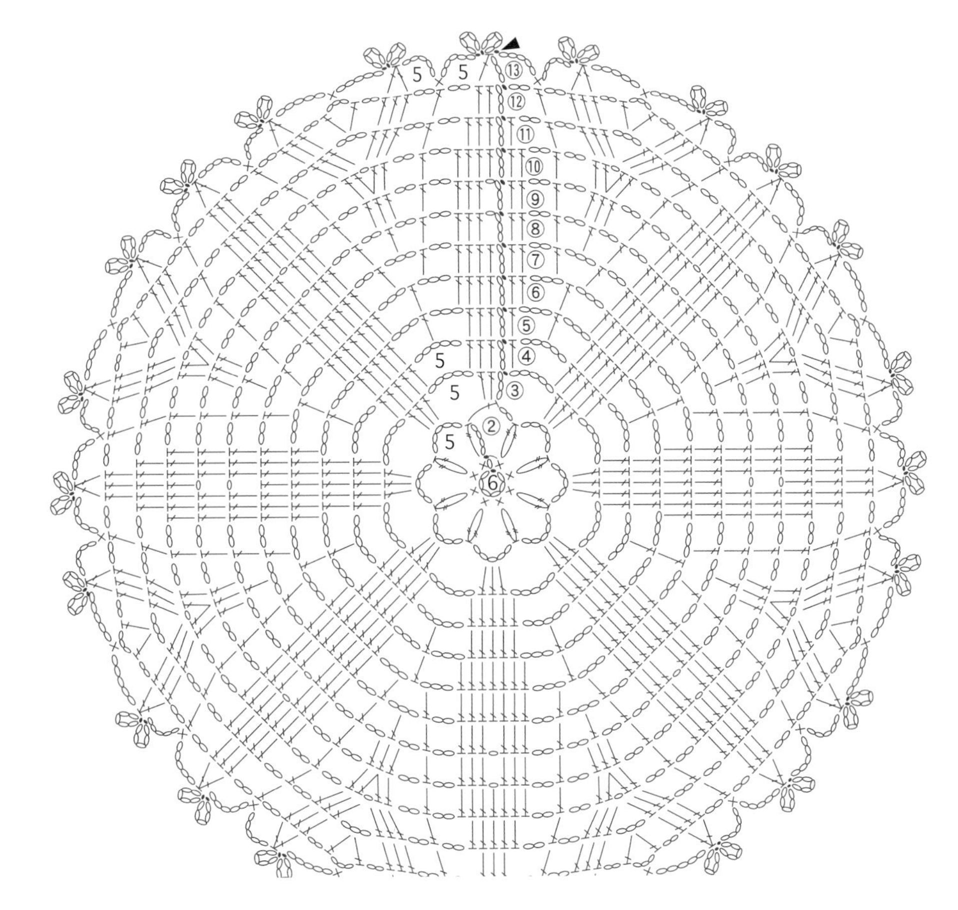

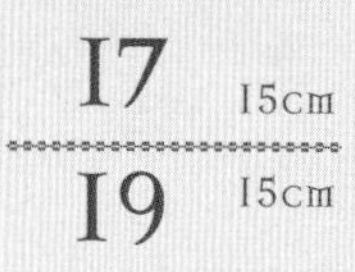

I5cm I8

I5cm 20

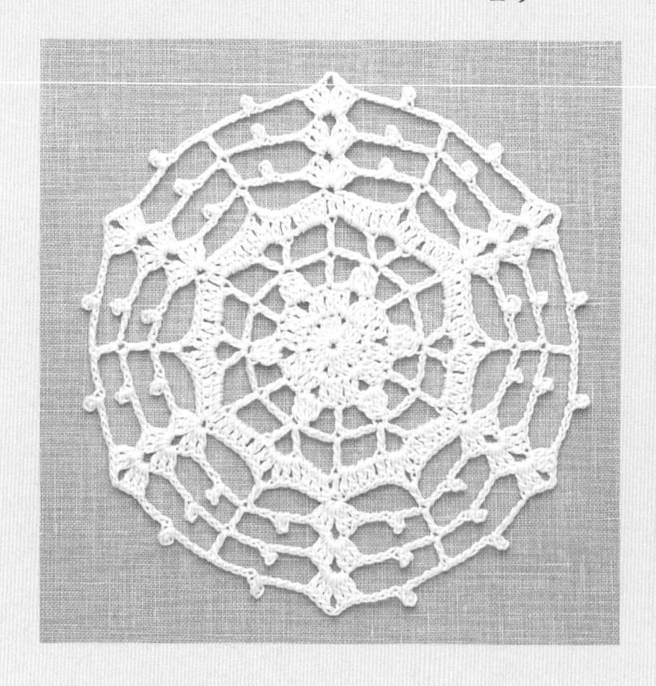

钩织方法：详见P26
设计制作：武田敦子

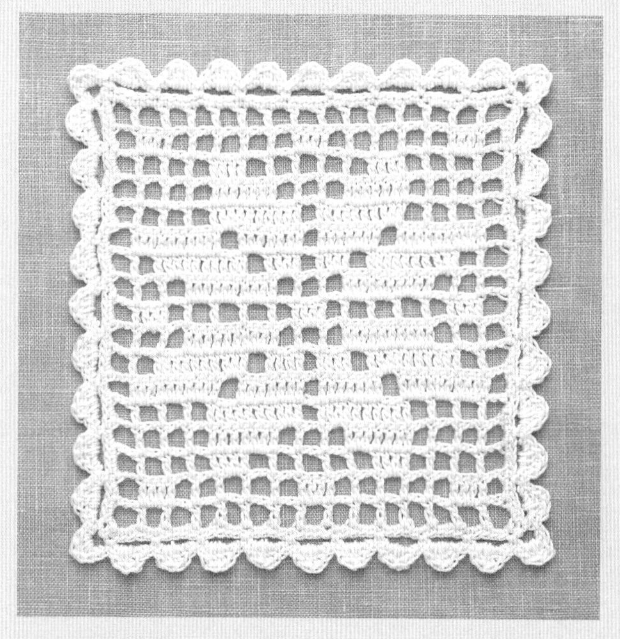

21 15cm 15cm 22

23 15cm 15cm 24

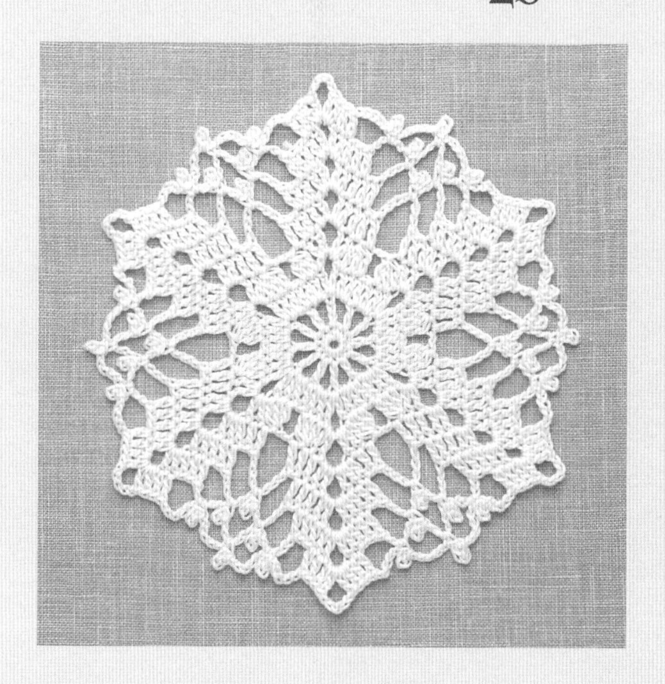

钩织方法：详见P27
设计制作：武田敦子

17

尺寸：15 cm

作品参见P24

材料及工具

奥林巴斯Emmygrande：象牙白4g

蕾丝针：0号

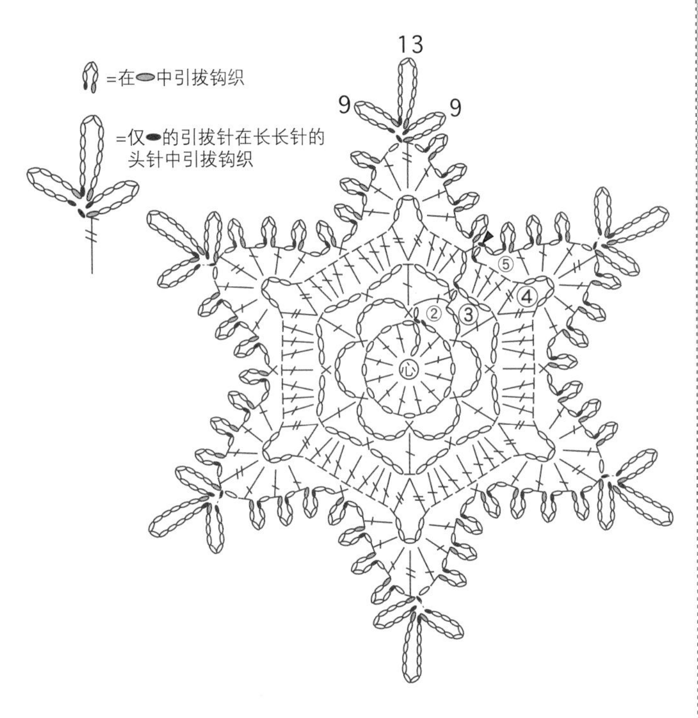

18

尺寸：15 cm

作品参见P24

材料及工具

奥林巴斯Emmygrande：象牙白7g

蕾丝针：0号

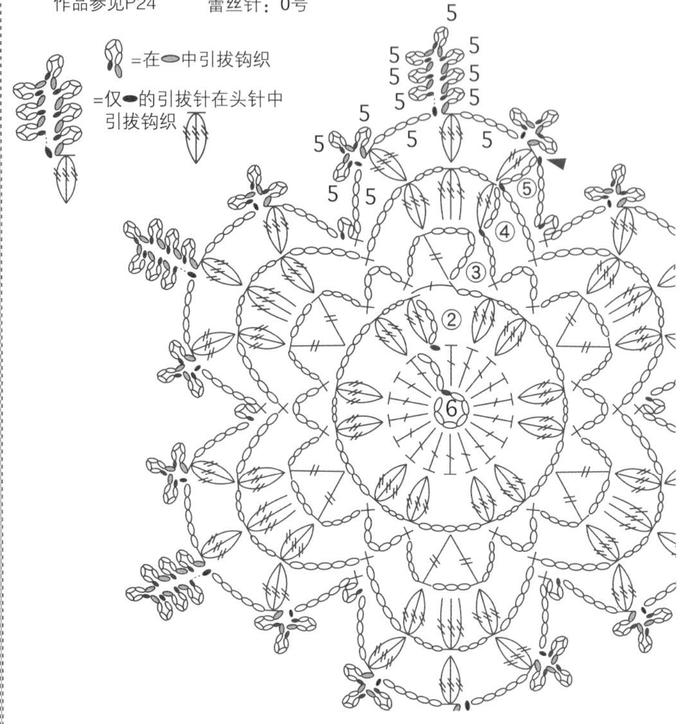

19

尺寸：15 cm

作品参见P24

材料及工具

奥林巴斯Emmygrande：象牙白7g

蕾丝针：0号

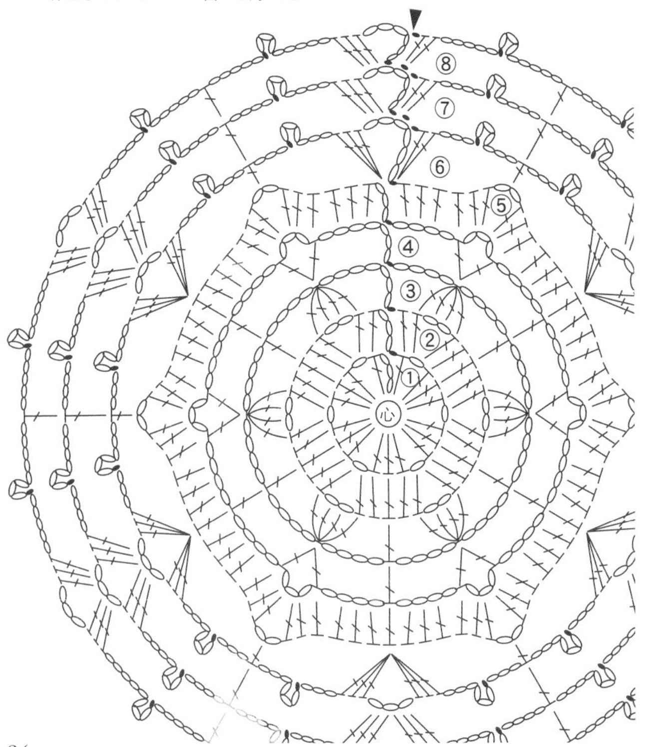

20

尺寸：15 cm

作品参见P24

材料及工具

奥林巴斯Emmygrande：象牙白5g

蕾丝针：0号

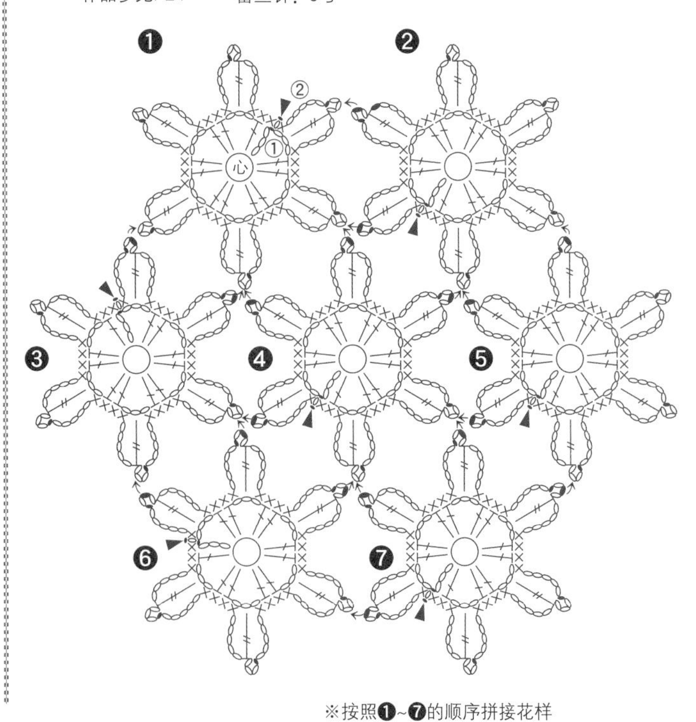

※按照❶~❼的顺序拼接花样

21

尺寸：15 cm

作品参见P25

材料及工具

奥林巴斯Emmygrande：象牙白4g

蕾丝针：0号

22

尺寸：15 cm

作品参见P25

材料及工具

奥林巴斯Emmygrande：象牙白11g

蕾丝针：0号

=在●中织入1针短针、1针锁针、1针短针

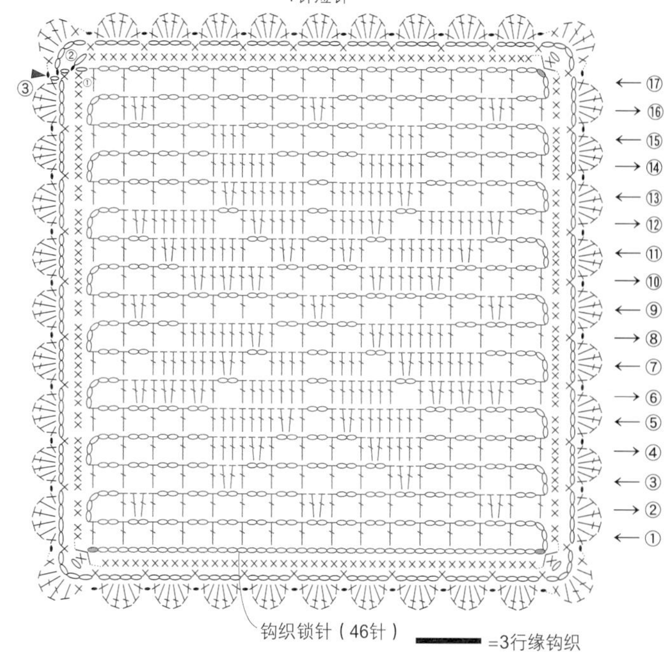

23

尺寸：15 cm

作品参见P25

材料及工具

奥林巴斯Emmygrande：象牙白6g

蕾丝针：0号

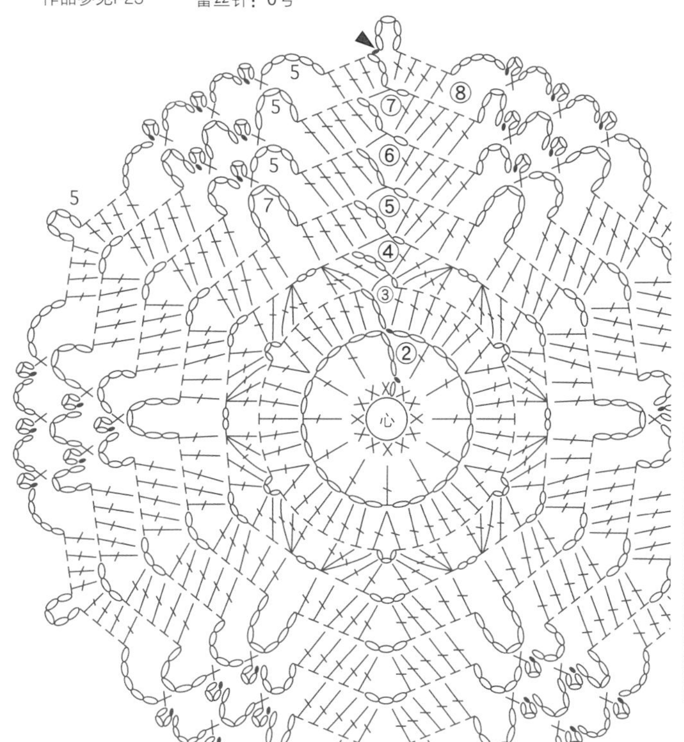

24

尺寸：15 cm

作品参见P25

材料及工具

奥林巴斯Emmygrande：象牙白4g

蕾丝针：0号

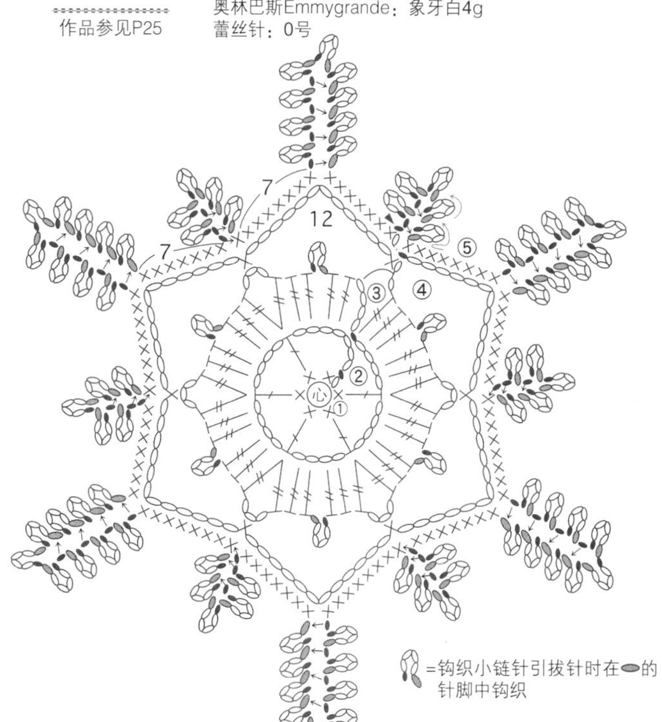

25 15cm　15cm 26

27 15cm　15cm 28

钩织方法：详见P30
设计制作：芹泽圭子

29 15cm 15cm 30

31 15cm 15cm 32

钩织方法：详见P31
设计制作：芹泽圭子

25

尺寸：15 cm

作品参见P28

材料及工具

奥林巴斯Emmygrande：9g

蕾丝针：0号

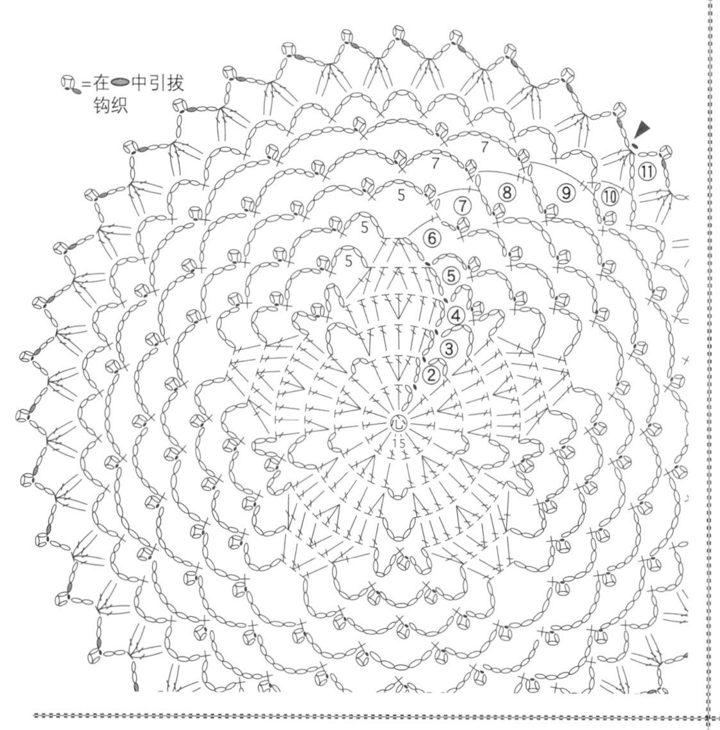

26

尺寸：15 cm

作品参见P28

材料及工具

奥林巴斯Emmygrande：11g

蕾丝针：0号

27

尺寸：15 cm

作品参见P28

材料及工具

奥林巴斯Emmygrande：10g

蕾丝针：0号

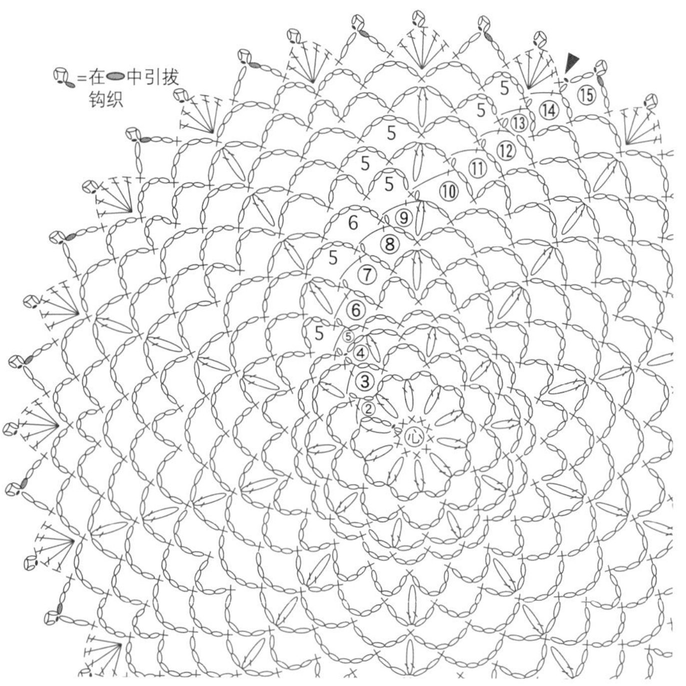

28

尺寸：15 cm

作品参见P28

材料及工具

奥林巴斯Emmygrande：8g

蕾丝针：0号

=在⬬中引拔钩织

29

尺寸：15 cm

作品参见P29

材料及工具

奥林巴斯Emmygrande：11g

蕾丝针：0号

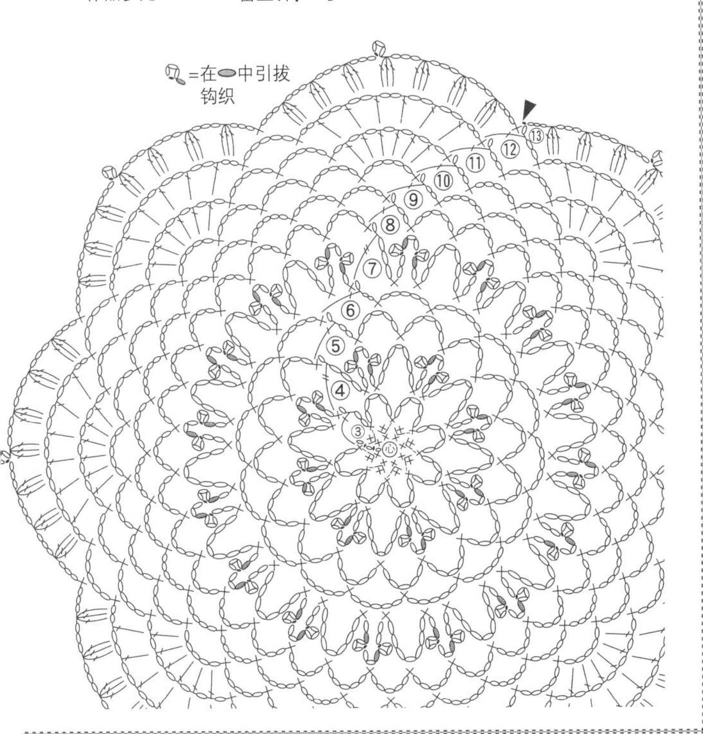

30

尺寸：15 cm

作品参见P29

材料及工具

奥林巴斯Emmygrande：12g

蕾丝针：0号

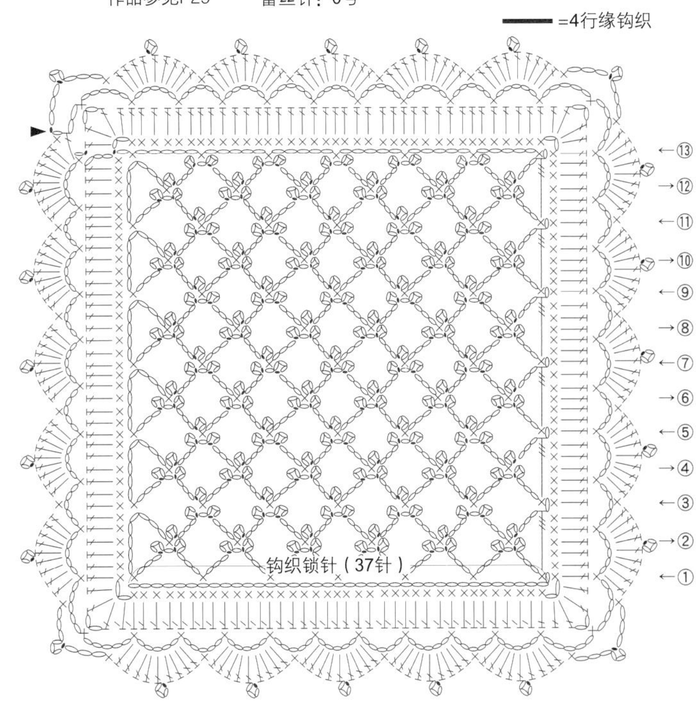

31

尺寸：15 cm

作品参见P29

材料及工具

奥林巴斯Emmygrande：10g

蕾丝针：0号

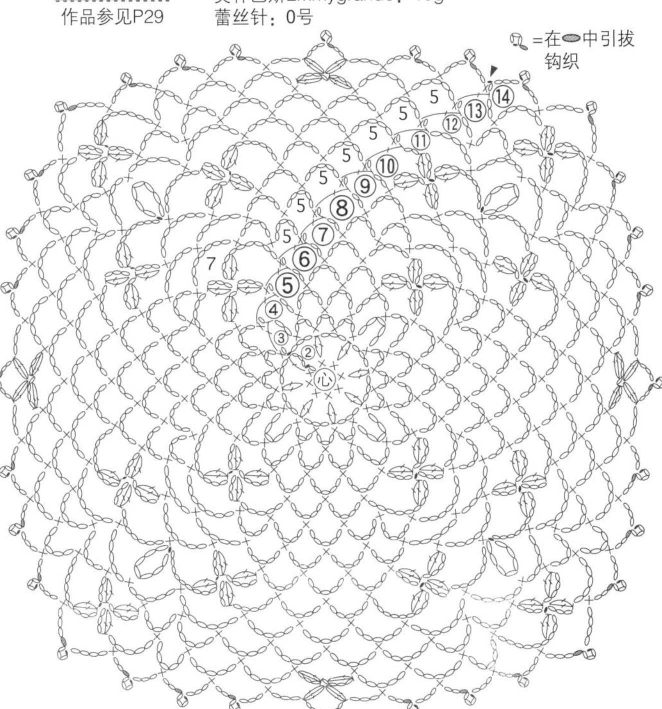

32

尺寸：15 cm

作品参见P29

材料及工具

奥林巴斯Emmygrande：12g

蕾丝针：0号

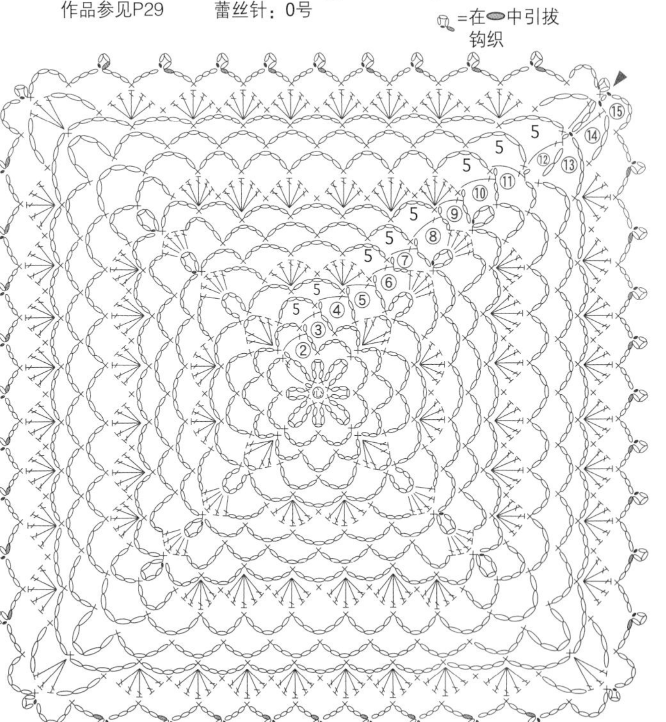

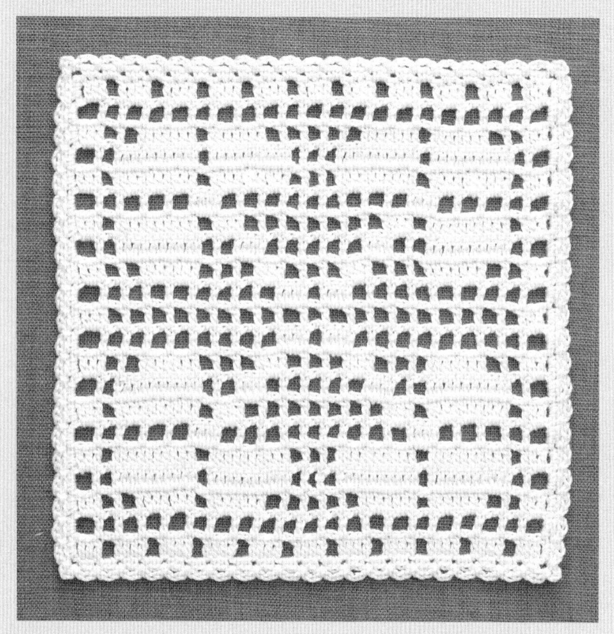

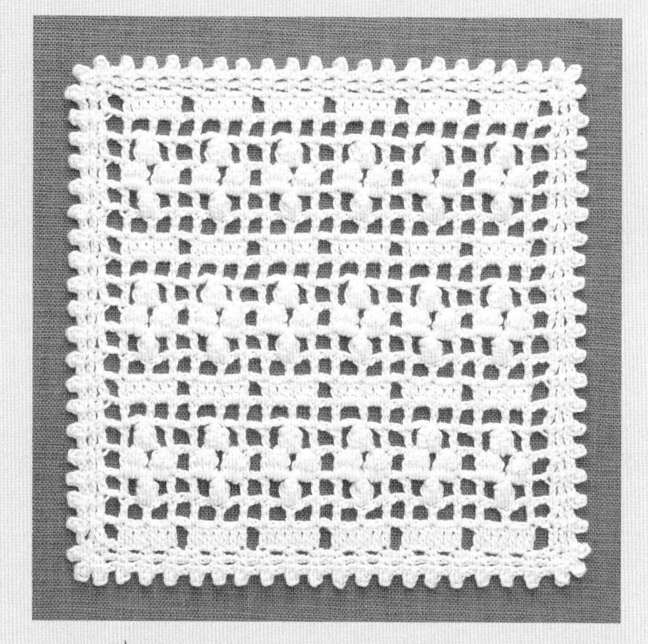

33 15cm

15cm 34

35 15cm

15cm 36

钩织方法：详见P34
设计制作：Sachiyo*Fukao

37 20cm

38 20cm

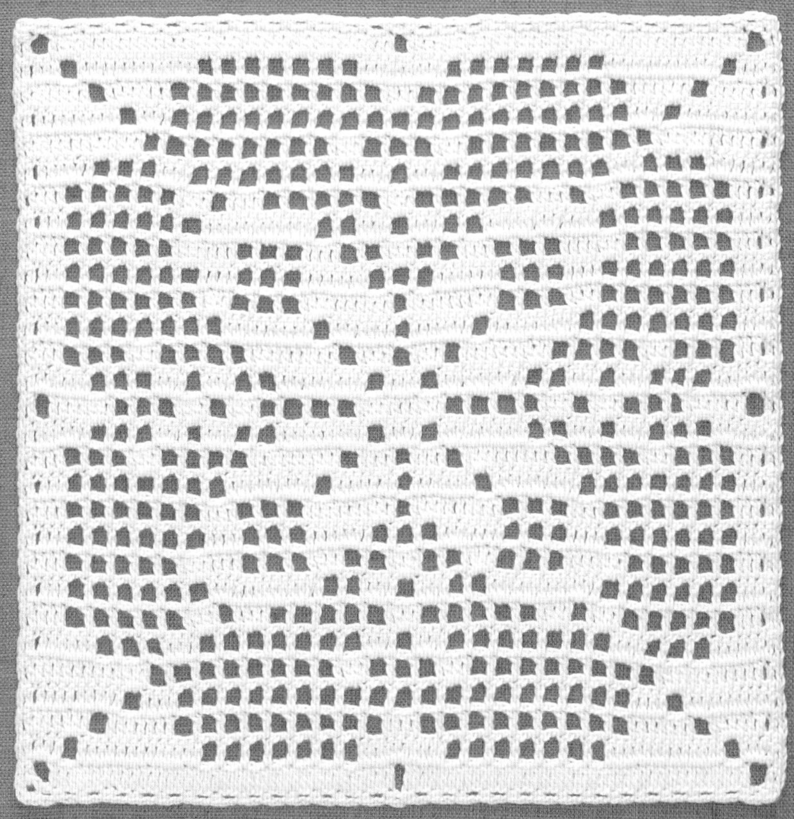

钩织方法：详见P35

设计制作：Sachiyo•Fukao

33

尺寸：15 cm

作品参见P32

材料及工具

奥林巴斯Emmygrande：14g

钩针：2/0号

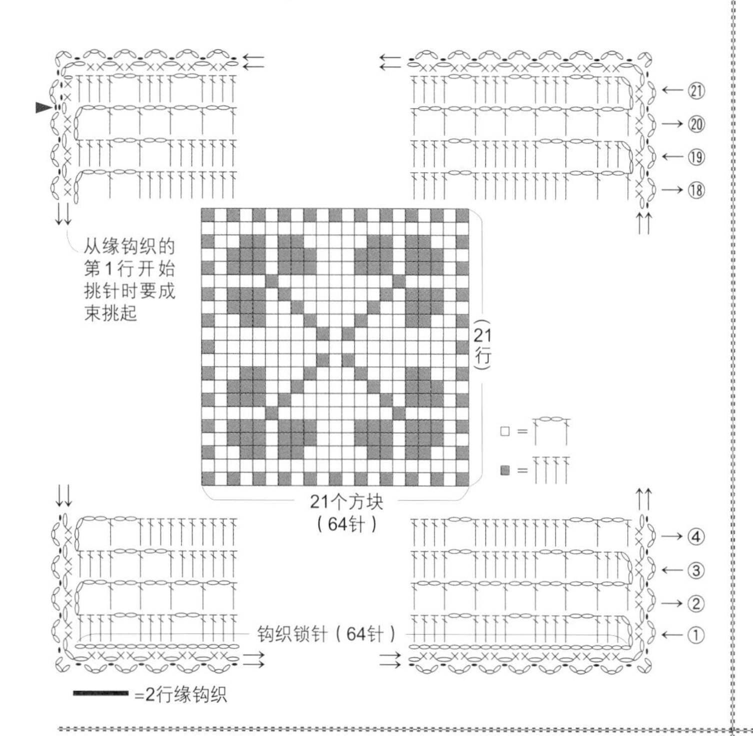

34

尺寸：15 cm

作品参见P32

材料及工具

奥林巴斯Emmygrande：13g

钩针：2/0号

35

尺寸：15 cm

作品参见P32

材料及工具

奥林巴斯Emmygrande：9g

钩针：2/0号

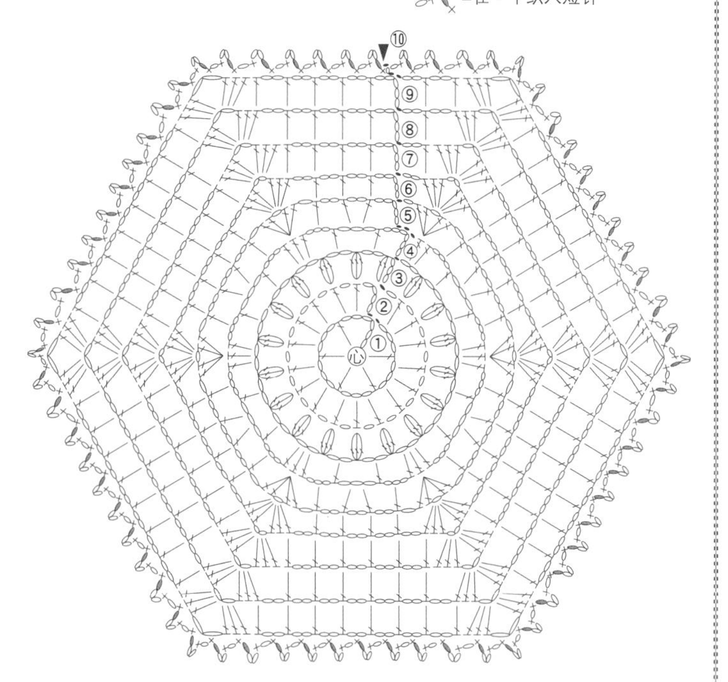

36

尺寸：15 cm

作品参见P32

材料及工具

奥林巴斯Emmygrande：11g

钩针：2/0号

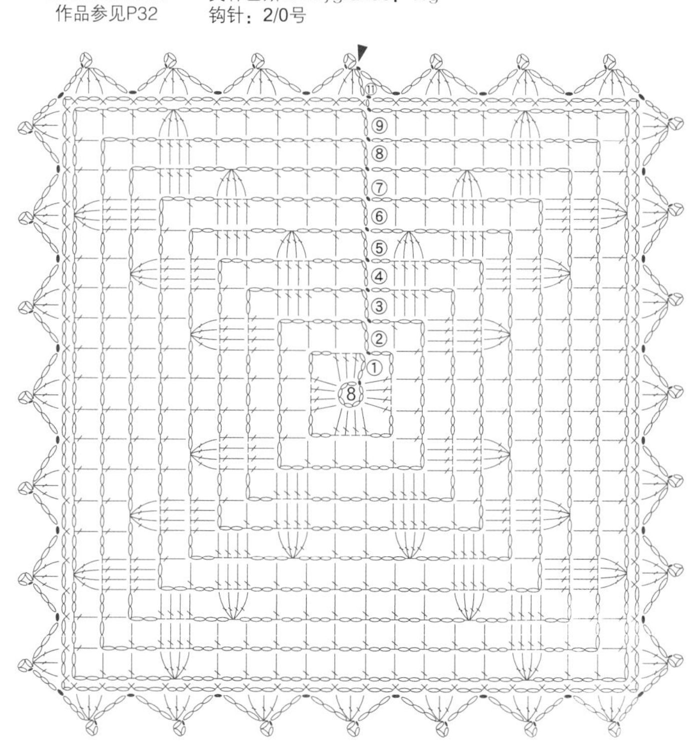

37

尺寸：20 cm

作品参见P33

材料及工具

奥林巴斯Emmygrande：21g

钩针：2/0号

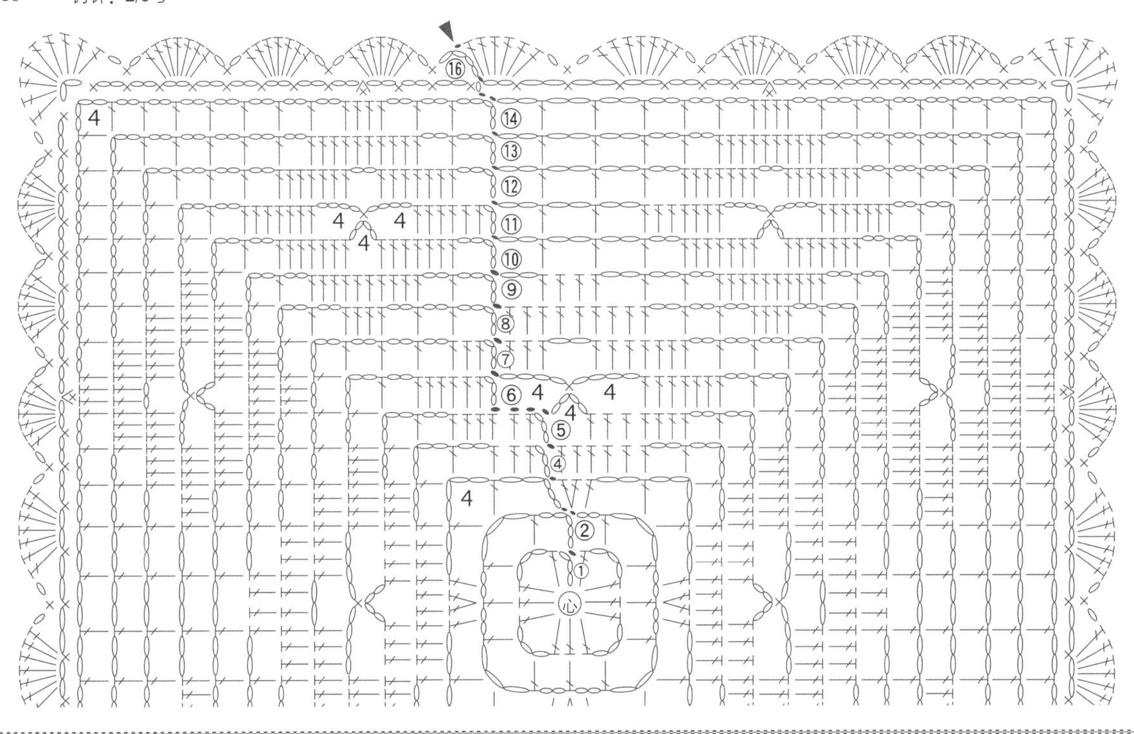

38

尺寸：20 cm

作品参见P33

材料及工具

奥林巴斯Emmygrande：22g

钩针：2/0号

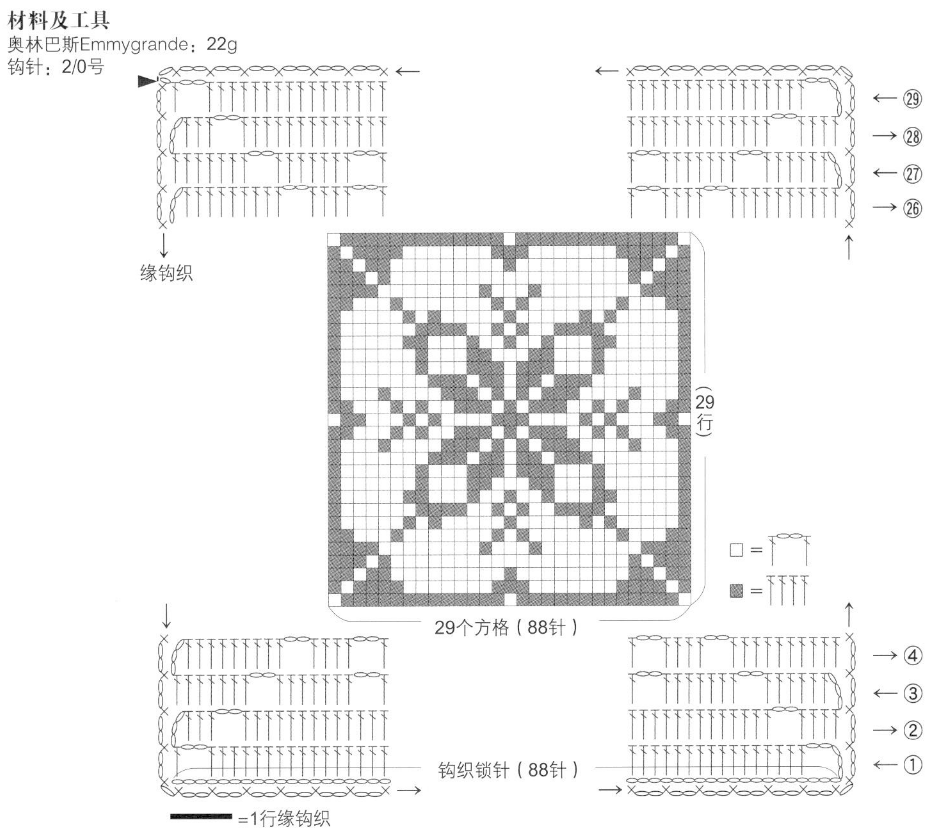

39 20cm

40 20cm

钩织方法：详见P38
设计制作：芹泽圭子

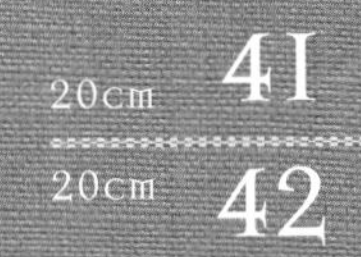

钩织方法：详见P39
设计制作：芹泽圭子

39

尺寸：20 cm

作品参见P36

材料及工具

奥林巴斯Emmygrande：16g

蕾丝针：0号

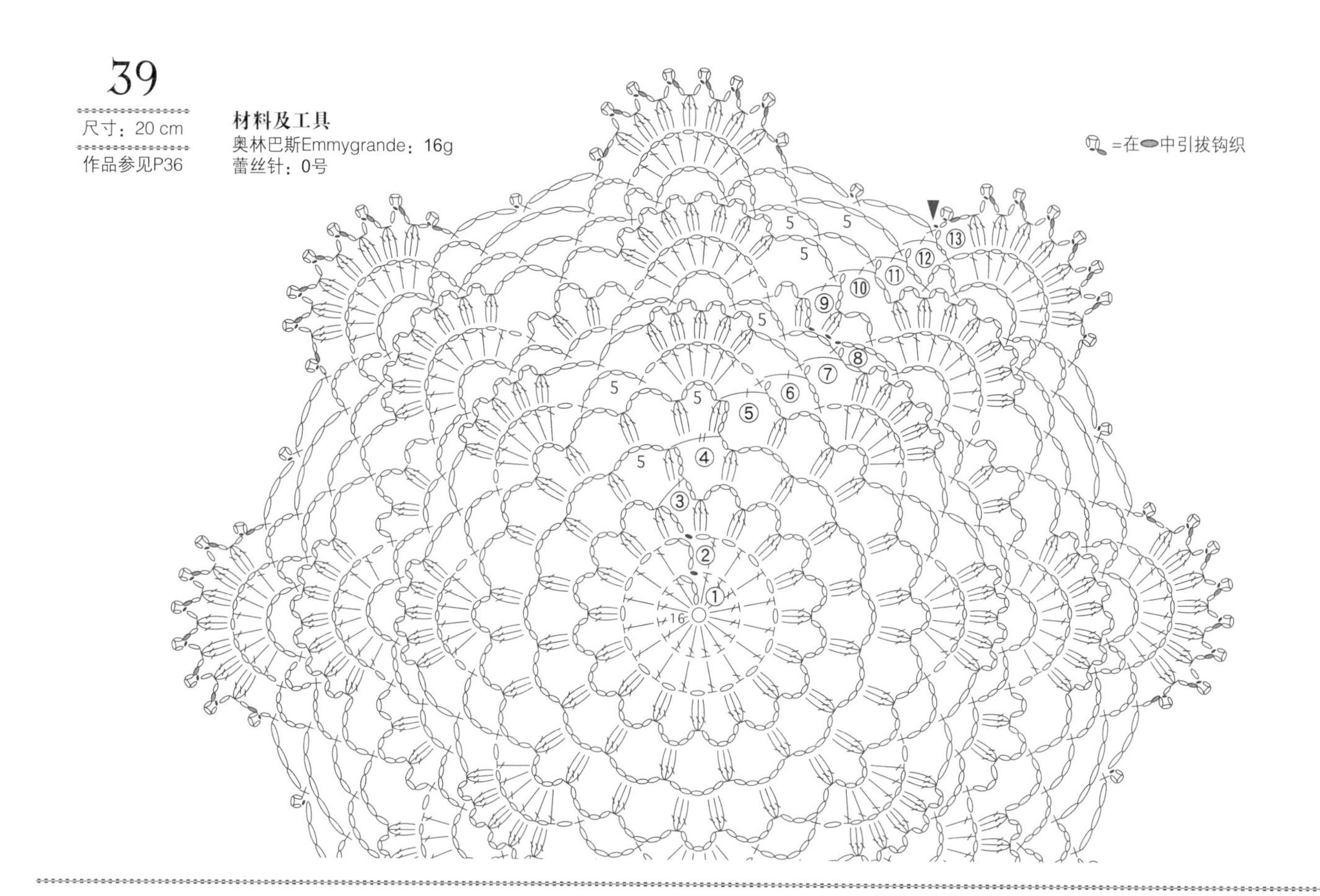

40

尺寸：20 cm

作品参见P36

材料及工具

奥林巴斯Emmygrande：17g

蕾丝针：0号

41

尺寸：20 cm

作品参见P37

材料及工具

奥林巴斯Emmygrande：16g

蕾丝针：0号

42

尺寸：20 cm

作品参见P37

材料及工具

奥林巴斯Emmygrande：19g

蕾丝针：0号

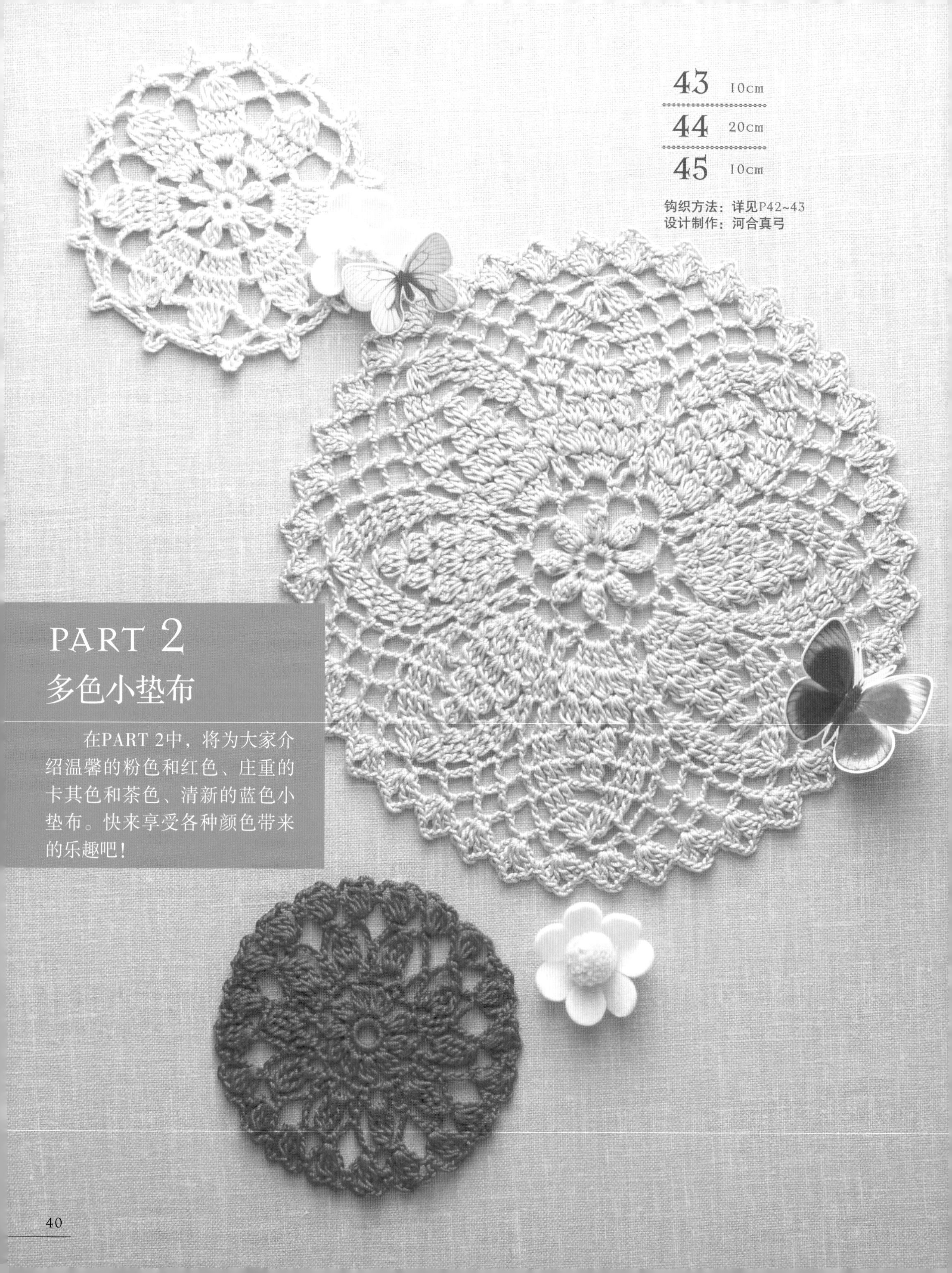

43 10cm

44 20cm

45 10cm

钩织方法：详见P42~43
设计制作：河合真弓

PART 2
多色小垫布

在PART 2中，将为大家介绍温馨的粉色和红色、庄重的卡其色和茶色、清新的蓝色小垫布。快来享受各种颜色带来的乐趣吧！

重点提示

45

用线头制作圆环起针

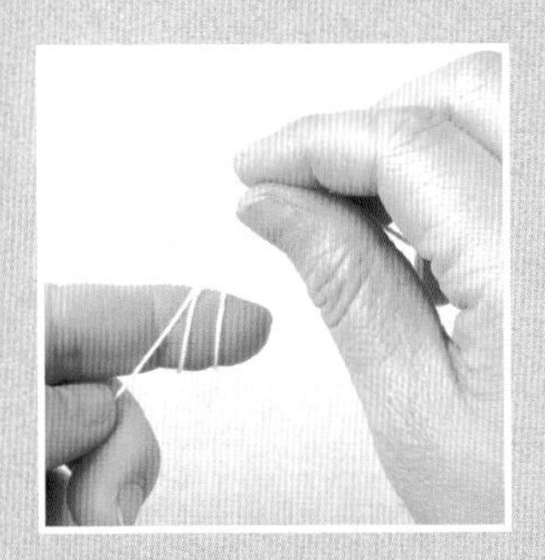

1 将线在左手的食指上绕2圈，制作出圆环。

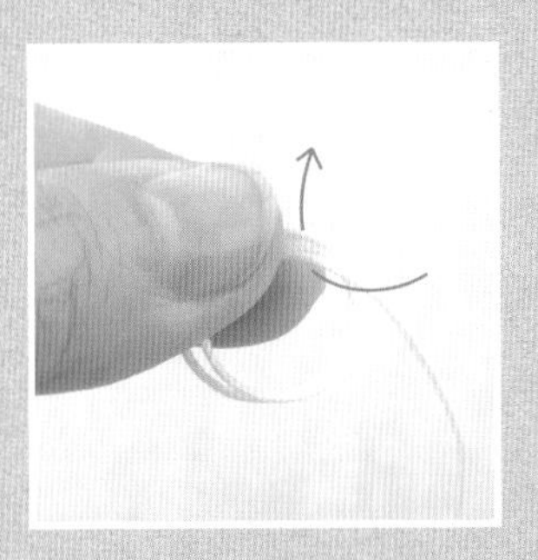

2 用右手将圆环取出，再换到左手捏住。

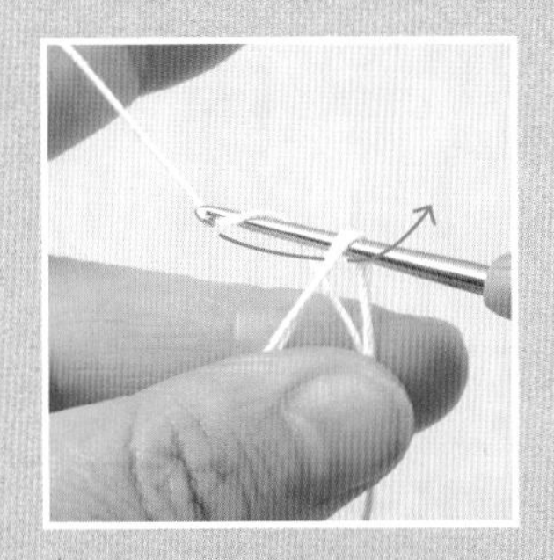

3 将钩针按步骤2中的箭头方向插入圆环中，再在针上挂线。

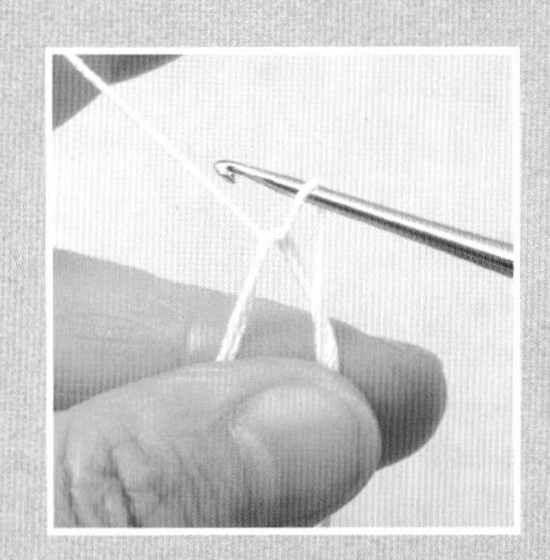

4 转动钩织，引拔抽出线，圆环完成。此针不算做1针。

第1行的钩织方法

锁针 ⬭

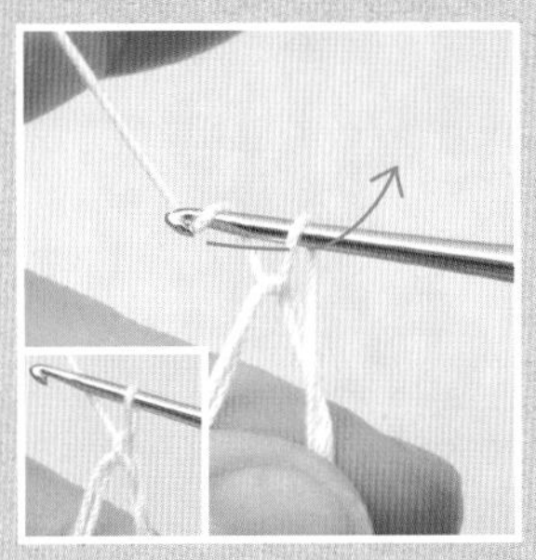

1 针上挂线，引拔钩织，1针锁针完成。此针为1针立起的锁针。

短针 ×

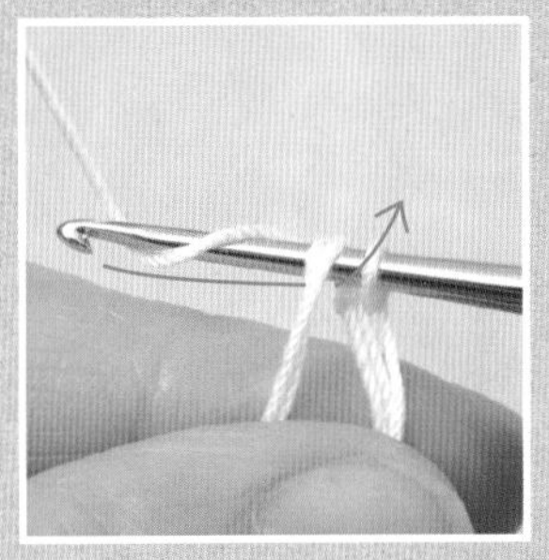

2 第1行钩织短针，钩织短针时，将短针插入圆环中，引拔抽出线。

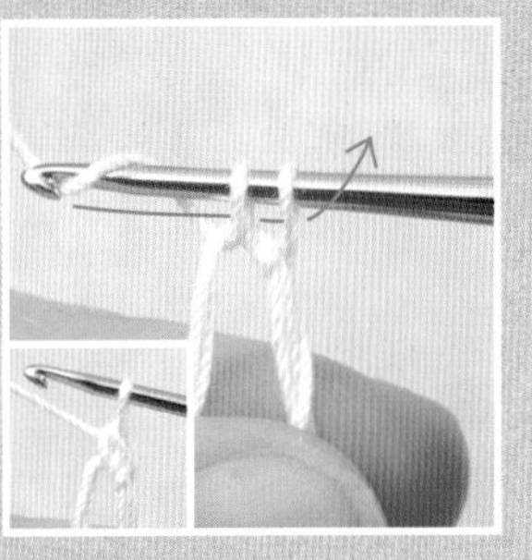

3 针尖挂线，一次性引拔穿过2个线圈。完成1针短针。

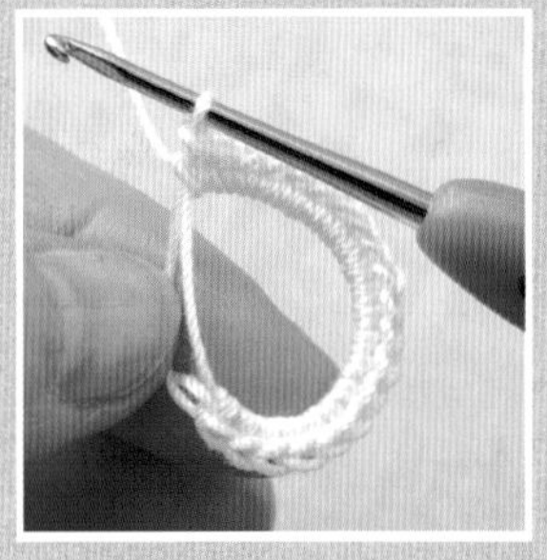

4 按步骤2、3钩织20针短针，再将钩针取出。

收紧圆环的方法

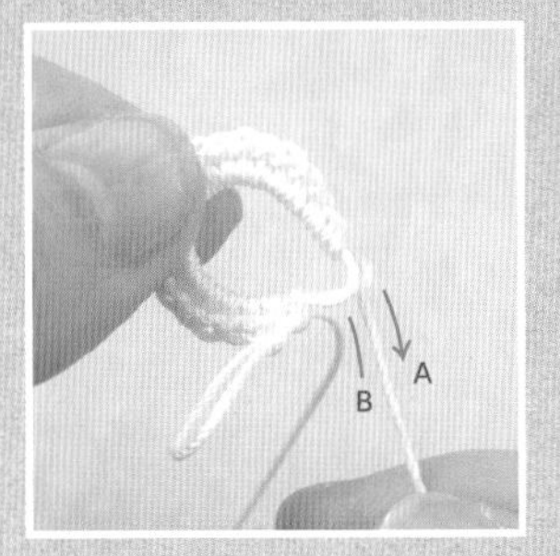

5 稍稍拉动线头A，缩小中心的圆环，再拉动线头B，收紧。

6 再次拉动线头，收紧圆环，再将针插入针脚中。

引拔针 ⬬

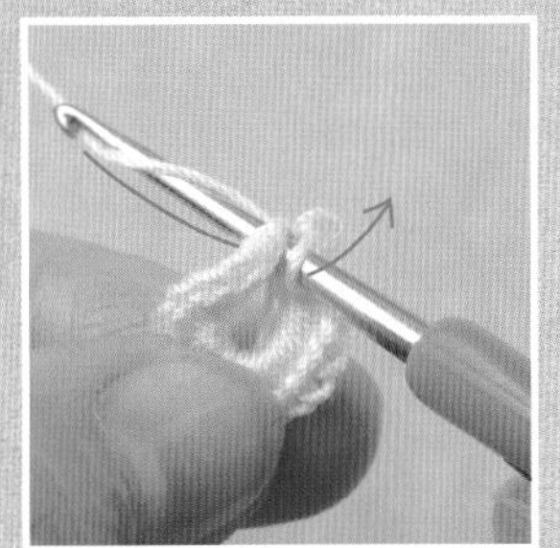

7 将钩针插入第1针短针的头针中，针尖挂线后引拔抽出。

8 第1行完成。

43

尺寸：10 cm

作品参见P40

材料及工具

奥林巴斯Emmygrande：浅粉色4g

蕾丝针：0号

45

尺寸：10 cm

作品参见P40

重点提示见P41

材料及工具

奥林巴斯Emmygrande：深玫瑰色4g

蕾丝针：0号

44

尺寸：20 cm

作品参见P40

材料及工具

奥林巴斯Emmygrande：粉色16g

蕾丝针：0号

46 10cm

47 10cm

48 20cm

钩织方法：详见P46~47
设计制作：河合真弓

重点提示

48

平面钩织的方法

长长针

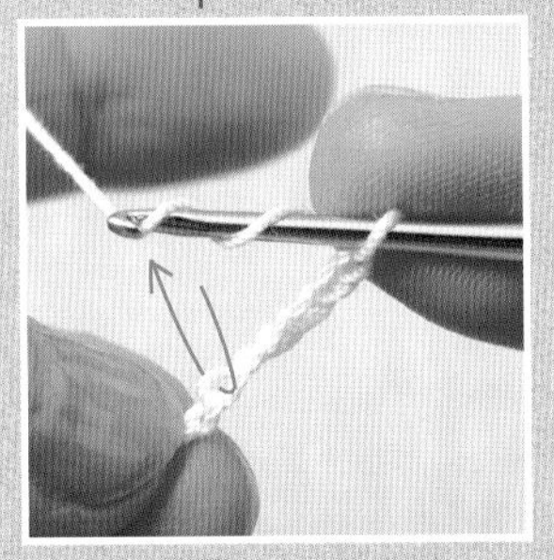

1 先起72针锁针，然后钩织1针长长针所需的4针锁针。长长针需要在针上绕2圈。

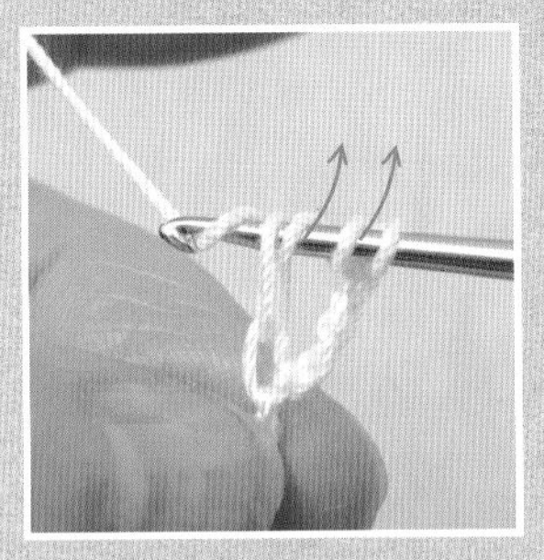

2 先将钩针插入第6针锁针的里山中，引拔抽出线，再穿过线圈，每次穿2个，共2次。

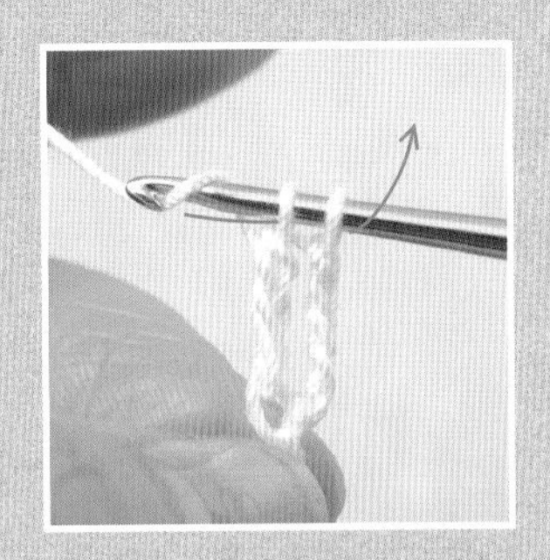

3 再次在针上挂线，一次性引拔穿过2个线圈。

4 长长针完成。含立起的针脚在内共2针。

5 依次在每针锁针的里山中钩织长长针，钩织完4针后如图所示。

5针长长针的爆米花针

6 钩织爆米花针时，先在起针处的第5针锁针中钩织5针长长针，然后取出针。

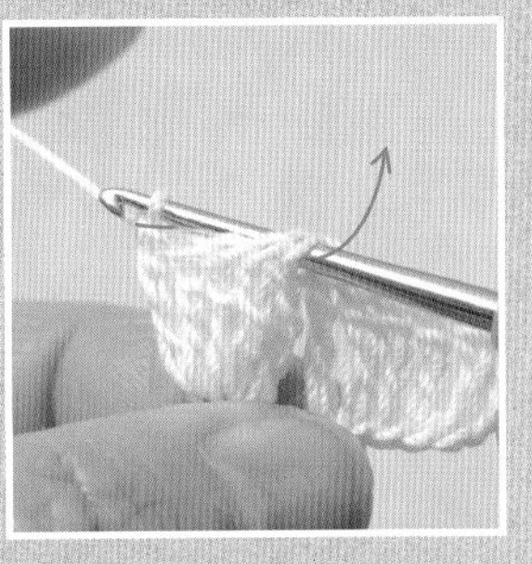

7 再将钩针插入最初长长针的头针中，然后把针插入之前的针脚中，穿过线圈。

8 针上挂线，钩织1针锁针后拉紧。爆米花针完成。

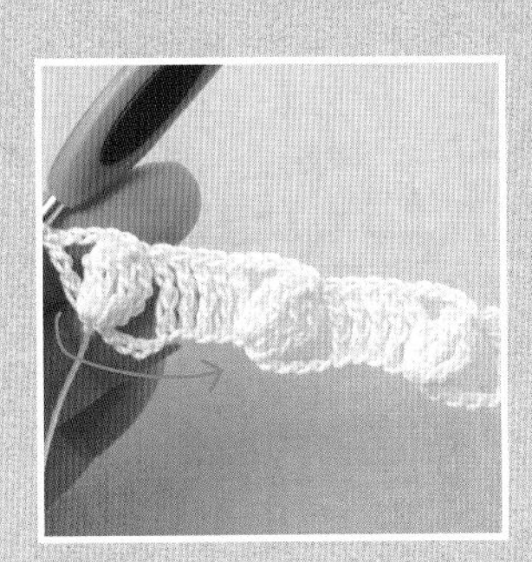

9 第1行的终点钩织1针长长针，调转织片，捏住左端。

10 钩织第2行时，先钩织4针锁针，线在针上缠2圈后钩织长长针。

11 钩织5针长长针时，先将上一行的4针锁针成束挑起，再钩织。

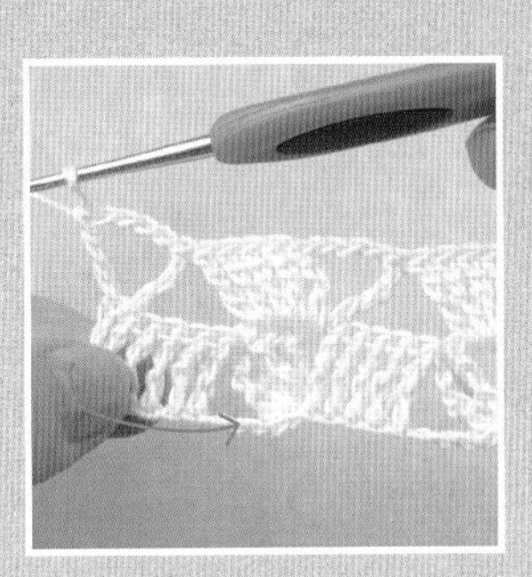

12 顶端在第4针立起的锁针中钩织长长针，调转织片，捏住左端。

46

尺寸：10 cm

作品参见P44

材料及工具

奥林巴斯Emmygrande<Herbs>：茶色4g

蕾丝针：0号

※钩织▬部分的•×TT时，将上一行锁针的里山挑起后钩织

※钩织⬭时，将上一行的线圈成束挑起后钩织引拔针

47

尺寸：10 cm

作品参见P44

材料及工具

奥林巴斯Emmygrande<Herbs>：米褐色5g

蕾丝针：0号

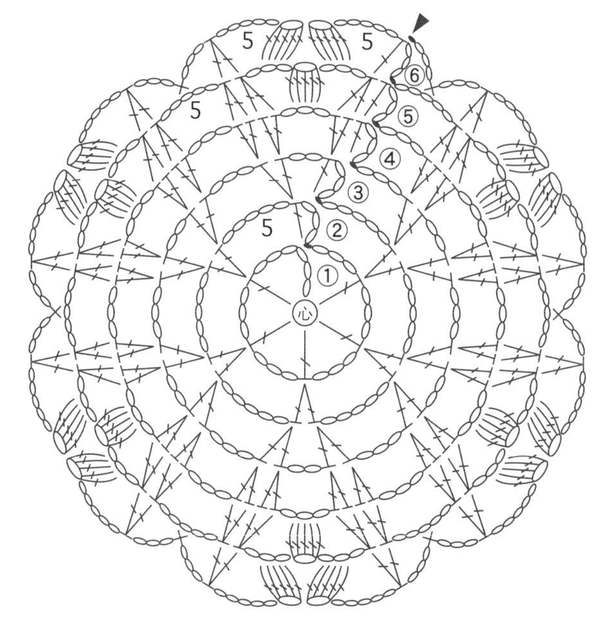

48

尺寸：20 cm

作品参见P44

重点提示见P45

材料及工具

奥林巴斯Emmygrande：橄榄色19g

蕾丝针：0号

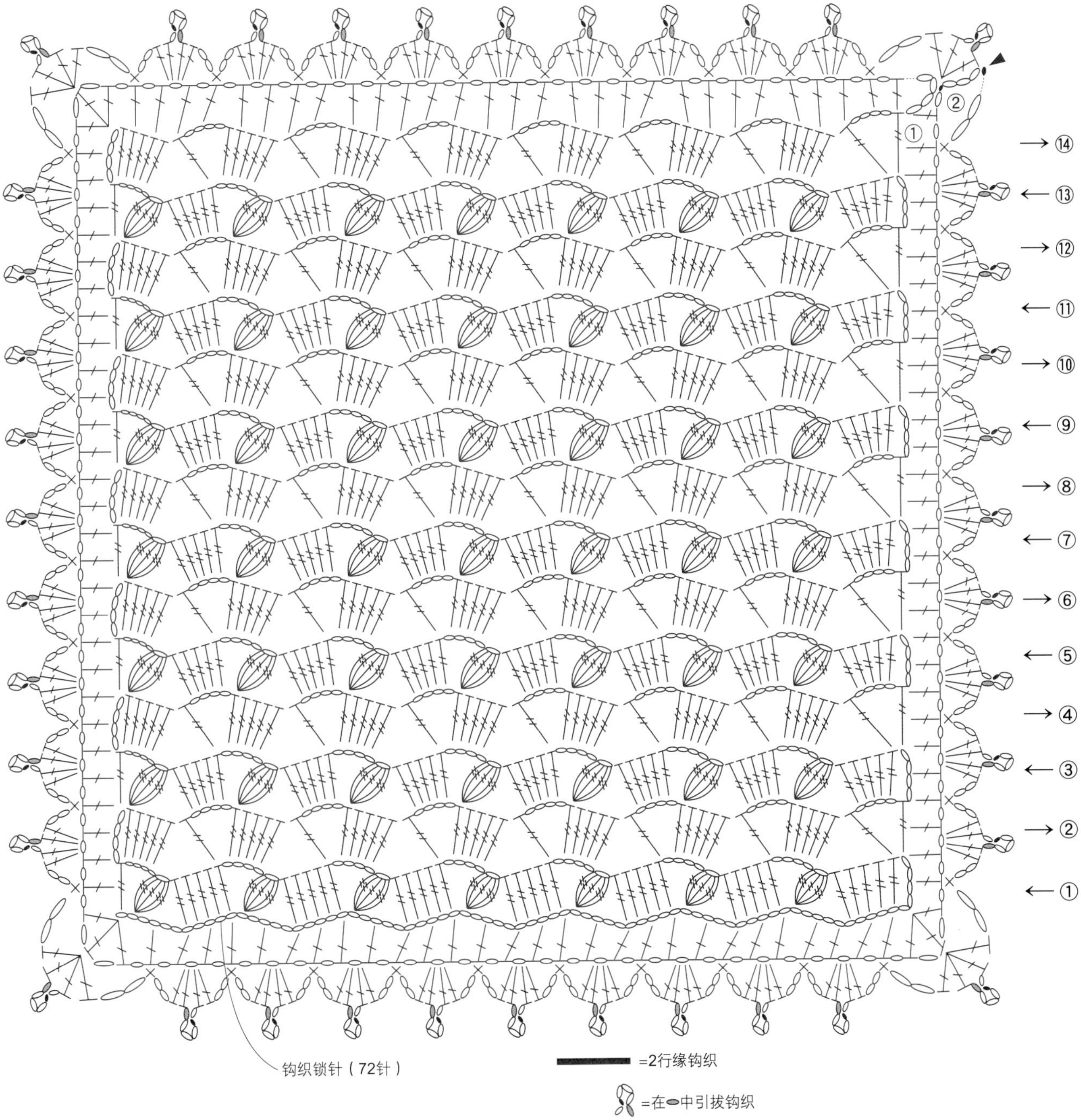

→ ⑭

← ⑬

→ ⑫

← ⑪

→ ⑩

← ⑨

→ ⑧

← ⑦

→ ⑥

← ⑤

→ ④

← ③

→ ②

← ①

① ②

钩织锁针（72针）

=2行缘钩织

=在⬬中引拔钩织

49 10cm　　10cm 50

51 10cm　　10cm 52

钩织方法：详见P50
设计制作：冈麻理子

20cm 53

20cm 54

钩织方法：详见P51
设计制作：冈麻理子

49

尺寸：10 cm

作品参见P48

材料及工具

奥林巴斯Emmygrande<Colors>：蓝色2g

蕾丝针：0号

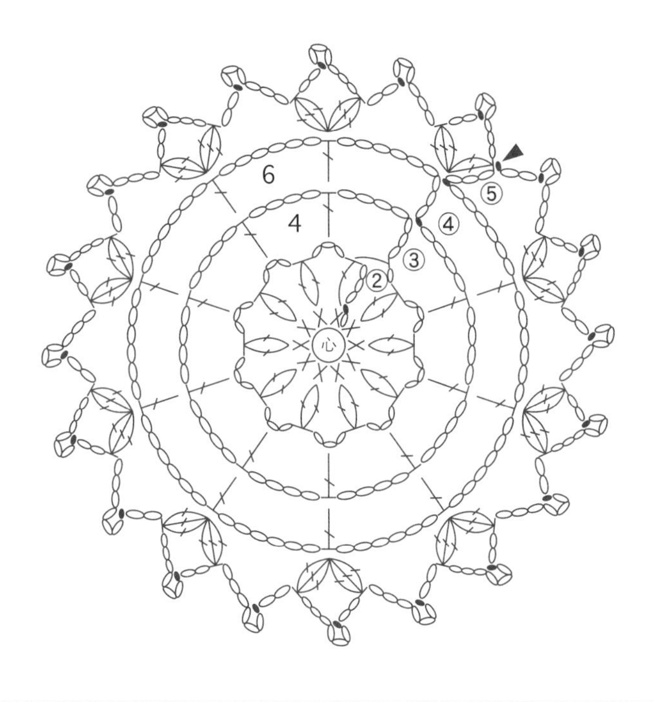

50

尺寸：10 cm

作品参见P48

材料及工具

奥林巴斯Emmygrande<Colors>：蓝色4g

蕾丝针：0号

51

尺寸：10 cm

作品参见P48

材料及工具

奥林巴斯Emmygrande<Colors>：蓝色4g

蕾丝针：0号

=钩织小链针的引拔针时，3次都是在此针的头针1根线和尾针1根线中钩织

52

尺寸：10 cm

作品参见P48

材料及工具

奥林巴斯Emmygrande<Colors>：蓝色4g

蕾丝针：0号

在上一行的1针中织入1针短针、11针锁针、1针短针

53

尺寸：20 cm

作品参见P49

材料及工具

奥林巴斯Emmygrande：蓝色9g

蕾丝针：0号

54

尺寸：20 cm

作品参见P49

材料及工具

奥林巴斯Emmygrande：蓝色15g

蕾丝针：0号

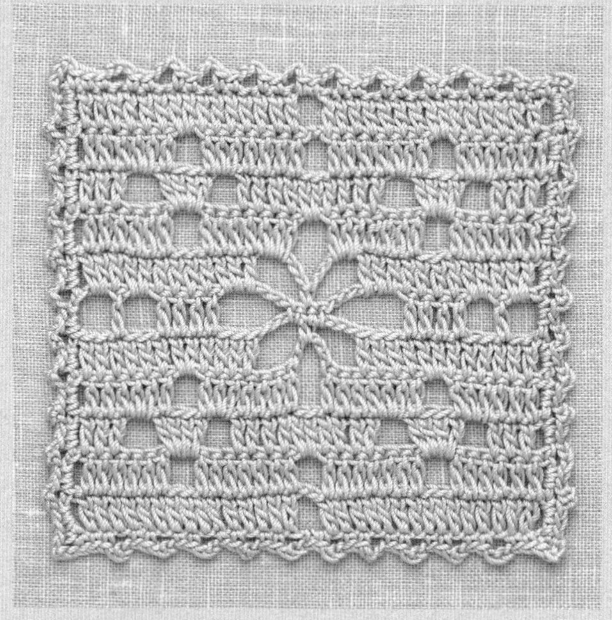

55 10cm 10cm 56

57 10cm 10cm 58

钩织方法：详见P54
设计制作：冈麻理子

20cm 59

20cm 60

钩织方法：详见P55
设计制作：冈麻理子

55

尺寸：10 cm

作品参见P52

材料及工具

奥林巴斯Emmygrande：粉色4g

蕾丝针：0号

56

尺寸：10 cm

作品参见P52

材料及工具

奥林巴斯Emmygrande：粉色6g

蕾丝针：0号

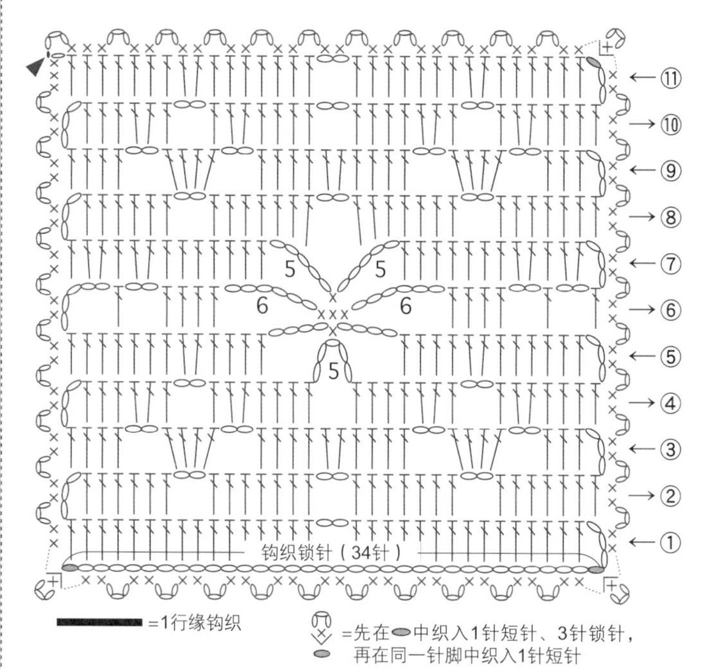

57

尺寸：10 cm

作品参见P52

材料及工具

奥林巴斯Emmygrande：粉色4g

蕾丝针：0号

58

尺寸：10 cm

作品参见P52

材料及工具

奥林巴斯Emmygrande：粉色5g

蕾丝针：0号

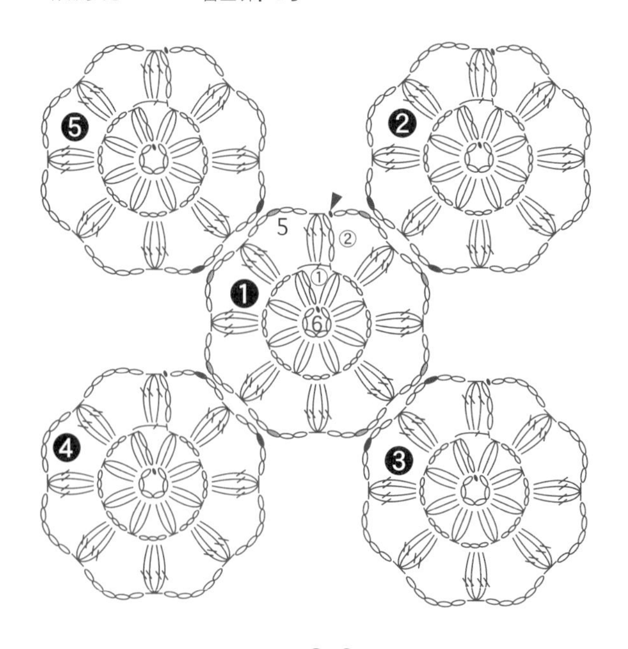

※按照❶~❺的顺序拼接花样（从第2块开始，在第1块的●针脚中引拔钩织）

59

尺寸：20 cm

作品参见P53

材料及工具

奥林巴斯Emmygrande：深玫瑰色11g

蕾丝针：0号

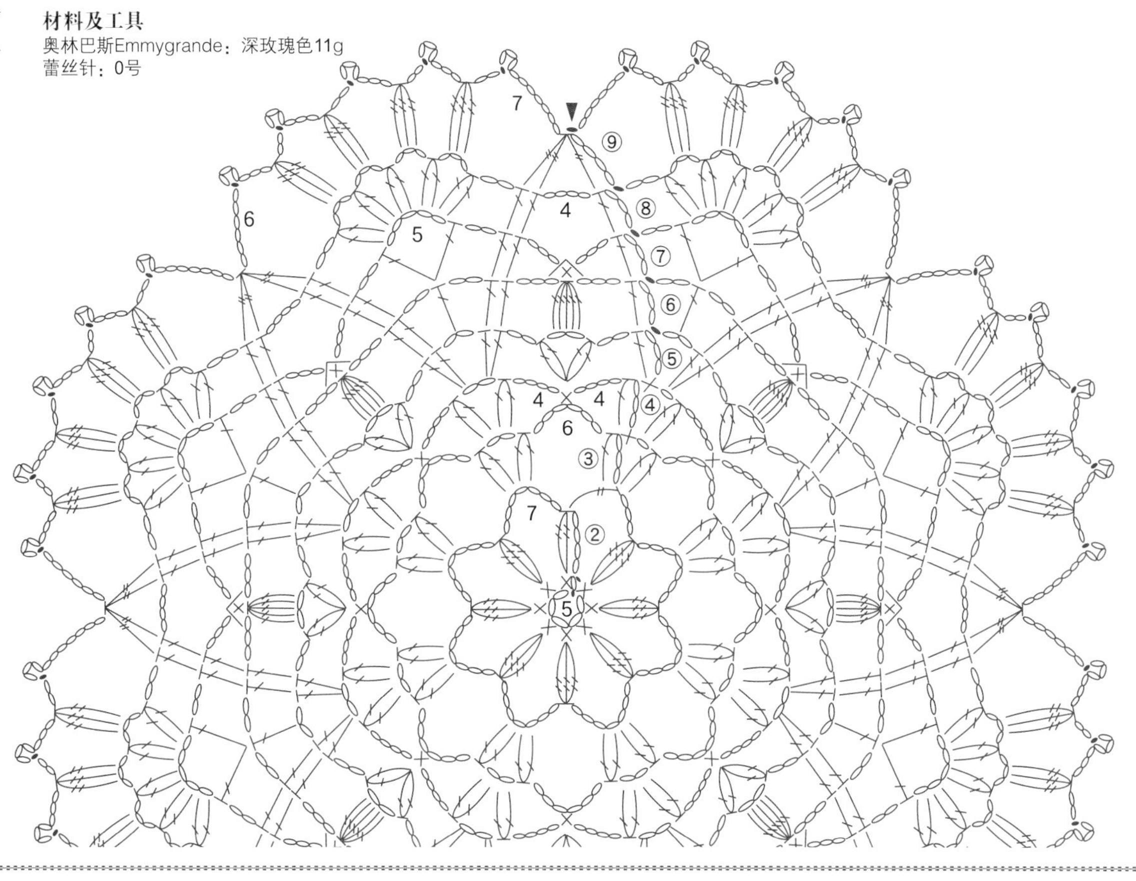

60

尺寸：20 cm

作品参见P53

材料及工具

奥林巴斯Emmygrande：深玫瑰色13g

蕾丝针：0号

PART 3

可爱的立体花样

在PART 3中，将会介绍一些柔软、可爱的立体花样。从中汇集了各种人气基本款花样，如美味诱人的水果、时尚物件、形态可爱的小动物等。

61

62a

62b

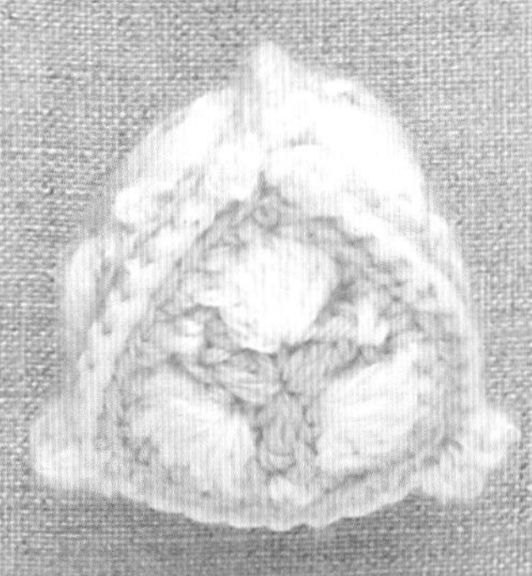

63

64

钩织方法：详见P58
设计制作：冈麻理子

钩织方法：详见P59
设计制作：冈麻理子

61

尺寸：6 cm×6 cm

作品参见P56

重点提示见P155

材料及工具

Puppy New 4PLY：浅茶色3g；本白1g

填充棉：少许

钩针：5/0号

缘钩织

—— =本白

—— =浅茶色

<钩织方法>

①钩织2块主体（①~⑤）

②将主体正面朝外合拢、重叠，进行缘钩织的同时订缝缝合（参照P155，中途塞入填充棉）

=将钩针插入上两行的短针中，如同将上一行的引拔针包住一般，钩织2针并1针

=在上一行的1针中钩织1针短针、2针锁针、1针短针

62

尺寸：3.5 cm×4 cm

作品参见P56

材料及工具

a：Puppy New 4PLY：本白2g

b：Puppy New 4PLY：米褐色2g

填充棉：少许

钩针：5/0号

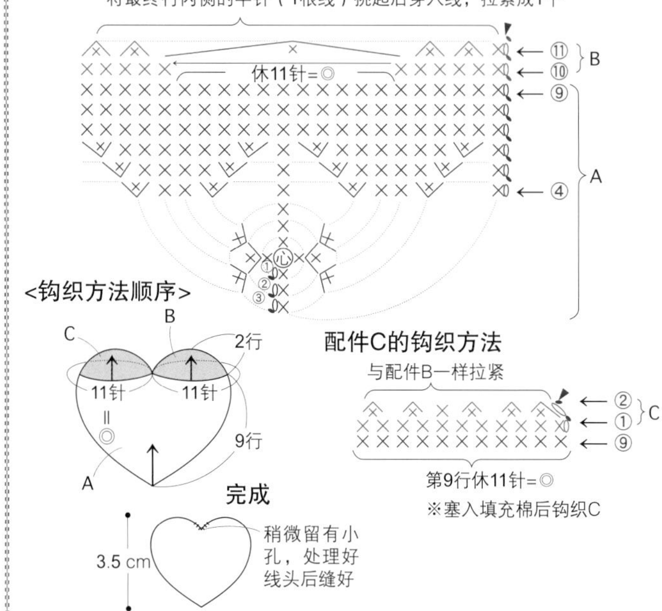

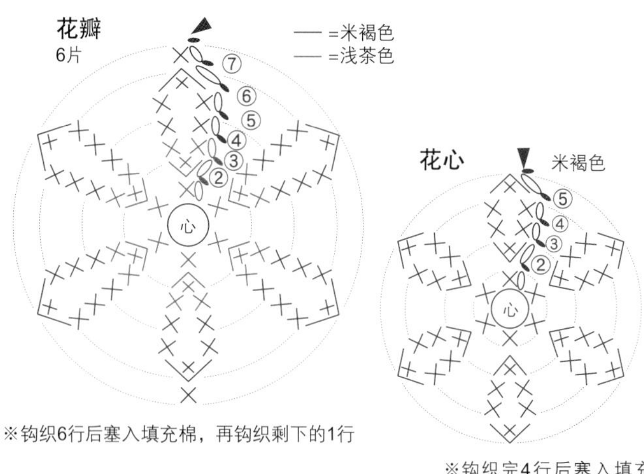

63

尺寸：参照图

作品参见P56

材料及工具

Puppy New 4PLY：浅茶色、本白各2g；米褐色1g

填充棉：少许

钩针：5/0号

花样 4块

☆=9针

9针=★

9针=◎

—— =本白

—— =浅茶色

=在上一行的1针中织入1针短针、1针锁针、1针短针

4.5 cm

4 cm

4.5 cm

订缝方法 米褐色

=在花样第3行的锁针中钩织

钩织起点②

最后钩织此边时，塞入填充棉

钩织起点①

※各花样沿印记合拢、对齐，先用米褐色线在印记合拢的部分钩织9针短针的条针，然后在边角的锁针中钩织2次"1针短针、3针锁针的小链针"，同时订缝缝合

64

尺寸：直径7 cm

作品参见P56

材料及工具

Puppy New 4PLY：浅茶色1g；米褐色5g

填充棉：少许

钩针：5/0号

花瓣 6片

—— =米褐色

—— =浅茶色

※钩织6行后塞入填充棉，再钩织剩下的1行

花心 米褐色

※钩织完4行后塞入填充棉，再钩织剩下的1行

※线从最后的针脚中穿过，拉紧

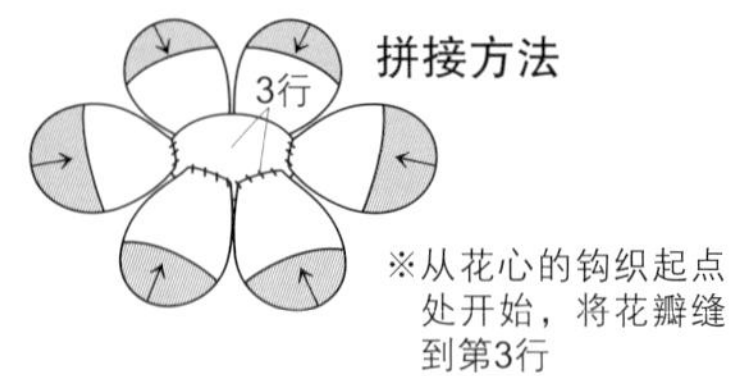

※从花心的钩织起点处开始，将花瓣缝到第3行

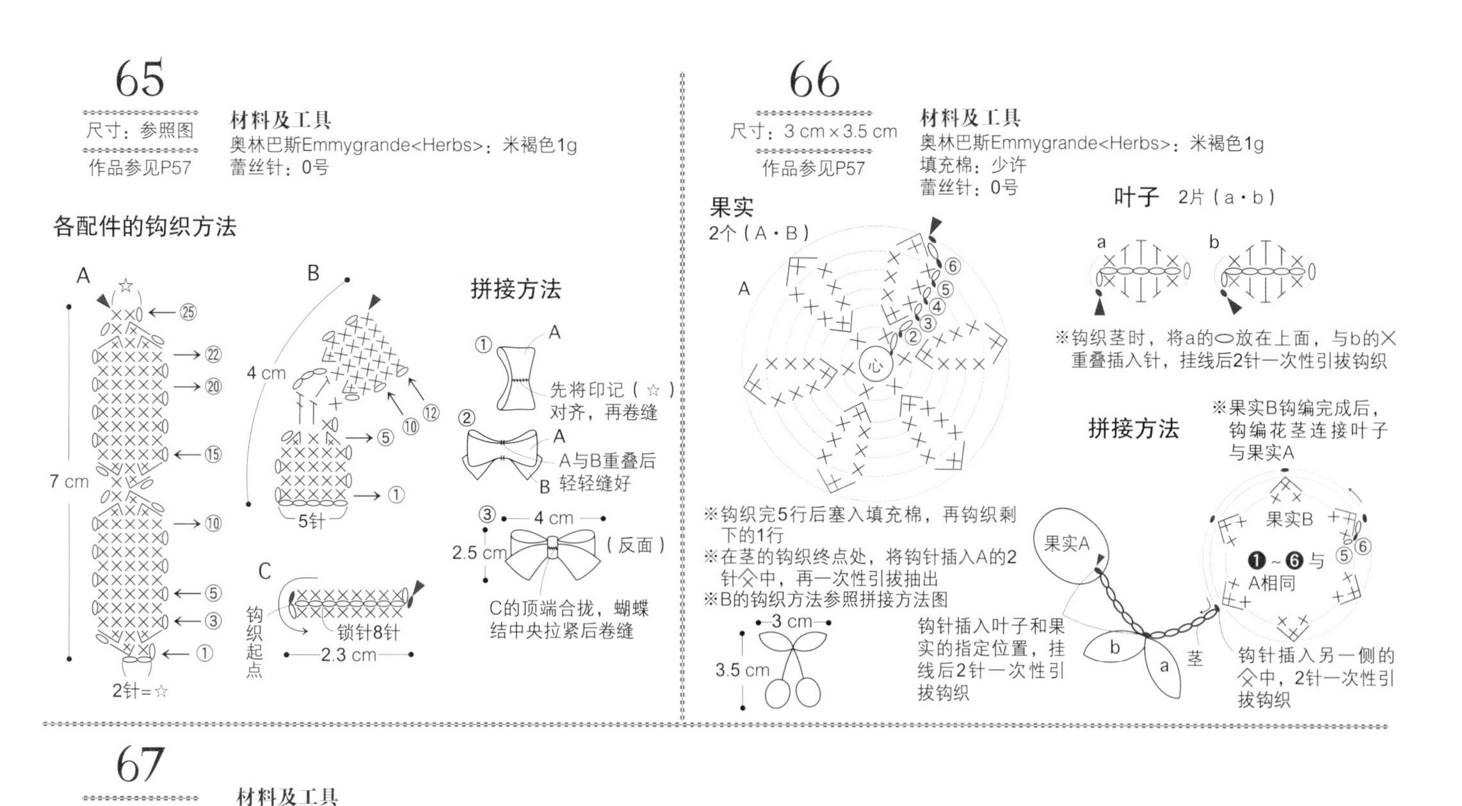
65
尺寸：参照图
作品参见P57
材料及工具
奥林巴斯Emmygrande<Herbs>：米褐色1g
蕾丝针：0号
各配件的钩织方法
A
B
4 cm
7 cm
5针
C
钩织起点
锁针8针
2.3 cm
2针=☆
拼接方法
先将印记（☆）对齐，再卷缝
A与B重叠后轻轻缝好
4 cm
2.5 cm
（反面）
C的顶端合拢，蝴蝶结中央拉紧后卷缝
66
尺寸：3 cm×3.5 cm
作品参见P57
材料及工具
奥林巴斯Emmygrande<Herbs>：米褐色1g
填充棉：少许
蕾丝针：0号
果实
2个（A・B）
A
心
叶子 2片（a・b）
a
b
※钩织茎时，将a的⬭放在上面，与b的✕重叠插入针，挂线后2针一次性引拔钩织
拼接方法
※果实B钩编完成后，钩编花茎连接叶子与果实A
※钩织完5行后塞入填充棉，再钩织剩下的1行
※在茎的钩织终点处，将钩针插入A的2针⩚中，再一次性引拔抽出
※B的钩织方法参照拼接方法图
3 cm
3.5 cm
果实A
钩针插入叶子和果实的指定位置，挂线后2针一次性引拔钩织
茎
果实B
❶～❻与A相同
钩针插入另一侧的⩚中，2针一次性引拔钩织

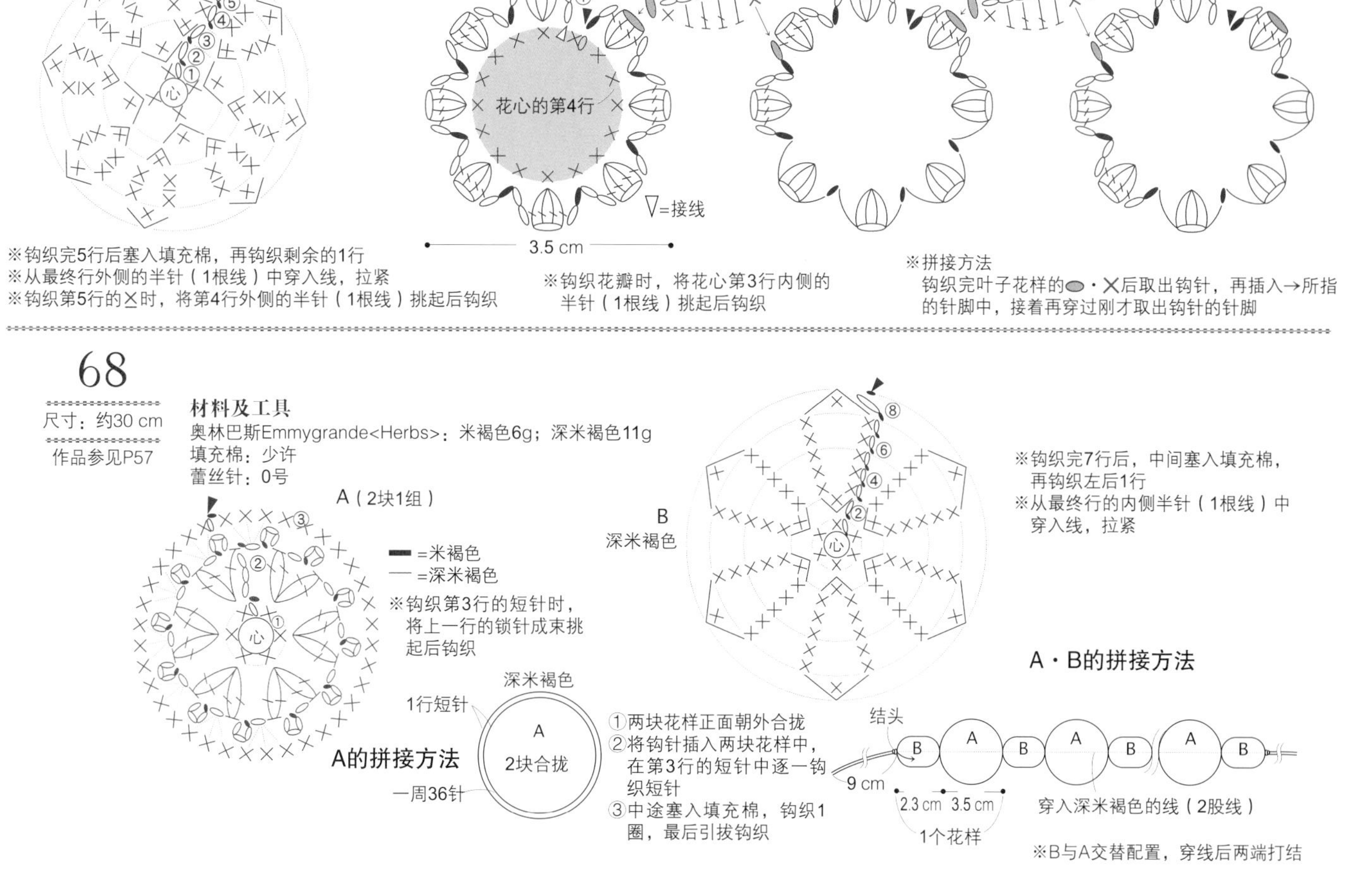
67
尺寸：约30 cm
作品参见P57
材料及工具
奥林巴斯Emmygrande<Herbs>：米褐色10g
填充棉：少许
蕾丝针：0号
花心
心
<花瓣的钩织方法和花朵、叶子的拼接方法>（图片上下颠倒，以便于钩织）
花瓣
2.5 cm
叶子
花心的第4行
▽=接线
3.5 cm
※钩织完5行后塞入填充棉，再钩织剩余的1行
※从最终行外侧的半针（1根线）中穿入线，拉紧
※钩织第5行的⩙时，将第4行外侧的半针（1根线）挑起后钩织
※钩织花瓣时，将花心第3行内侧的半针（1根线）挑起后钩织
※拼接方法
钩织完叶子花样的⬬・✕后取出钩针，再插入→所指的针脚中，接着再穿过刚才取出钩针的针脚
68
尺寸：约30 cm
作品参见P57
材料及工具
奥林巴斯Emmygrande<Herbs>：米褐色6g；深米褐色11g
填充棉：少许
蕾丝针：0号
A（2块1组）
心
▬=米褐色
—=深米褐色
※钩织第3行的短针时，将上一行的锁针成束挑起后钩织
B
深米褐色
※钩织完7行后，中间塞入填充棉，再钩织左后1行
※从最终行的内侧半针（1根线）中穿入线，拉紧
A的拼接方法
深米褐色
1行短针
A
2块合拢
一周36针
①两块花样正面朝外合拢
②将钩针插入两块花样中，在第3行的短针中逐一钩织短针
③中途塞入填充棉，钩织1圈，最后引拔钩织
A・B的拼接方法
结头
9 cm
2.3 cm
3.5 cm
1个花样
穿入深米褐色的线（2股线）
※B与A交替配置，穿线后两端打结

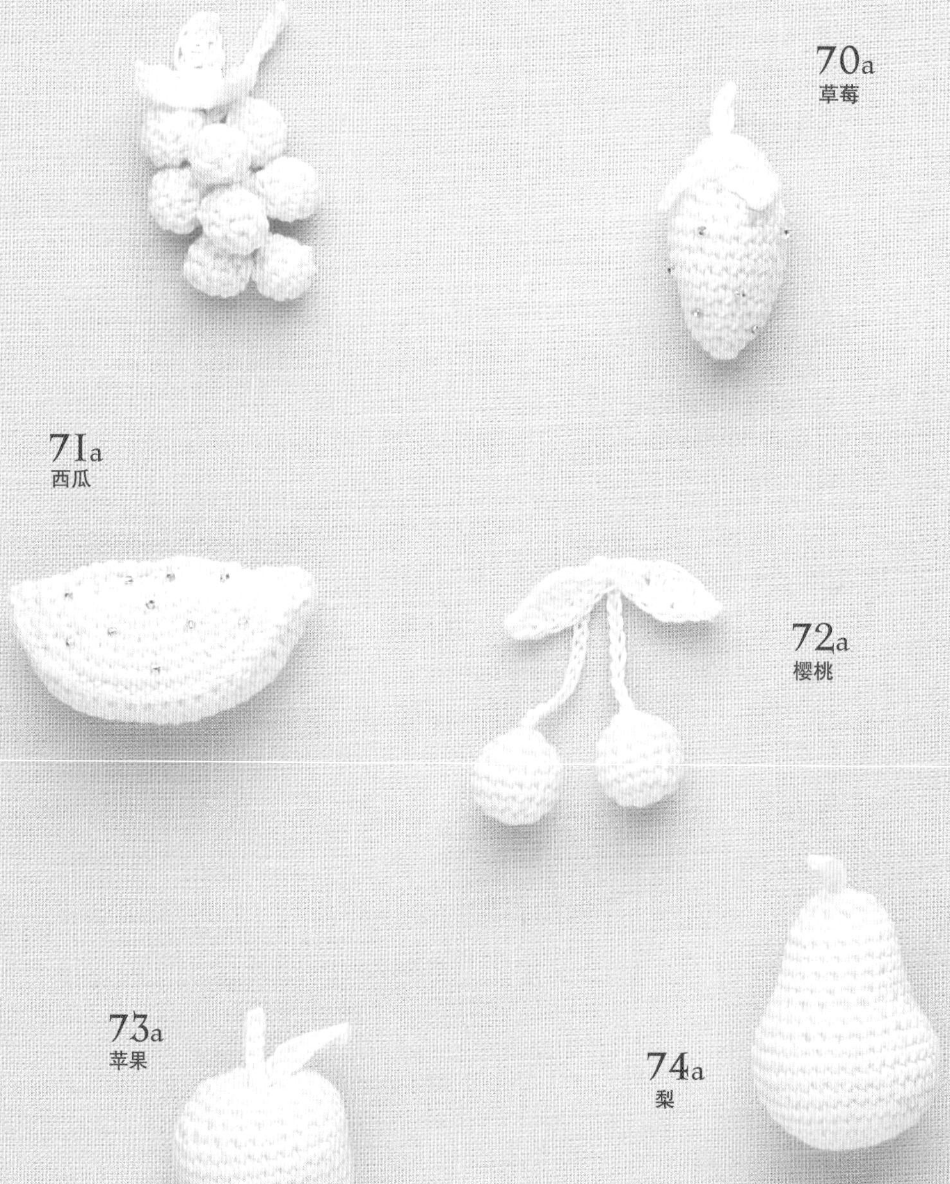

69a
葡萄

70a
草莓

71a
西瓜

72a
樱桃

73a
苹果

74a
梨

钩织方法：详见P62~63
设计制作：河合真弓

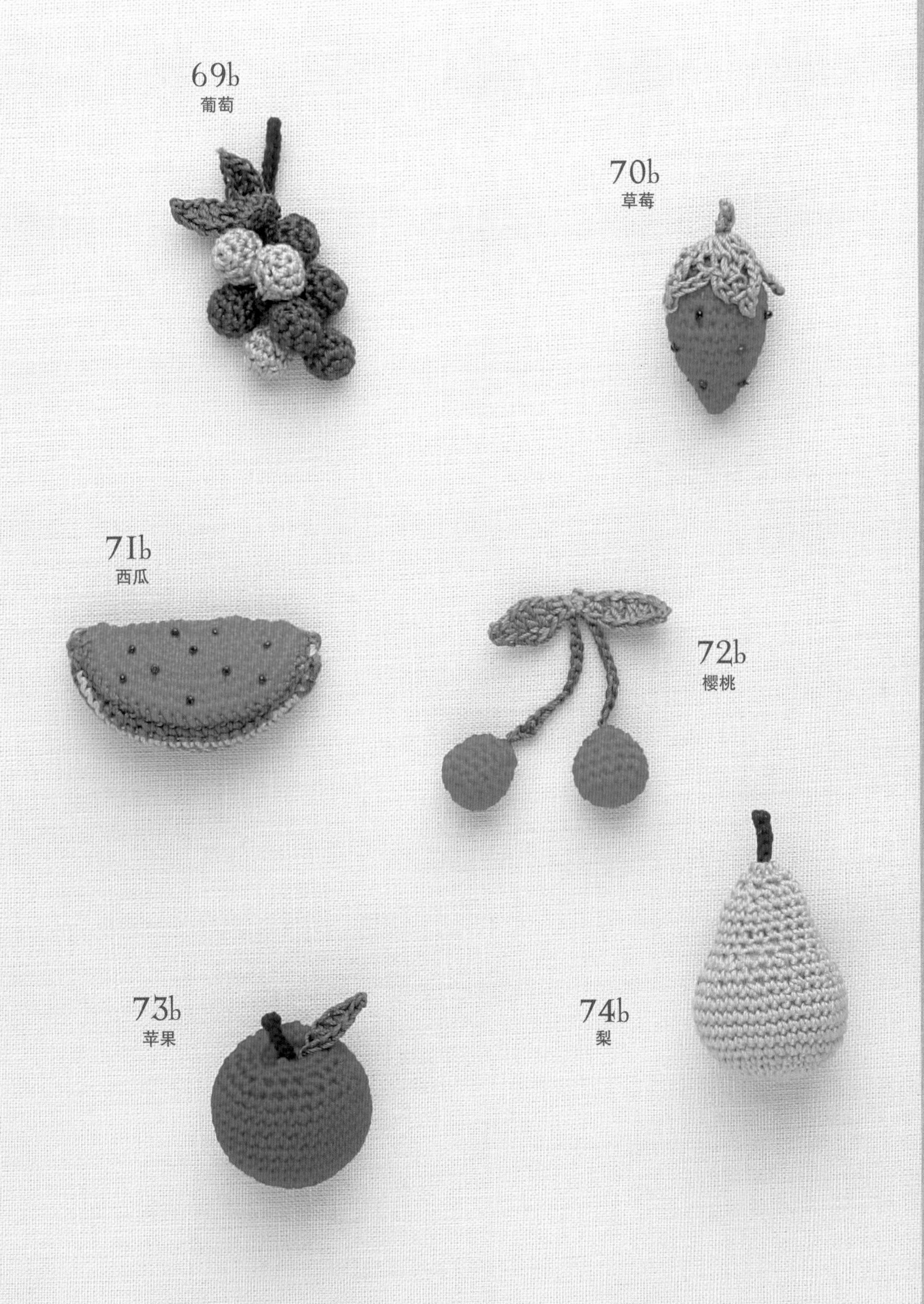

钩织方法：详见P62~63
设计制作：河合真弓

69

尺寸：参照图

作品参见P60~61

材料及工具

a：奥林巴斯Emmygrande：本白3g

b：奥林巴斯Emmygrande：深紫色系2g；
紫色系、茶色系、绿色系各少许

填充棉：少许

蕾丝针：0号

叶子

b：绿色系

钩织起点

※记号相同的部分卷缝订缝

茎

钩织起点

b：茶色系

锁针（20针）

拼接方法

茎

叶子

6 cm

果实（深紫色）

果实（紫色）

※叶子与果实缝到茎上，注意整体平衡

果实

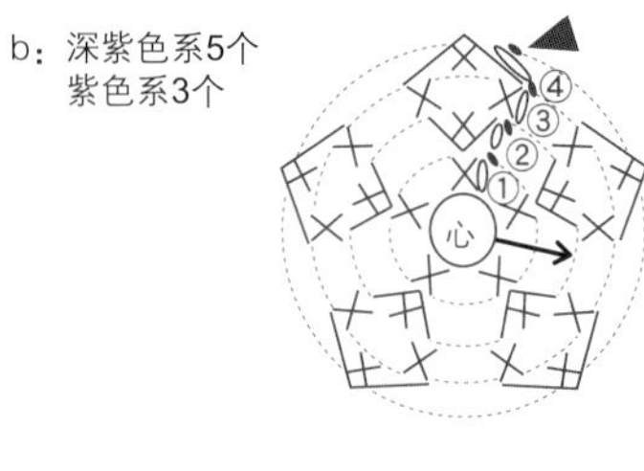

※塞入填充棉，线从最终行中穿过，拉紧

70

尺寸：参照图

作品参见P60~61

材料及工具

a：奥林巴斯Emmygrande：本白3g

圆形小串珠：银色12颗

b：奥林巴斯Emmygrande<Colors>：红色系2g；
绿色系少许

圆形小串珠：黑色12颗

填充棉：少许

蕾丝针：0号

拼接方法

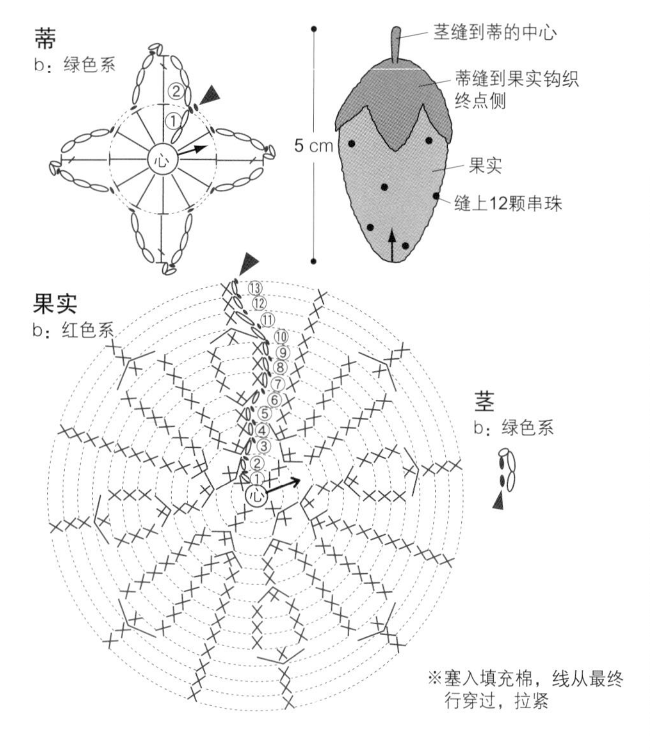

※塞入填充棉，线从最终行穿过，拉紧

71

尺寸：参照图

作品参见P60~61

材料及工具

a：奥林巴斯Emmygrande：本白4g

圆形小串珠：银色20颗

b：奥林巴斯Emmygrande：红色系2g；绿色系（深绿色）少许
奥林巴斯Emmygrande<Colors>：绿色系（浅绿色）少许

圆形小串珠：黑色20颗

填充棉：少许

蕾丝针：0号

拼接方法

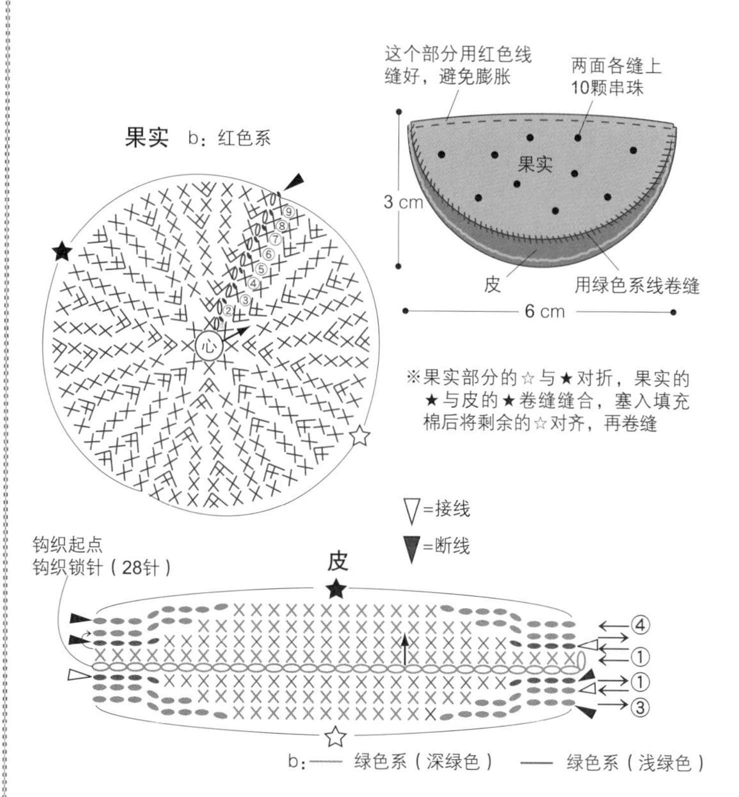

※果实部分的☆与★对折，果实的★与皮的★卷缝缝合，塞入填充棉后将剩余的☆对齐，再卷缝

72

尺寸：参照图

作品参见P60~61

材料及工具

a：奥林巴斯Emmygrande：本白3g

b：奥林巴斯Emmygrande<Colors>：红色系2g

　奥林巴斯Emmygrande：墨绿色、深绿色各少许

填充棉：少许

蕾丝针：0号

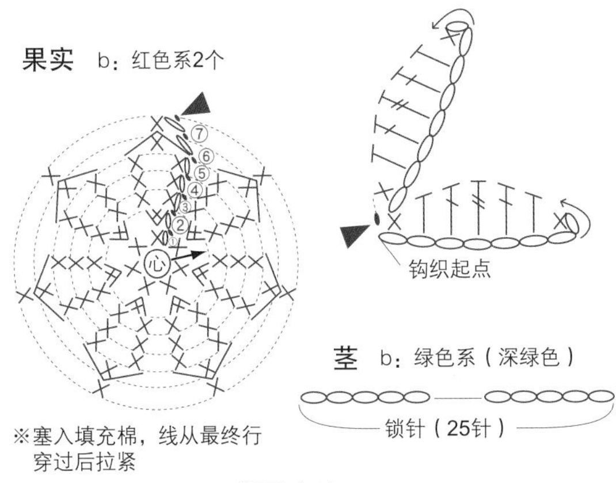

※塞入填充棉，线从最终行穿过后拉紧

拼接方法

6 cm

叶子

将叶子缝到对折的茎上，两端再缝上果实

果实

73

尺寸：参照图

作品参见P60~61

材料及工具

a：奥林巴斯Emmygrande：本白4g

b：奥林巴斯Emmygrande：红色系4g；绿色系、茶色系各少许

填充棉：少许

蕾丝针：0号

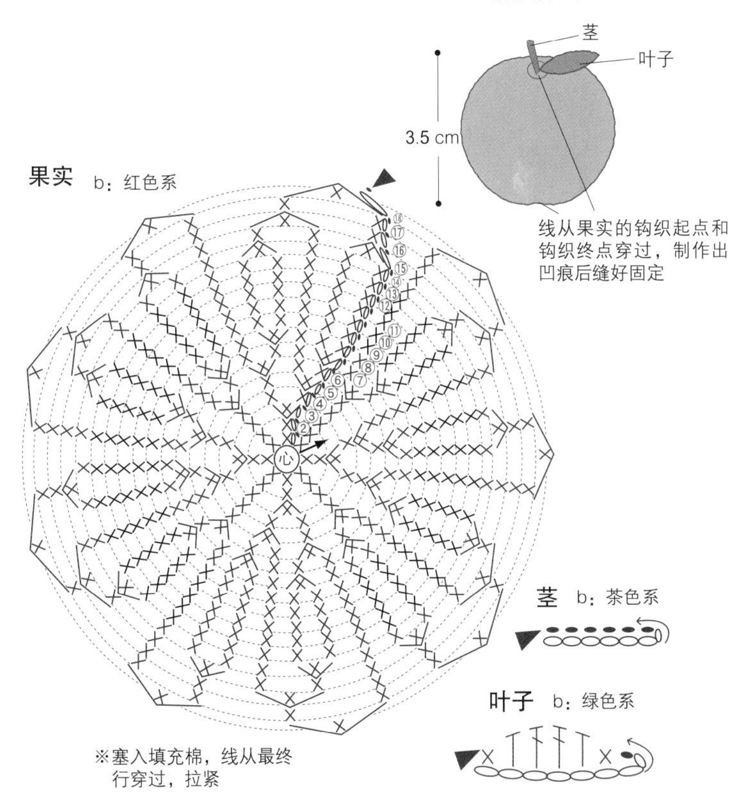

※塞入填充棉，线从最终行穿过，拉紧

74

尺寸：参照图

作品参见P60~61

材料及工具

a：奥林巴斯Emmygrande：本白4g

b：奥林巴斯Emmygrande<Colors>：黄色系4g

　奥林巴斯Emmygrande：茶色系少许

填充棉：少许

蕾丝针：0号

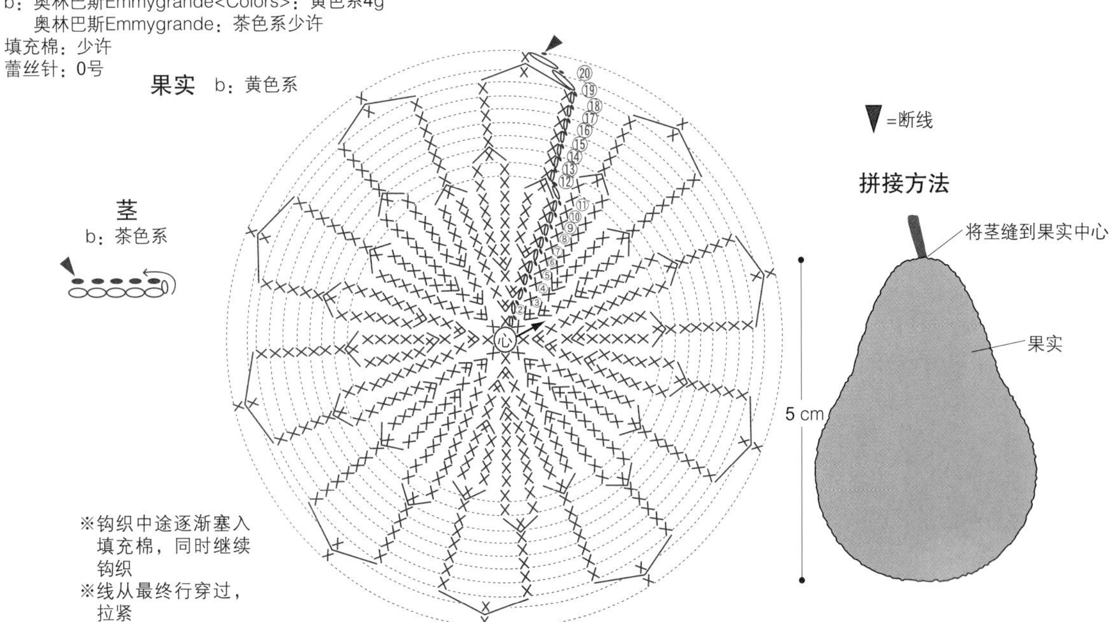

※钩织中途逐渐塞入填充棉，同时继续钩织

※线从最终行穿过，拉紧

75
沙滩拖鞋

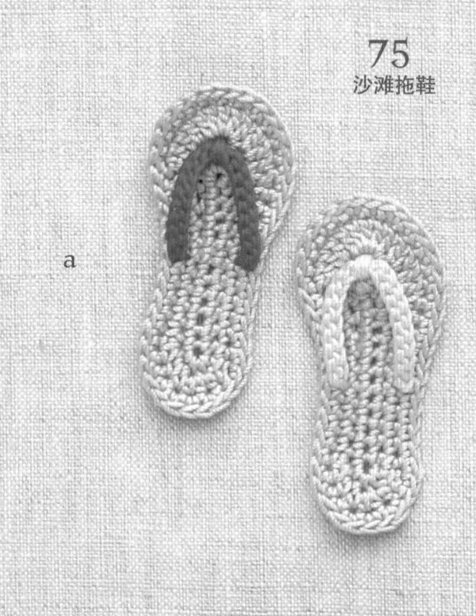

a

b

76
鞋子

77
套鞋

钩织方法：详见P66
设计制作：芹泽圭子

78
休闲包

79
篮状包

80
手提包

钩织方法：详见P67
设计制作：芹泽圭子

75

尺寸：参照图

作品参见P64

材料及工具

a：奥林巴斯Emmygrande<Herbs>：米褐色系少许；奥林巴斯Emmygrande：红色系少许
b：奥林巴斯Emmygrande<Herbs>：米褐色系少许；奥林巴斯Emmygrande：黄色系少许
填充棉：少许
蕾丝针：0号

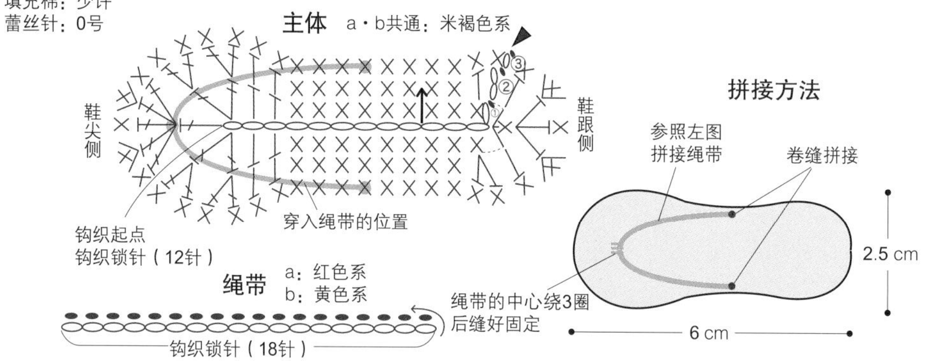

76

尺寸：参照图

作品参见P64

材料及工具

奥林巴斯Emmygrande<Herbs>：米褐色系（浅褐色、深褐色）各少许
蕾丝针：0号

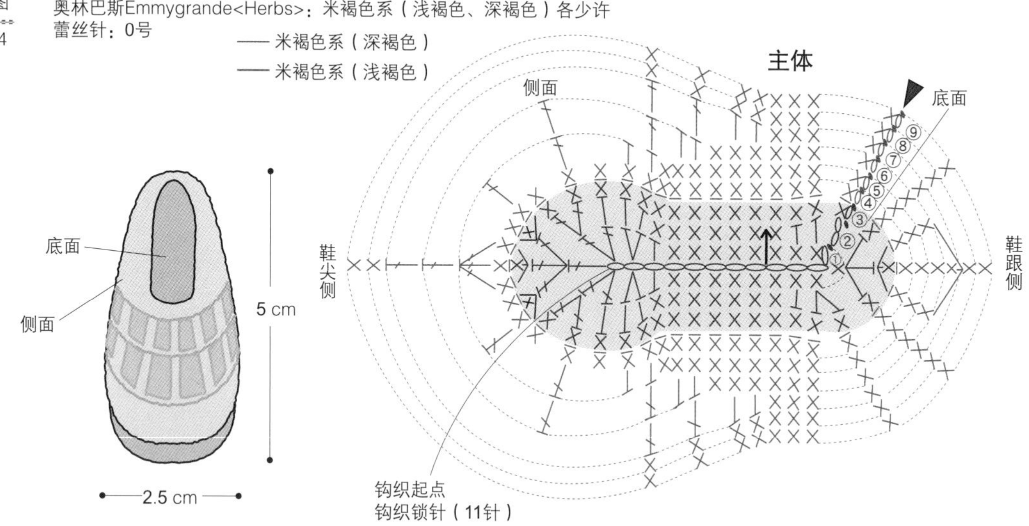

77

尺寸：参照图

作品参见P64

材料及工具

奥林巴斯Emmygrande<Herbs>：蓝色系、米褐色系各少许
蕾丝针：0号

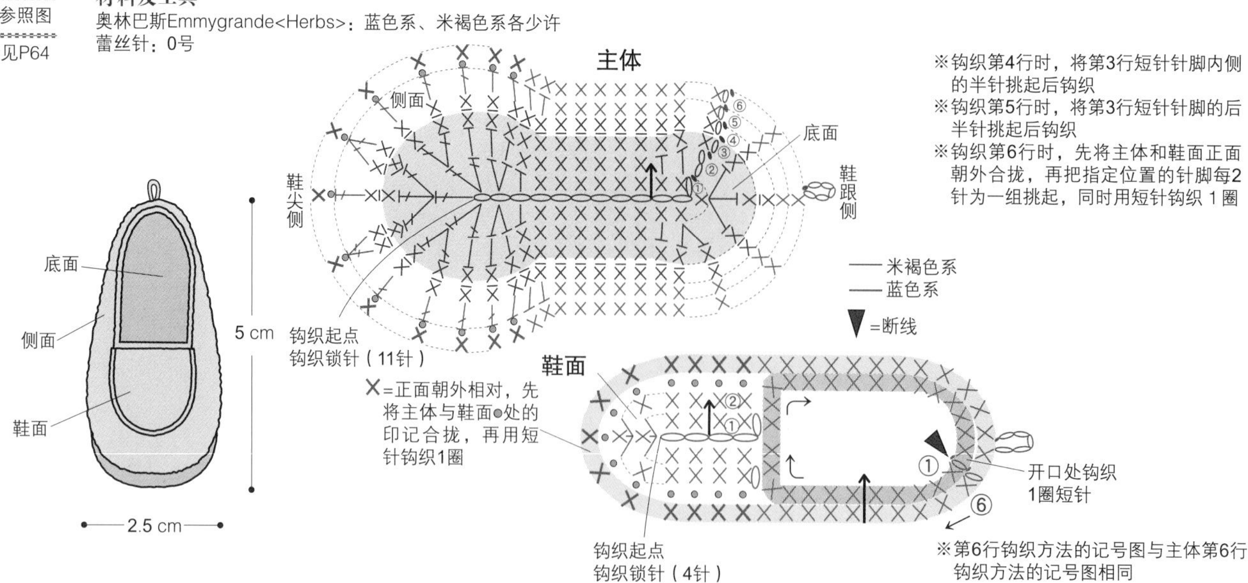

78

尺寸：参照图

作品参见P65

材料及工具

奥林巴斯Emmygrande：本白2g；奥林巴斯Emmygrande<Colors>：蓝色系3g

蕾丝针：0号

拼接方法

提手卷缝到主体上

4 cm

5 cm

主体

拼接提手的位置

钩织起点
钩织锁针（14针）

—— 本白
—— 蓝色系

提手
2根

14 cm

79

尺寸：参照图

作品参见P65

材料及工具

奥林巴斯Emmygrande：粉色系3g；奥林巴斯Emmygrande<Herbs>：米褐色系1g

串珠（直径4mm）：紫色1颗

蕾丝针：0号

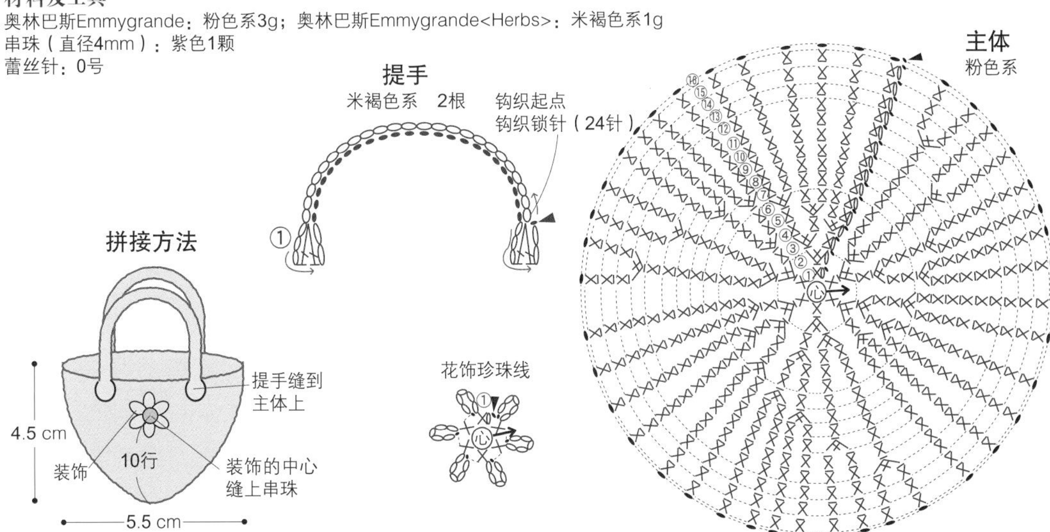

80

尺寸：参照图

作品参见P65

材料及工具

奥林巴斯Emmygrande<Herbs>：绿色系3g；米褐色系2g

人造水钻（直径5mm）：1颗

木质串珠（9mm）：5颗

蕾丝针：0号

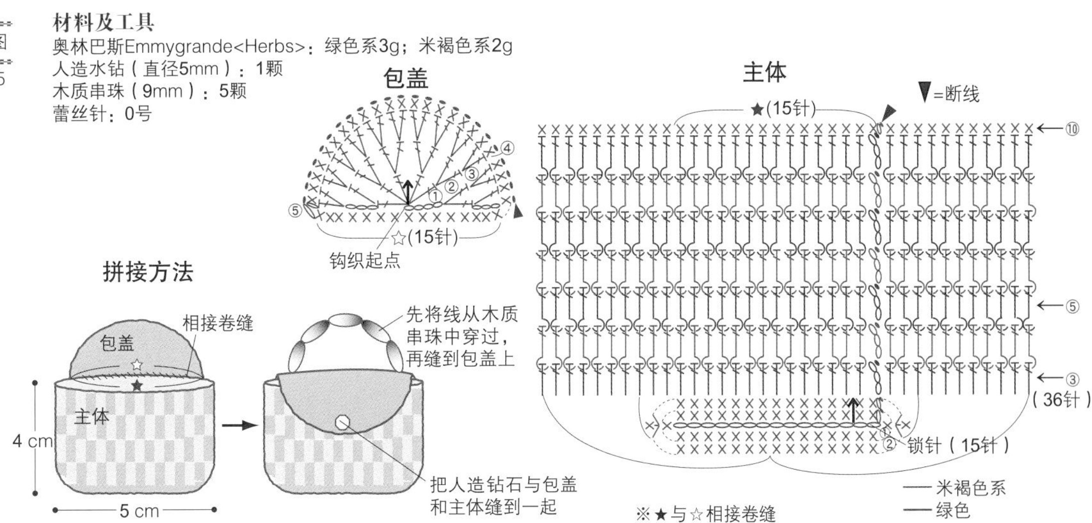

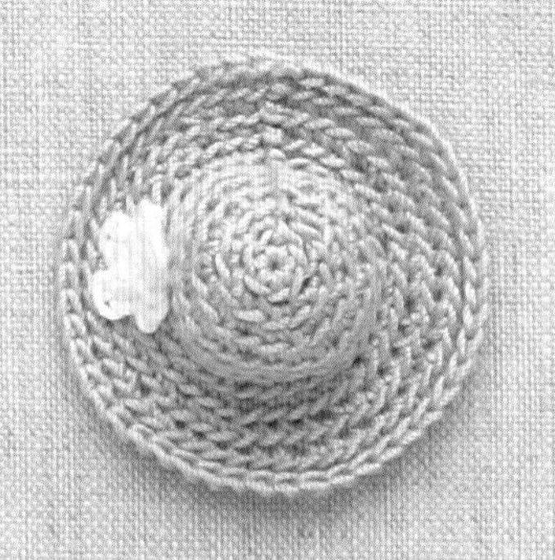

81
草帽

82
太阳裙

83
比基尼

钩织方法：详见P70
设计制作：藤田智子

84
连指手套

85
围巾

86
披风

钩织方法：详见P71
设计制作：藤田智子

81

尺寸：参照图

作品参见P68

材料及工具

奥林巴斯Emmygrande<Herbs>：米褐色系2g

奥林巴斯Emmygrande：白色少许

钩针：2/0号

※先从帽顶向帽檐钩织短针的挑针，然后将小花拼接到指定的位置作装饰

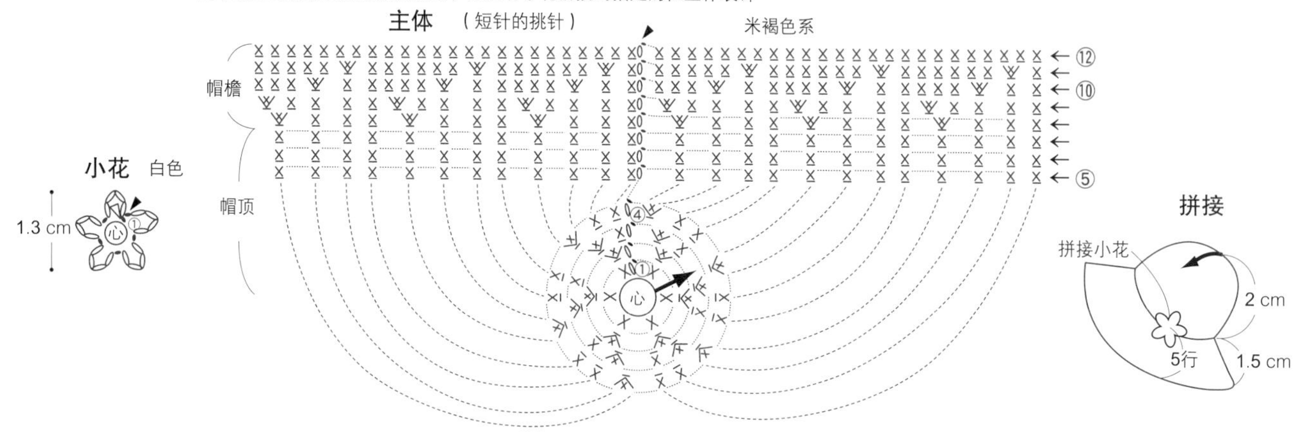

82

尺寸：参照图

作品参见P68

材料及工具

奥林巴斯Emmygrande：白色少许

钩针：2/0号

※先从头部向下摆钩织11行主体，呈筒状，然后在第5行的2个地方制作出袖口，最后在第6行和第8行钩织荷叶边

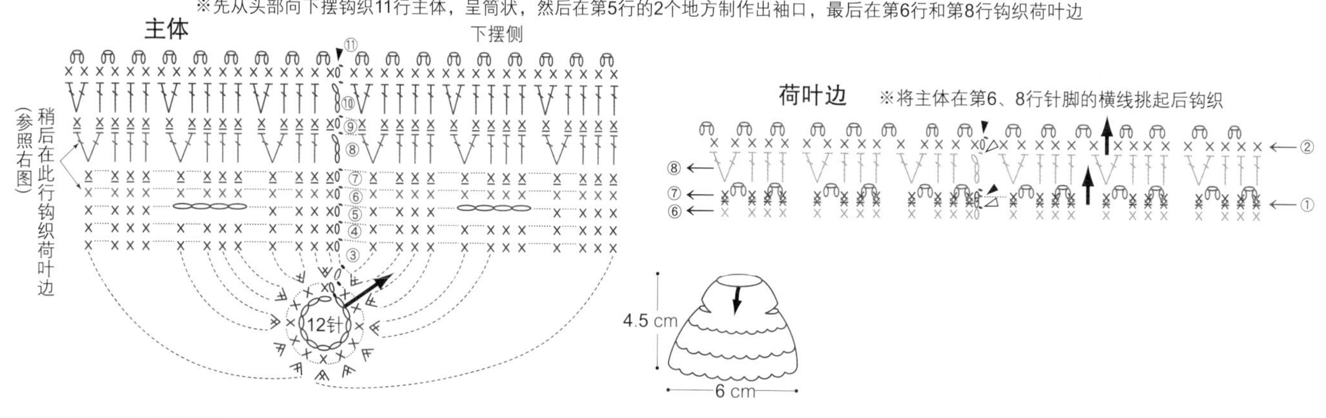

83

尺寸：参照图

作品参见P68

材料及工具

奥林巴斯Emmygrande：蓝色2g

纽扣（直径0.8cm）：1颗

钩针：2/0号

※比基尼由两块三角形的花样拼接而成，然后缝上两种绳带。钩织裙子时，由腰部向下摆方向钩织

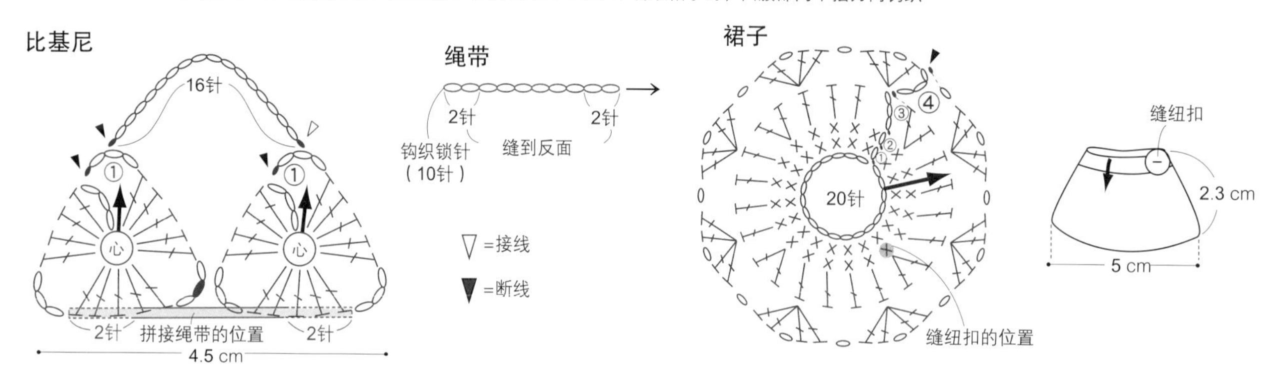

84

尺寸：参照图

作品参见P69

材料及工具

奥林巴斯Emmygrande：本白4g

纽扣（心形・1cm）：1颗

钩针：2/0号

※变换大拇指的位置，钩织出左右两只手套

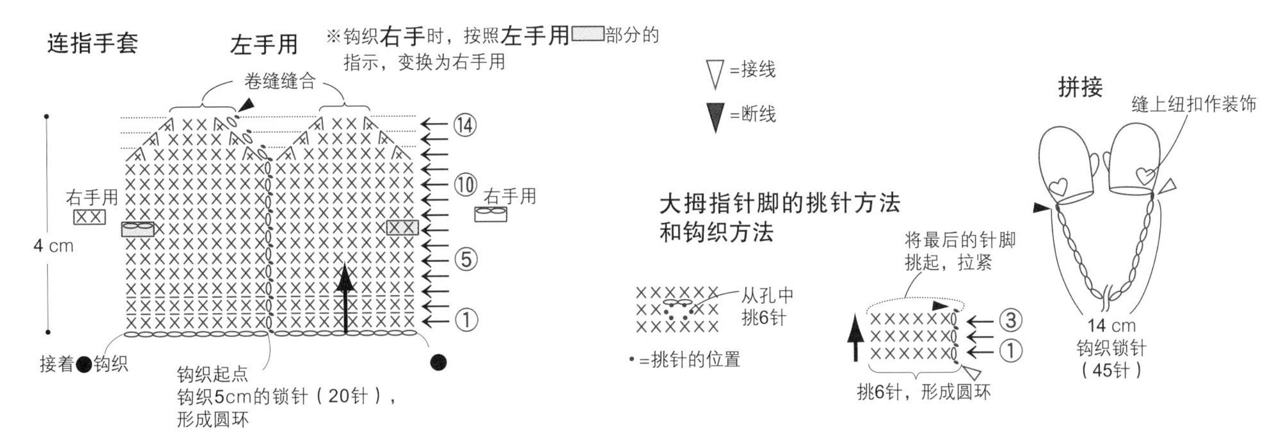

85

尺寸：参照图

作品参见P69

材料及工具

奥林巴斯Emmygrande：本白3g；粉色系少许

钩针：2/0号

※钩织完主体后，先按照图示方法交叉重叠，再缝好小花，固定主体

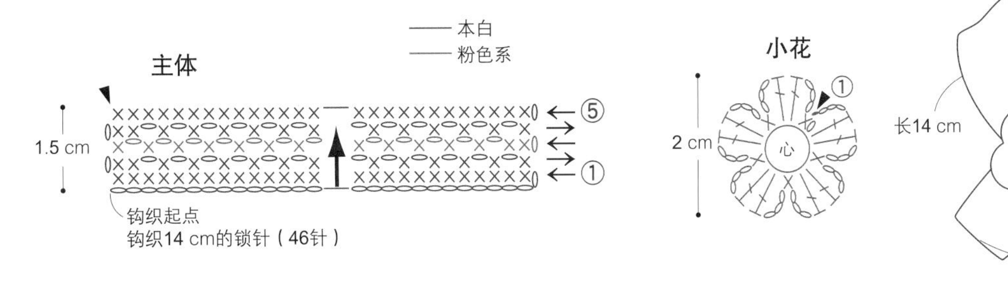

86

尺寸：参照图

作品参见P69

材料及工具

奥林巴斯Emmygrande：米褐色系1g；粉色系3g

钩针：2/0号

※先从脖子向下摆处钩织主体，然后在2个地方拼接绳带

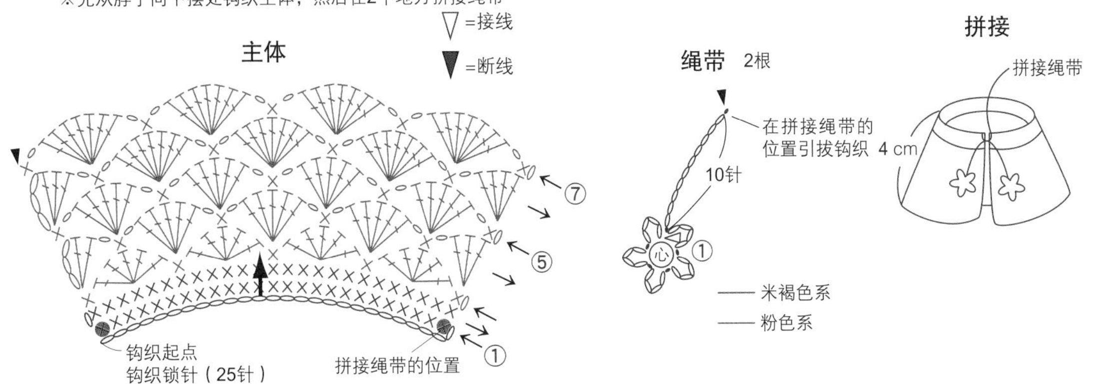

87
小猫

88
刺猬

a

b

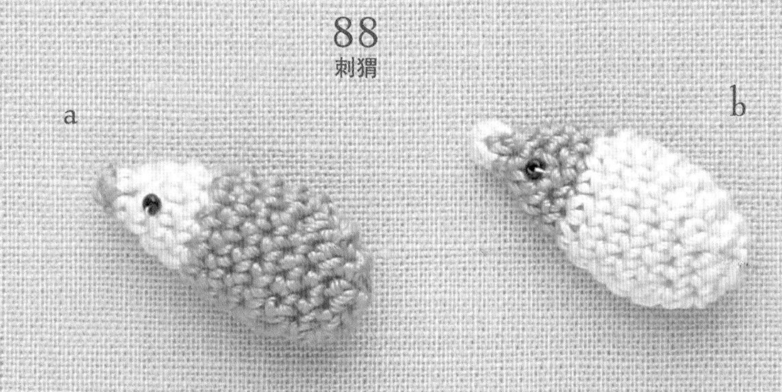

89
小兔

钩织方法：详见P74
设计制作：田中优子

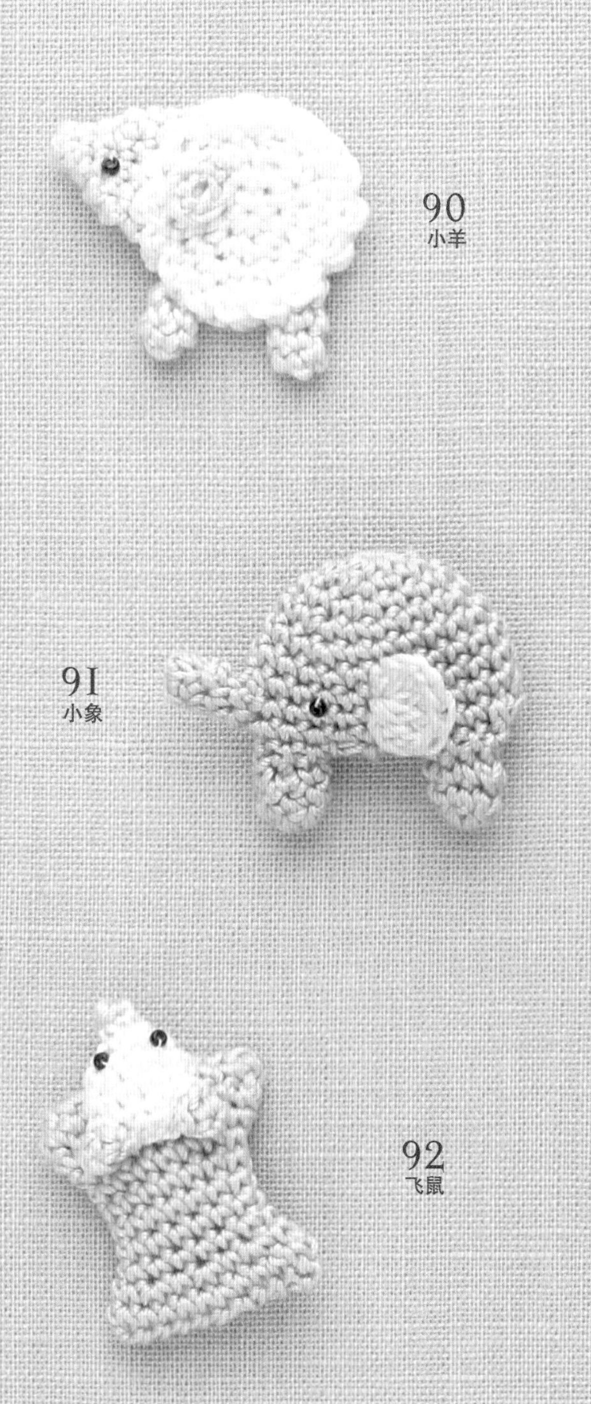

钩织方法：详见P75
设计制作：田中优子

87

尺寸：参照图

作品参见P72

材料及工具

奥林巴斯Emmygrande：本白1g；茶色系少许

圆形小串珠：黑色2颗

填充棉：少许

蕾丝针：0号

※用本白按照图案89的方法钩织脸部

※用本白按照图案89的方法钩织脸部，塞入填充棉后用同样的方法缝好

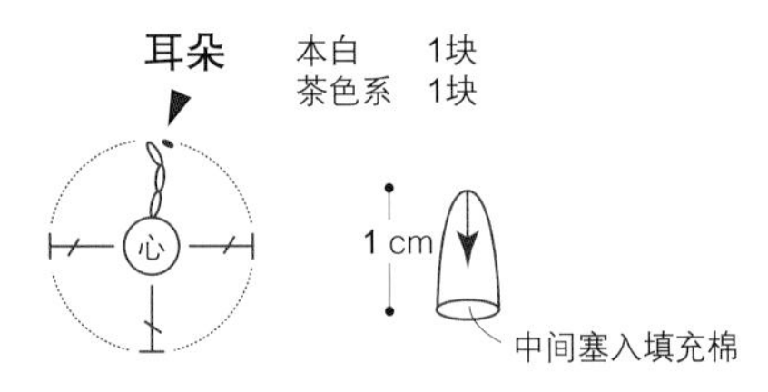

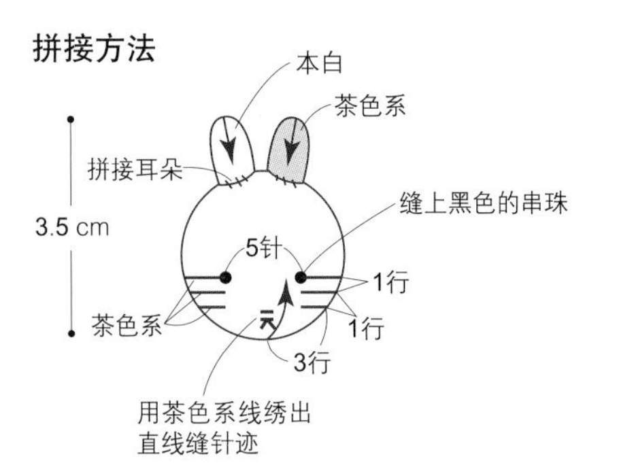

88

尺寸：参照图

作品参见P72

材料及工具

a：奥林巴斯Emmygrande：茶色系1g；米褐色系少许

圆形小串珠：黑色2颗

b：奥林巴斯Emmygrande：米褐色系1g；茶色系少许

圆形小串珠：黑色2颗

填充棉：少许

蕾丝针：0号

※a和b中脸部与身体的部分配色相反

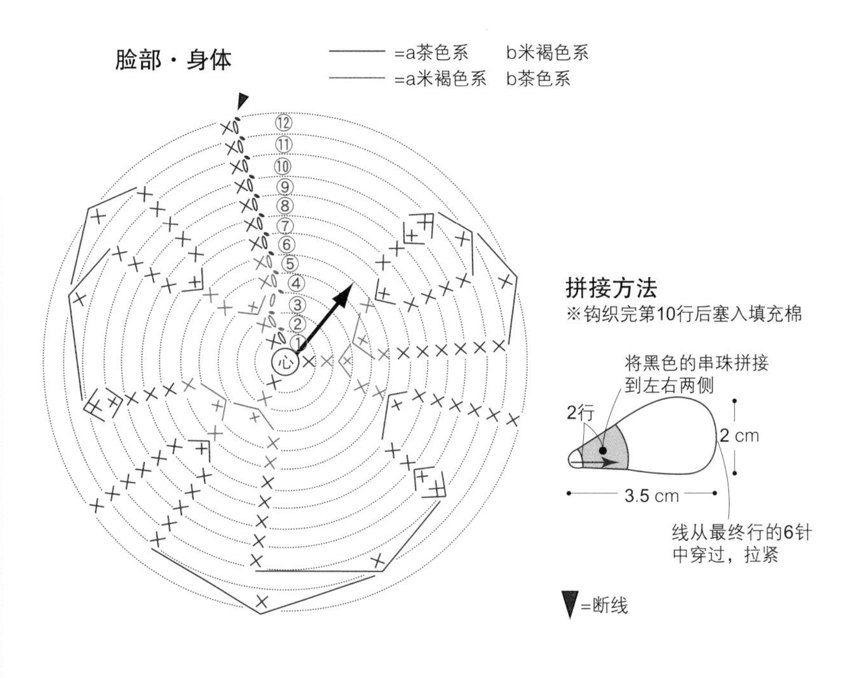

89

尺寸：参照图

作品参见P72

材料及工具

奥林巴斯Emmygrande：本白1g；粉色系少许

圆形小串珠：黑色2颗

填充棉：少许

蕾丝针：0号

※眼睛缝上串珠，嘴巴进行刺绣

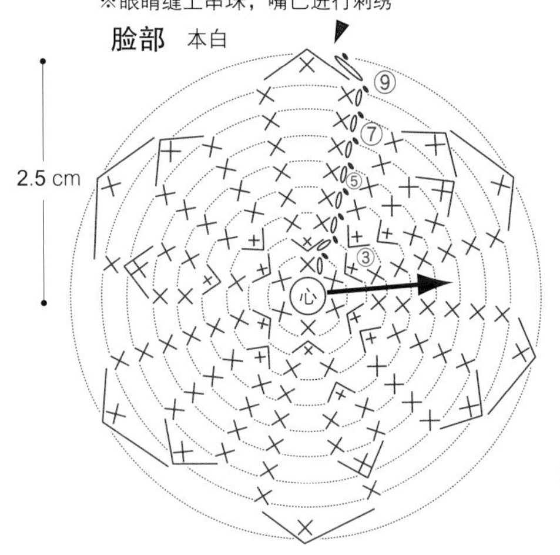

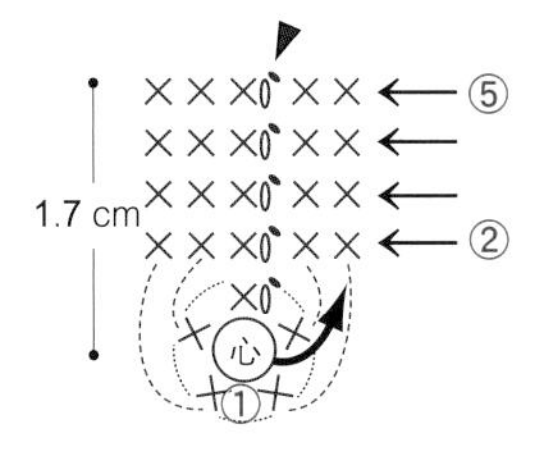

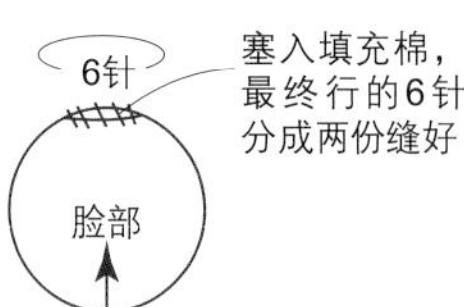

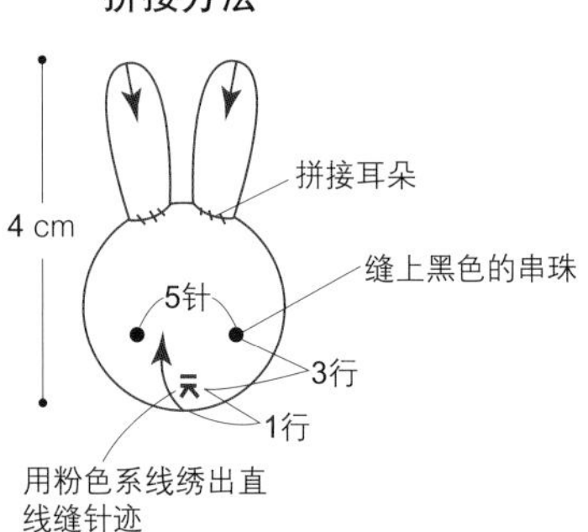

90

尺寸：参照图

作品参见P73

材料及工具

奥林巴斯Emmygrande：本白1g；米褐色系少许

圆形小串珠：黑色2颗

填充棉：少许

蕾丝针：0号

※眼睛、耳朵缝到脸部两侧

脸部 米褐色系

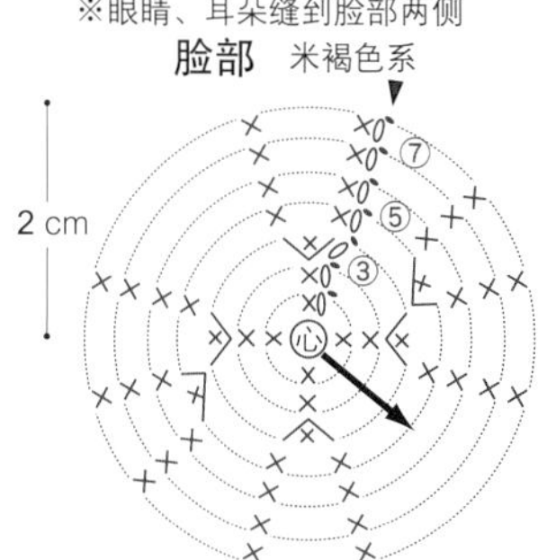

身体 本白 2块

2.5 cm

※留出20 cm左右的线头

脚 米褐色系 2块

1.2 cm

耳朵 米褐色系 2块

留出一点线头

锁针（6针）

拼接方法

③缝上黑色的串珠

②缝上耳朵

3行

缝好

3针

3.5 cm

4 cm

①将脸部、脚夹到两块身体中，同时在身体的第3行缝好

91

尺寸：参照图

作品参见P73

材料及工具

奥林巴斯Emmygrande：蓝色1g；米褐色系少许

圆形小串珠：黑色2颗

填充棉：少许

蕾丝针：0号

※将耳朵、眼睛缝到两侧

身体 蓝色

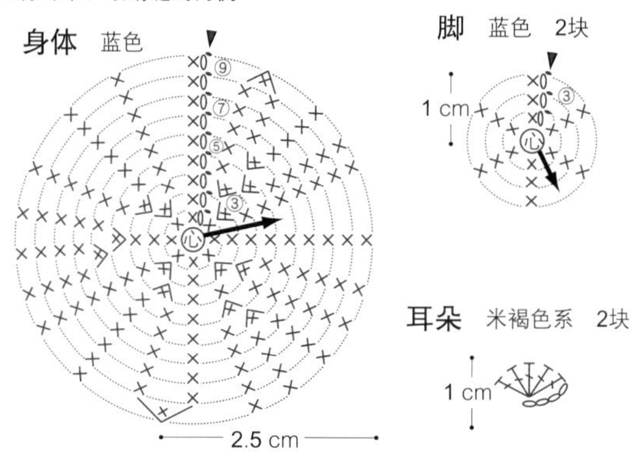

脚 蓝色 2块

1 cm

鼻子 蓝色

1 cm

耳朵 米褐色系 2块

1 cm

拼接方法

※将耳朵和眼睛缝到相反侧

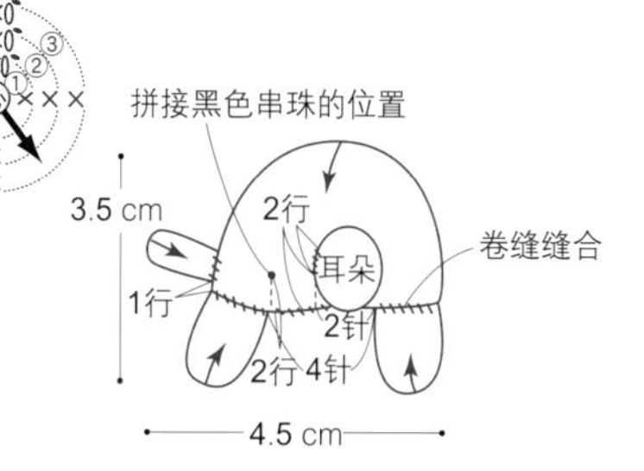

▼=断线

※将身体对折，塞入填充棉，在缝上脚的同时卷缝缝合

92

尺寸：参照图

作品参见P73

材料及工具

奥林巴斯Emmygrande：米褐色系1g；本白少许

圆形小串珠：黑色2颗

填充棉：少许

蕾丝针：0号

※在将头部缝到主体时，先将脖子部分挑起缝好

身体 米褐色系

3 cm

⑩

⑤

①

钩织起点

钩织锁针（21针），形成圆环

头部

——=米褐色系

——=本白

1.8 cm

耳朵 米褐色系 2块

0.6 cm

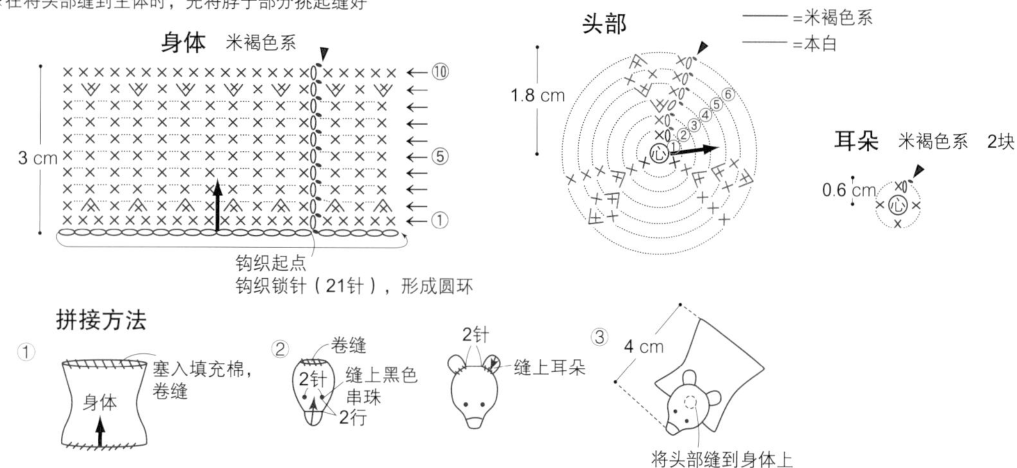

93
燕子

94
小鸭子

a　b

95
白鹅

钩织方法：详见P78
设计制作：田中优子

96
企鹅

97
金鱼

98
海豚

钩织方法：详见P79
设计制作：田中优子

93

尺寸：参照图

作品参见P76

材料及工具

奥林巴斯Emmygrande：本白2g；灰色系少许
圆形小串珠：黑色2颗
填充棉：少许
钩针：2/0号

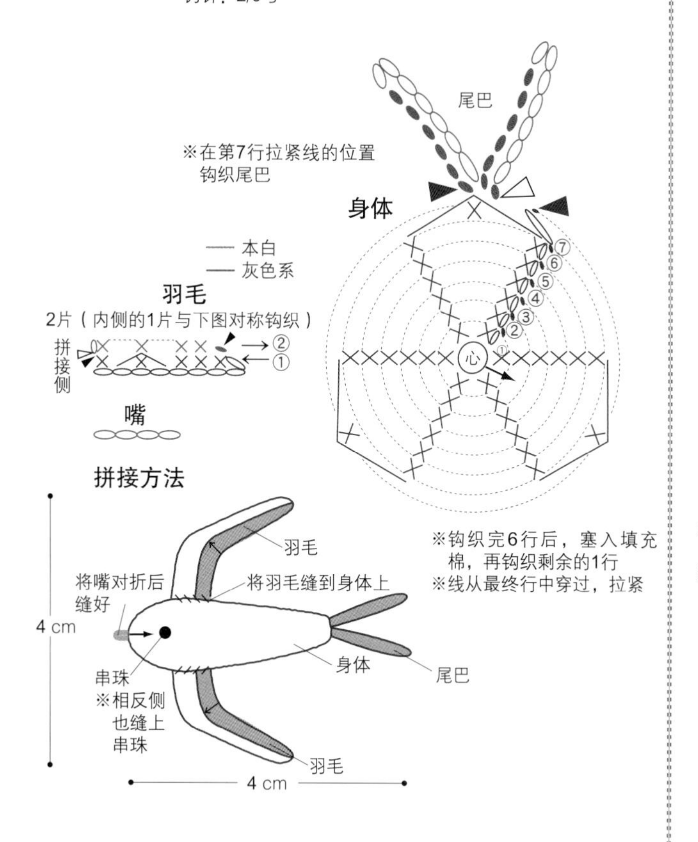

94

尺寸：参照图

作品参见P76

材料及工具

a：奥林巴斯Emmygrande：黄色系1g；粉色系少许
b：奥林巴斯Emmygrande：本白1g；粉色系少许
圆形小串珠（a・b共通）：黑色2颗
填充棉：少许
钩针：2/0号

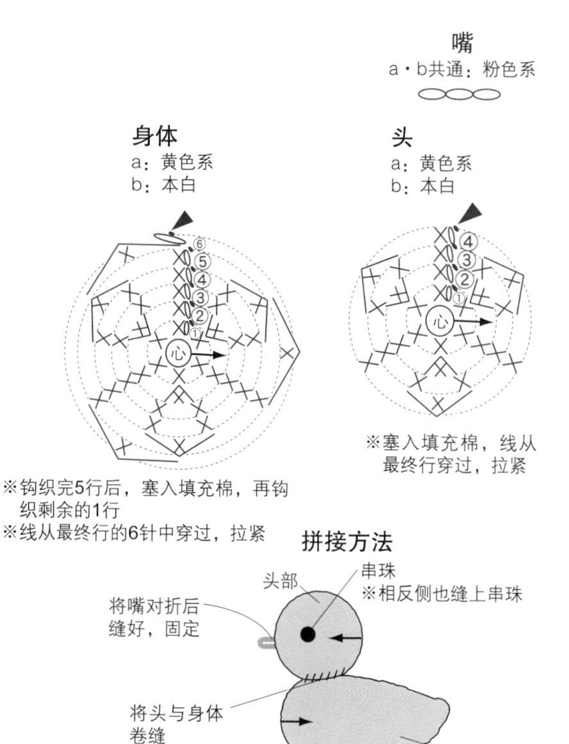

95

尺寸：参照图

作品参见P76

材料及工具

奥林巴斯Emmygrande：本白2g；黄色系少许
圆形小串珠：黑色2颗
填充棉：少许
钩针：2/0号

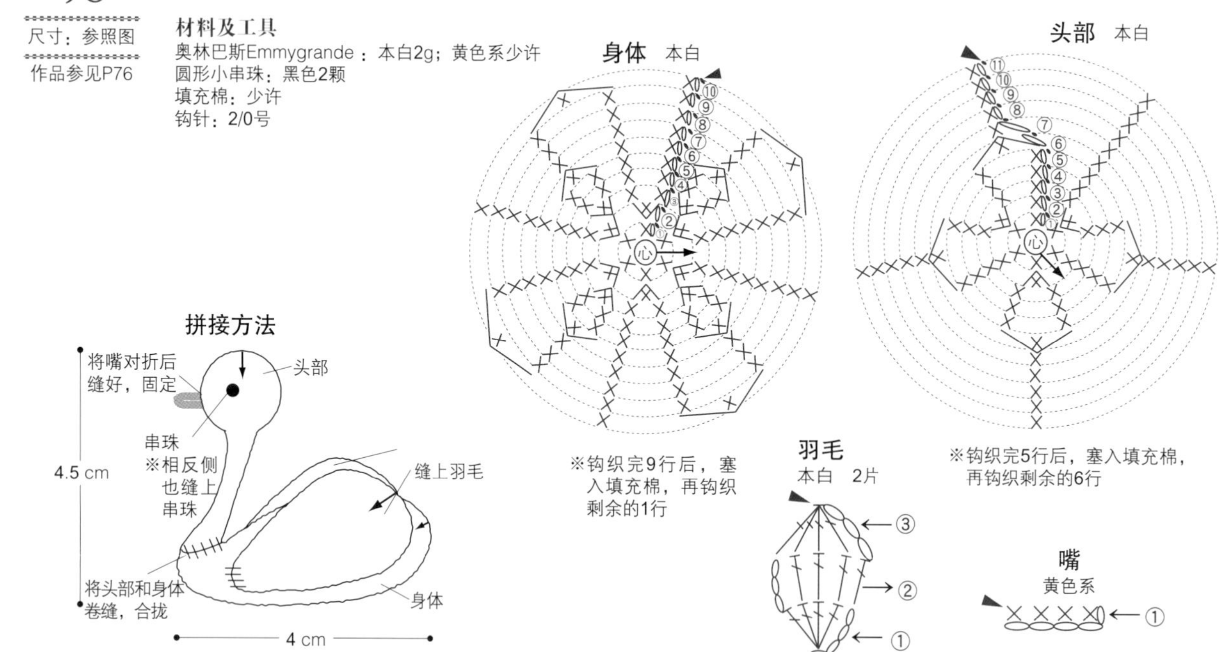

96

尺寸：参照图

作品参见P77

材料及工具

奥林巴斯Emmygrande：蓝色系1g；本白1g；黄色系少许

圆形小串珠：黑色2颗；填充棉：少许

钩针：2/0号

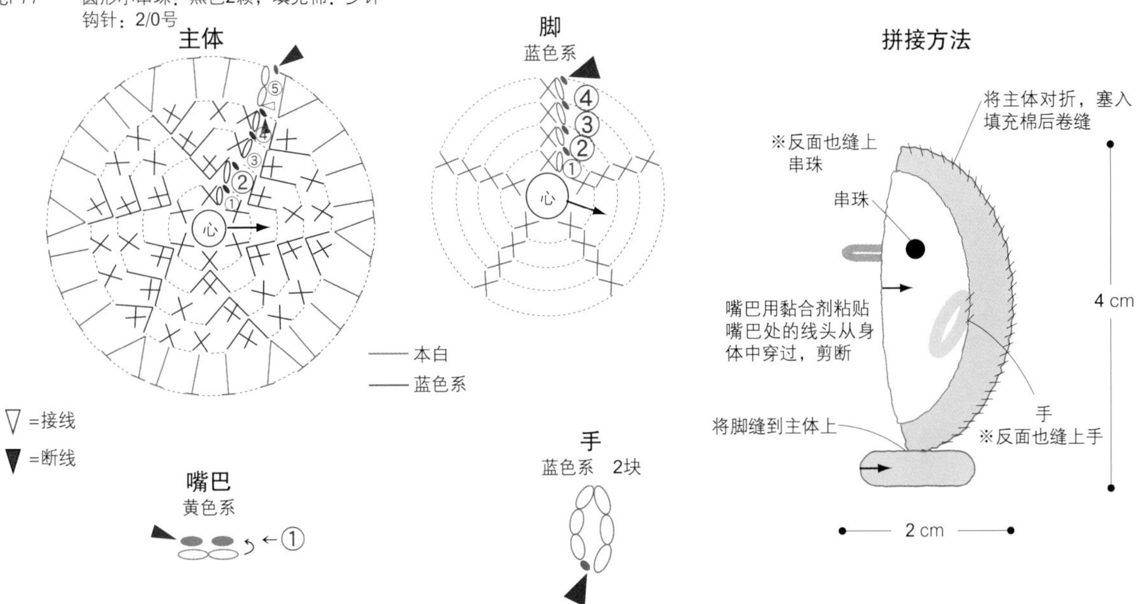

97

尺寸：参照图

作品参见P77

材料及工具

奥林巴斯Emmygrande：粉色系2g

圆形小串珠：黑色2颗；填充棉：少许

钩针：2/0号

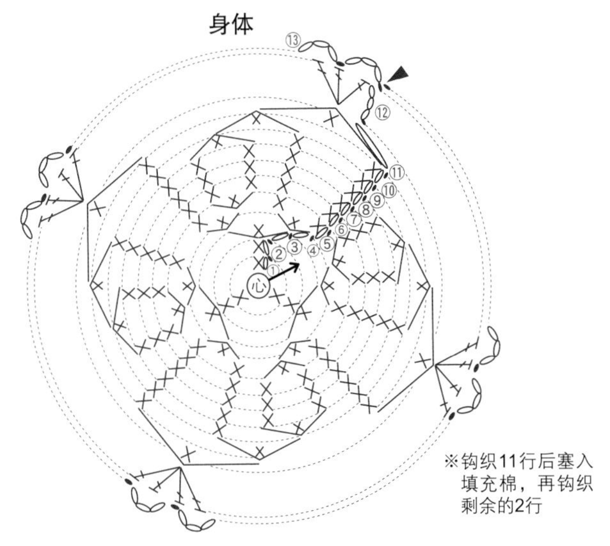

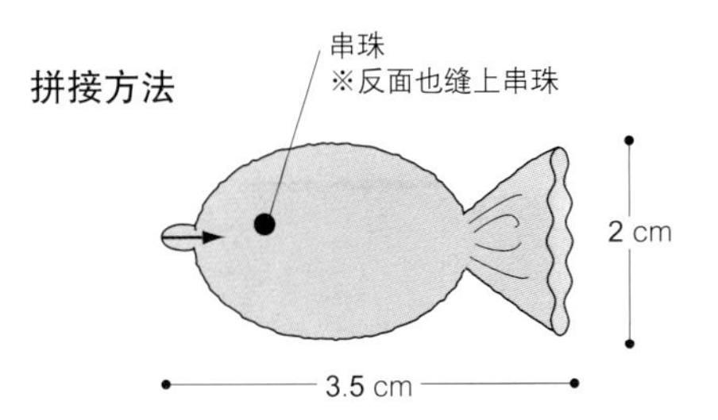

98

尺寸：参照图

作品参见P77

材料及工具

奥林巴斯Emmygrande：蓝色系2g；本白少许

圆形小串珠：黑色2颗；填充棉：少许

钩针：2/0号

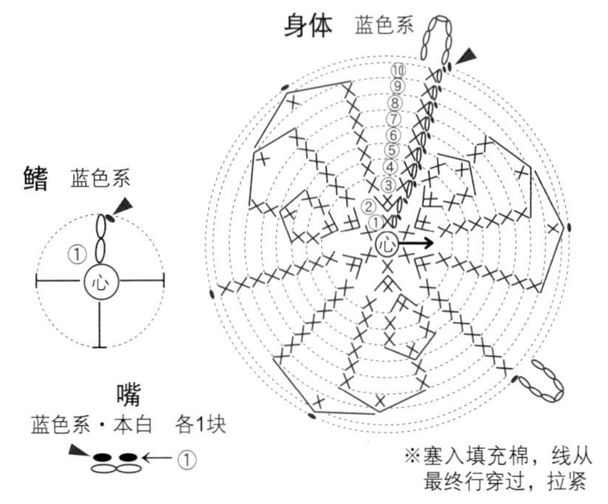

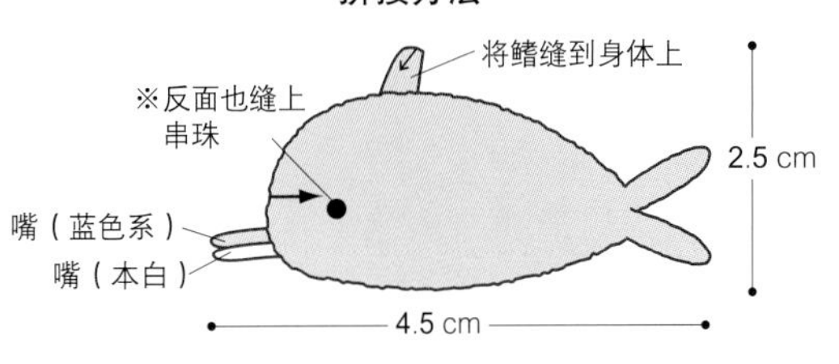

※将两片嘴巴重叠，用黏合剂粘好
将嘴巴的线头穿入身体中，再剪断线

PART 4

花样·饰边&镶边

在PART 4中包括了由各色大小花朵、叶子组合而成的花束花样及新鲜的各色花朵，个性独特，并以温馨、浪漫的花朵为中心，介绍了多种花样·饰边&镶边。您既可以在它们的反面拼接别针，又可以用作发夹和项链，都非常漂亮、迷人。

钩织方法：详见P82~83
设计制作：冈麻理子

99~102共通 作品参见P80

花瓣的钩织方法 在此以100、101的花（小）Ⅱ为例进行解说

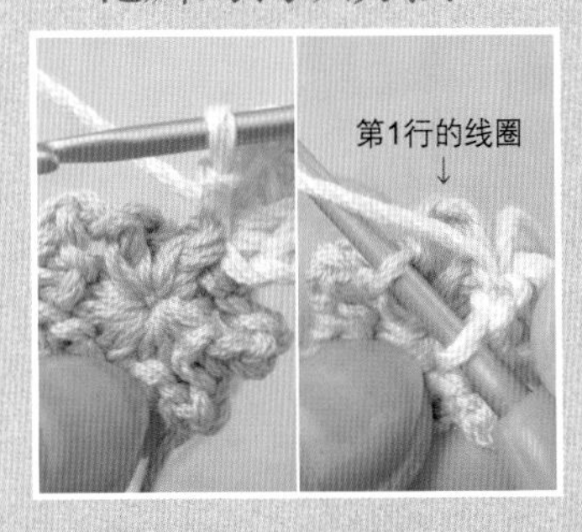

1 在第1行短针头针内侧的1根线处钩织第2行的花瓣。花瓣与花瓣的间隙将上一行线圈的前侧像渡线一般穿引。

2 第2行钩织完成后如图所示。表面看不到第1行的线圈。

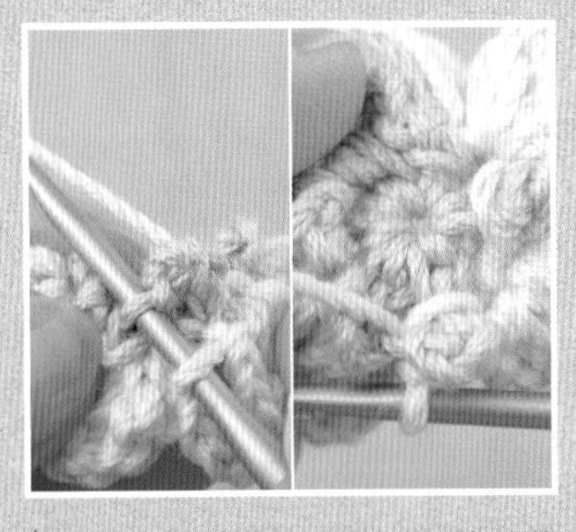

3 在第1行短针外侧的1根线处钩织第3行的花瓣。花瓣与花瓣间的渡线夹在第1行的线圈中。

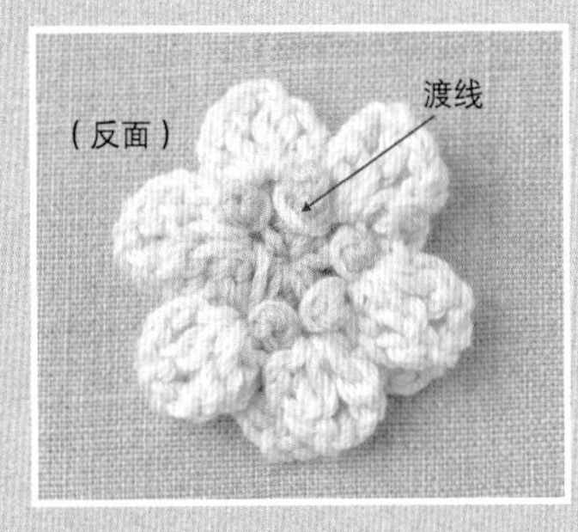

4 钩织完3行后如图所示。第1行的线圈露在反面。

茎的钩织方法和铁丝的拼接方法 在此以100、101的花（小）Ⅱ为例进行解说

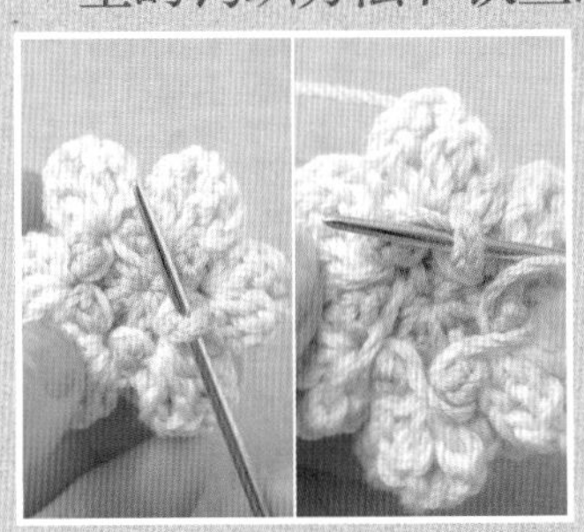

1 茎用的线从缝纫针中穿过，此时不用剪断线，从线团中抽线即可。钩针从外侧插入线圈中，绕1圈，然后再次从最初的线圈中穿过。

2 线从缝纫针中拉出，将钩针针尖插入对角线方向上的2个线圈中，挂线后引拔抽出。

3 钩织茎的锁针。

4 将锁针的里山挑起后用引拔针往回钩织，留出30cm的线后剪断。

5 线从缝纫针中穿过，再插入与步骤2相对对角线方向上的2个线圈中。

6 铁丝从缝纫针中穿过，按照步骤5的方法穿入2个线圈中。

7 在铁丝较短的一侧折叠4cm，再将茎的线拉紧。

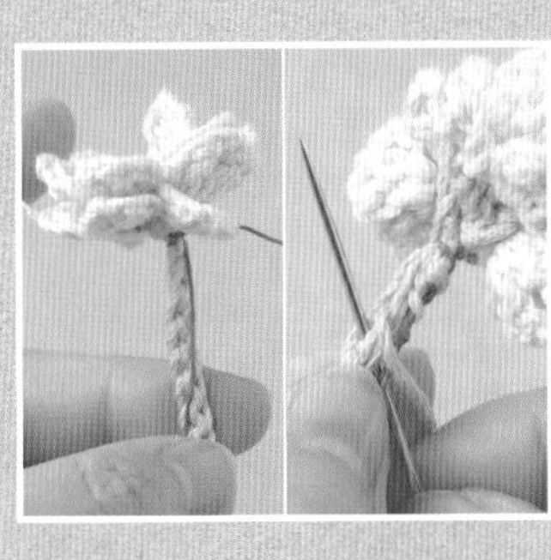

8 铁丝较长的一侧与茎贴紧拿好，较短的一侧在茎的根部绕1.5圈。将长短两侧拧紧，用指定针数的卷针将其拼接缝好。往复缝5~6针，使其结实牢固。剪掉多余的铁丝。

99·100

编织图共通

花（小）Ⅰ 圆环

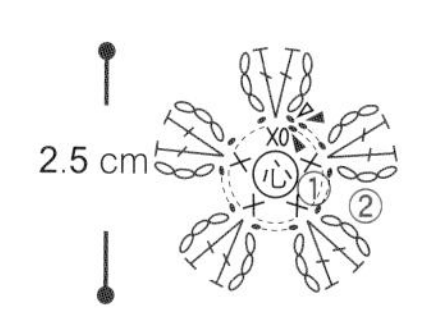

花（小）Ⅱ 圆环

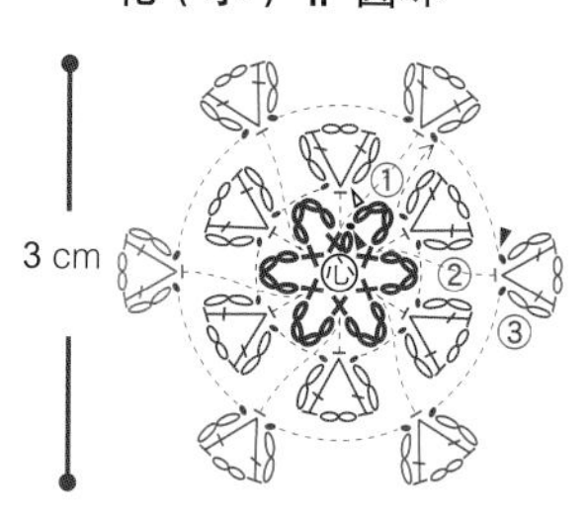

- 将第1行短针内侧的半针挑起后钩织第2行
- 将第1行短针外侧的半针挑起后钩织第3行

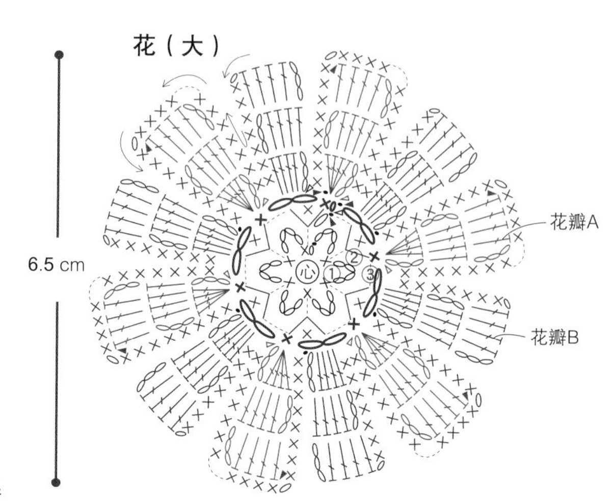

- 在钩织花瓣前就在6个位置分别接线，钩织3行，由此钩织成花瓣A（—的部分）

99

尺寸：参照图

作品参见P80

重点提示见P81

材料及工具

奥林巴斯Emmygrande<Herbs>：粉色系3g；黄色系1g
奥林巴斯Emmygrande：米褐色系、绿色系各3g
26#花艺用铁丝：绿色线36cm×4根
蕾丝针：0号

配色表

行数＼种类	花（小）Ⅰ	花（大）
①	<Herbs>黄色系	绿色系
②	米褐色系	
③		<Herbs>黄色系
花瓣A·B		<Herbs>粉色系

- 花（小）Ⅰ·（大）的茎都用绿色系钩织
- 铁丝均为12 cm

花（小）Ⅰ：6个

花（大）

约2 cm

约14 cm

- 先调整形状结成束，再用线打结
- 先用米褐色系的线钩织130针锁针，然后缠到茎上，最后在正面打蝴蝶结

花（大）·（小）Ⅰ的茎都钩织45针，然后用23针卷针拼接好铁丝

100

尺寸：参照图

作品参见P80

重点提示见P81

材料及工具

奥林巴斯Emmygrande：红色系7g；绿色系6g；深蓝色系、黄色系、紫色系各1g；米褐色系、本白各2g；浅蓝色系少许
奥林巴斯Emmygrande<Herbs>：绿色系、黄色系各1g
26#花艺用铁丝：绿色线 36cm×4根
蕾丝针：0号

配色表

种类＼行数	①	②	③	花瓣	茎	茎的锁针数	铁丝的尺寸
花（大）A	紫色系		<Herbs>黄色系	红色系	绿色系	40针	约12cm
花（大）B						45针	
花（小）Ⅰa	<Herbs>绿色系	本白				50针·45针·40针·40针	
花（小）Ⅰb	浅蓝色系	深蓝色系				50针	
花（小）Ⅰc	黄色系	紫色系				45针	
花（小）Ⅰd	深蓝色系	黄色系				40针	
花（小）Ⅱe	<Herbs>黄色系	米褐色系	米褐色系			50针	

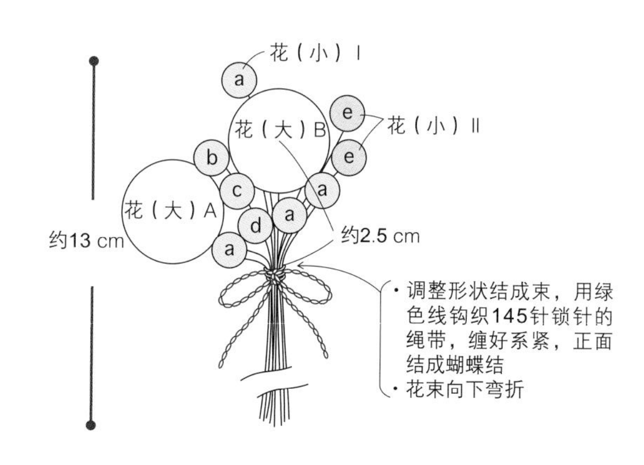

101

尺寸：参照图

作品参见P80

重点提示见P81

材料及工具

奥林巴斯Emmygrande<Herbs>：浅绿色系1g

奥林巴斯Emmygrande：本白6g；深绿色系8g

26#花艺用铁丝：绿色线36cm×5根

蕾丝针：0号

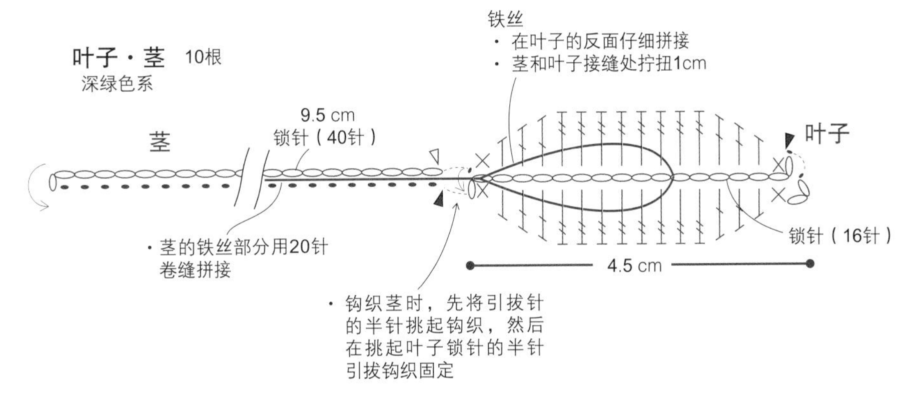

花（小）Ⅱ 10个

① <Herbs>
浅绿色

②

③

本白

3 cm

・将第1行短针内侧的半针挑起后钩织第2行

・将第1行短针外侧的半针挑起后钩织第3行

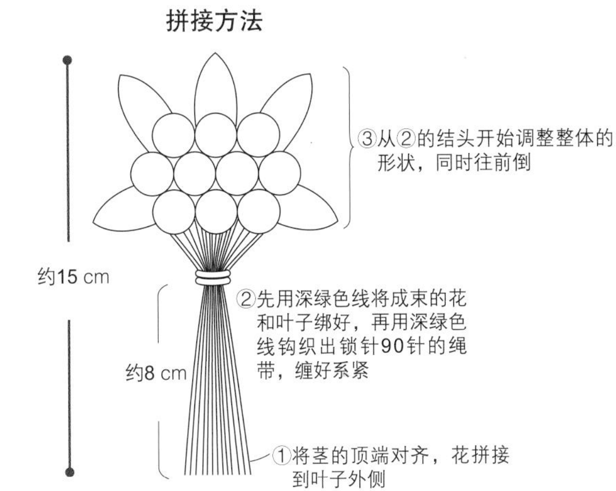

102

尺寸：参照图

作品参见P80

重点提示见P81

材料及工具

奥林巴斯Emmygrande：深蓝色系5g；浅蓝色系3g；紫色系2g

26#花艺用铁丝：裸色线36cm×3根

蕾丝针：0号

花 8个 参照配色表

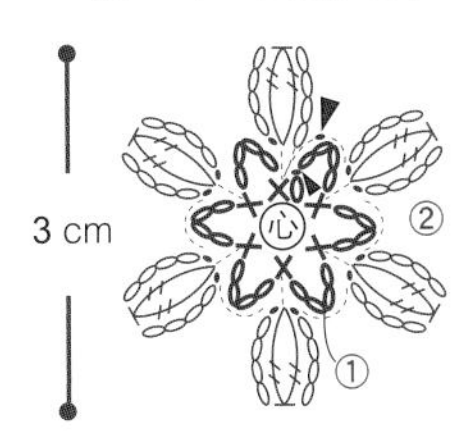

配色表

种类	花		茎		铁丝
	①	②	配色	锁针数	尺寸
A	浅蓝色	深蓝色	深蓝色	62针	约18 cm
B		紫色		52针	约12 cm
C	紫色	浅蓝色		62针	约18 cm
D				46针	约12 cm
E	浅蓝色	深蓝色			
F				38针	
G		紫色	浅蓝色		
H	紫色	浅蓝色		30针	

・茎的铁丝用25针卷缝拼接

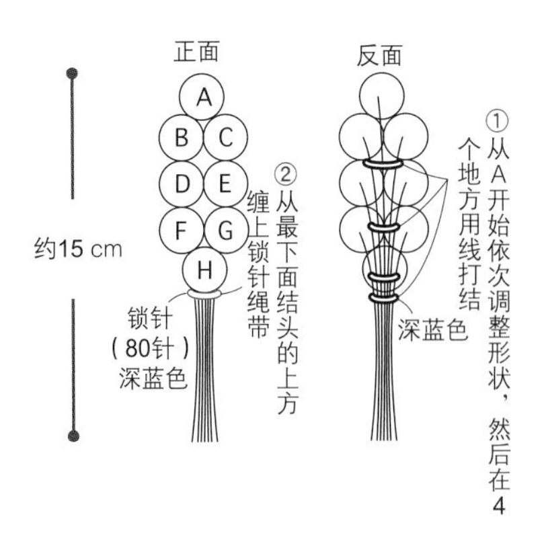

103（花带）

104 银莲花（花图鉴）

105（花饰）

钩织方法：详见P86
设计制作：七海光

钩织方法：详见P87
设计制作：芹泽圭子

103

尺寸：约30 cm

作品参见P84

材料及工具

奥林巴斯Emmygrande：本白、黄色系各少许

奥林巴斯Emmygrande<Colors>：绿色系2g；红色系、橙色系各少许

蕾丝针：0号

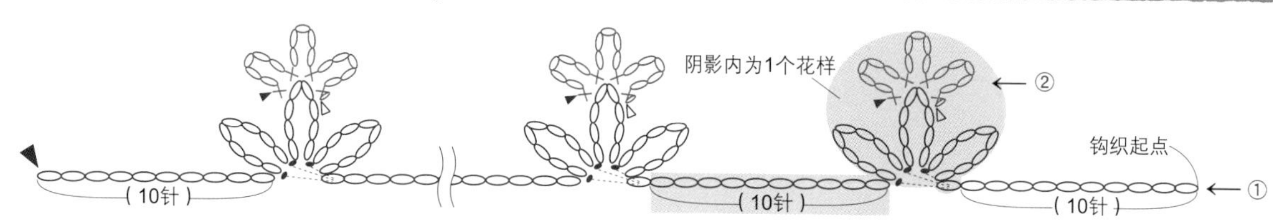

104

直径5.5 cm

作品参见P84

材料及工具

奥林巴斯Emmygrande：黄色系、灰色系各3g

蕾丝针：0号

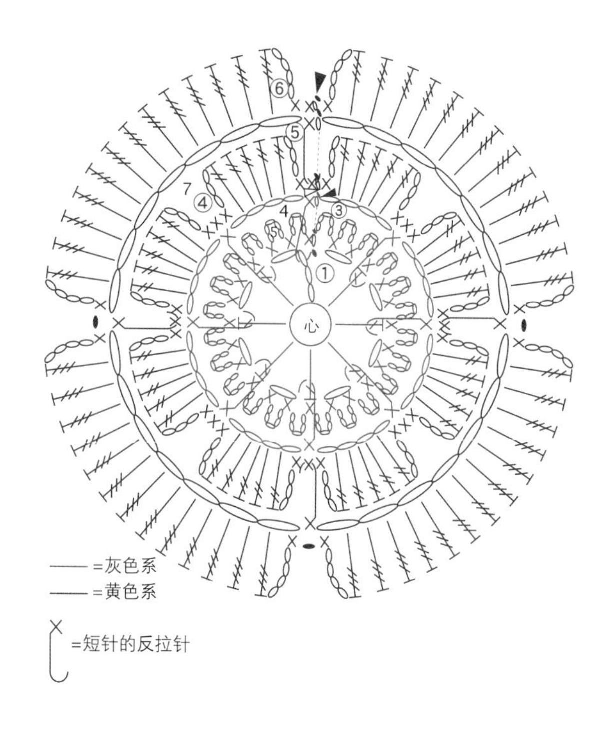

105

直径6.5 cm

作品参见P84

材料及工具

奥林巴斯Emmygrande<Colors>：橙色系2g；绿色系少许

奥林巴斯Emmygrande：本白少许

蕾丝针：0号

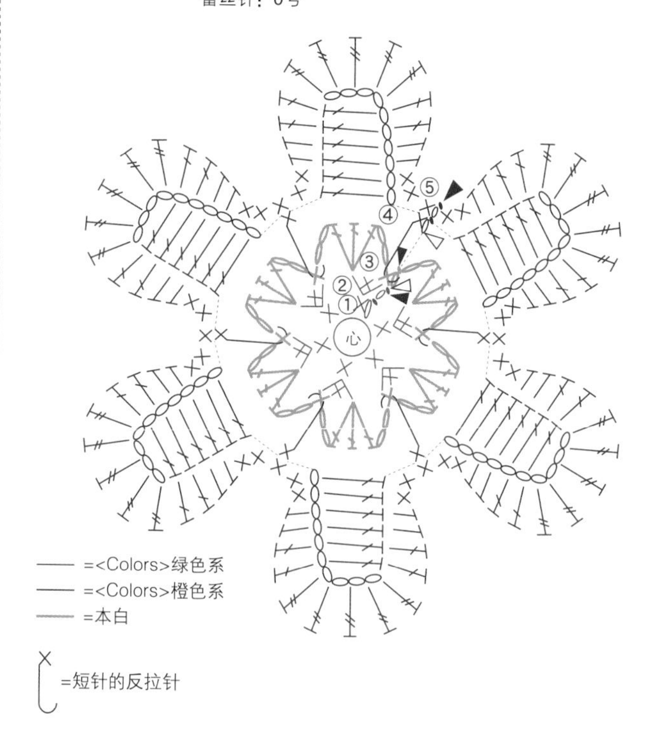

104・105

编织方法共通

=短针的反拉针

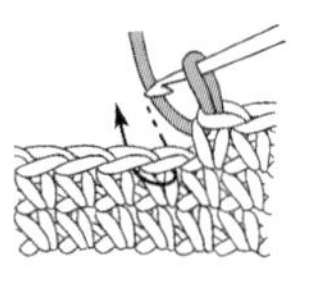

1 按照箭头所示从反面将钩针插入上一行短针的尾针中。

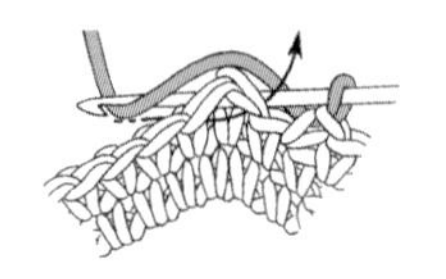

2 针尖挂线后，按照箭头所示从织片的外侧引拔抽出。

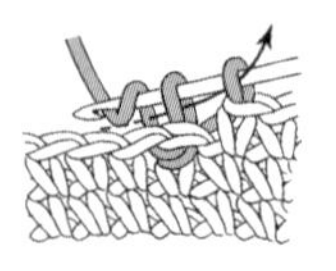

3 抽出的线比短针稍长些，然后再次在针尖上挂线，一次性引拔穿过2个线圈。

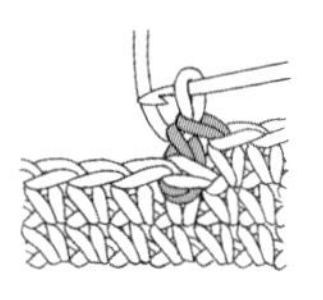

4 完成1针短针的反拉针。

I06

一边为4 cm的三角形

作品参见P85

材料及工具

奥林巴斯Emmygrande：深紫色系1g；黄色系少许
奥林巴斯Emmygrande<Colors>：浅紫色系1g
奥林巴斯Emmygrande<Herbs>：米褐色系少许
蕾丝针：0号

配色
①=黄色系
②=<Herbs>米褐色系
③④=<Colors>浅紫色系
⑤⑥=深紫色系

·将第1行的短针挑起后钩织第4行

I08

尺寸：参照图

作品参见P85

材料及工具

奥林巴斯Emmygrande：深蓝色系1g
奥林巴斯Emmygrande<Kasuri>：浅蓝色、紫色各1g
蕾丝针：0号

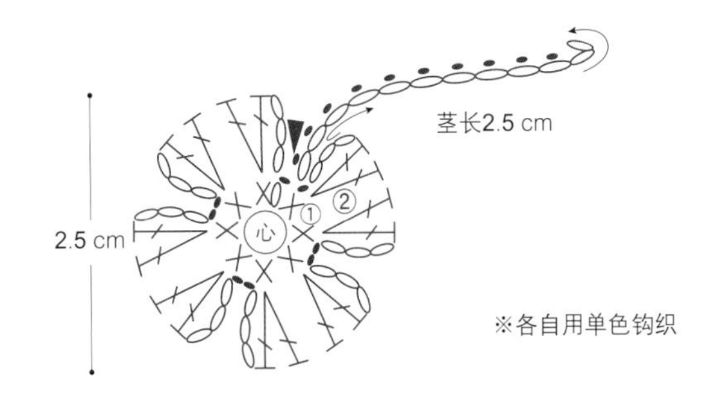

※各自用单色钩织

I09

直径5.5 cm

作品参见P85

材料及工具

奥林巴斯Emmygrande：白色1g；紫色2g
奥林巴斯Emmygrande<Herbs>：米褐色系少许
蕾丝针：0号

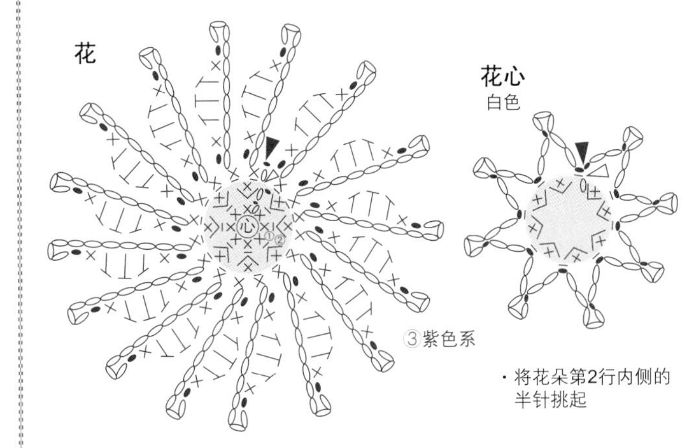

·将花朵第2行内侧的半针挑起

·①②用<Herbs>米褐色系线钩织
·将第1行外侧的半针挑起后钩织第2行

I07

尺寸：约30 cm

作品参见P85

材料及工具

奥林巴斯Emmygrande：深紫色3g；淡紫色、蓝紫色各1g
奥林巴斯Emmygrande<Herbs>：蓝色1g
蕾丝针：0号

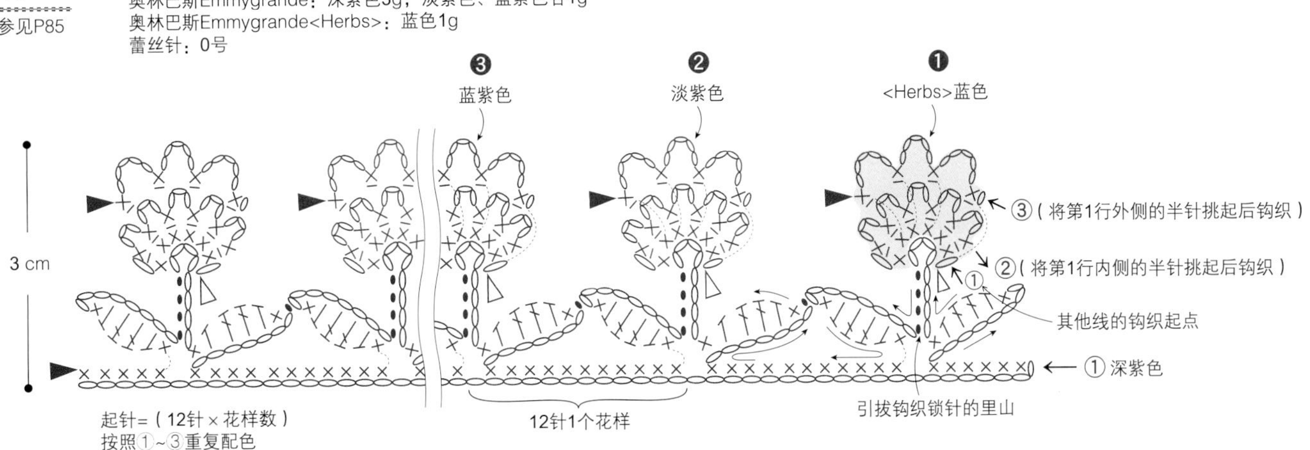

110

111 a

111 b

112

113

114

116

115

117

钩织方法：详见P90~91
设计制作：芹泽圭子

118

119

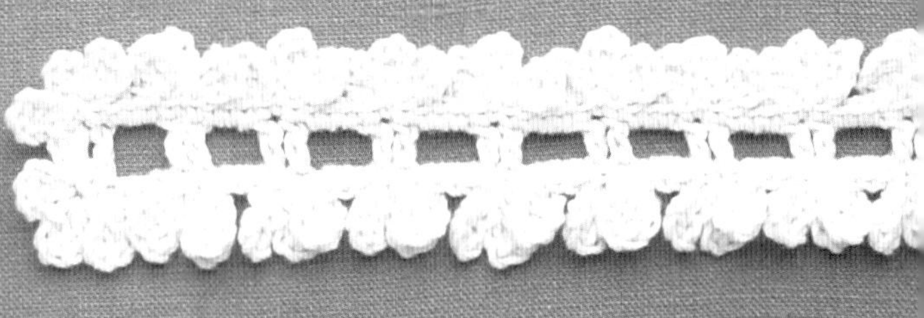

120

121

122

124

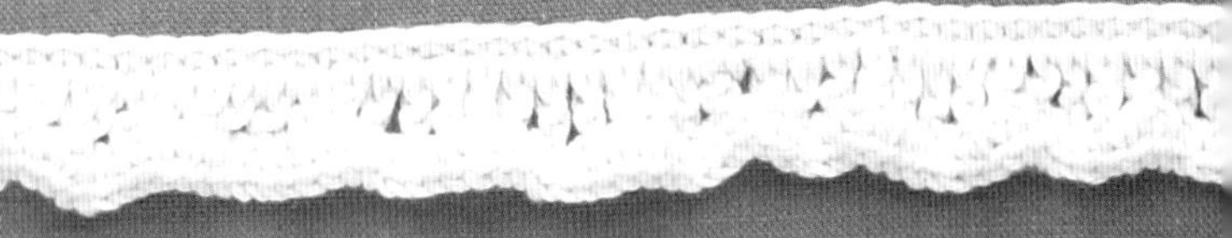

123

125

钩织方法：详见P150~151
设计制作：河合真弓

110

直径15 cm

作品参见P88

材料及工具

浜中 Paume<无垢棉>Knit：21本白8g
市售人工水钻（直径0.7 cm）：1颗
浜中 AmiAmi两用钩针 LakuLaku：5/0号

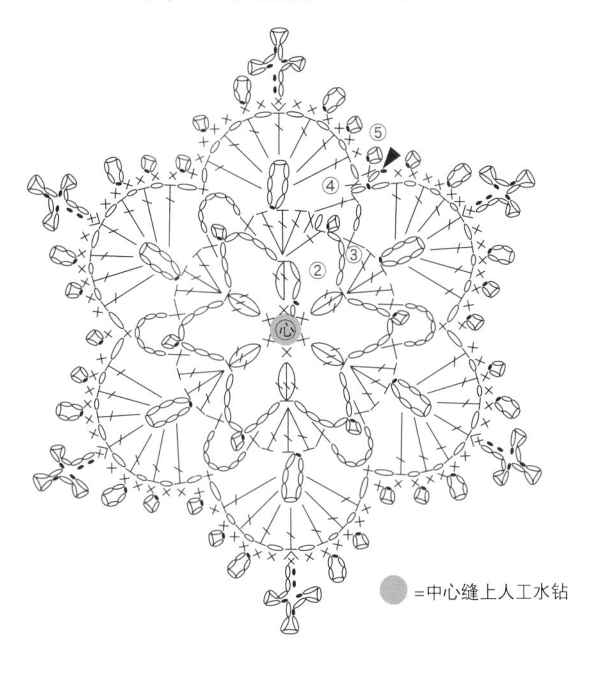

112

4.5 cm×8 cm

作品参见P88

材料及工具

浜中 Paume<无垢棉> Crochet：1本白1个，约为2g
浜中 AmiAmi 两用钩针 LakuLaku：3/0号

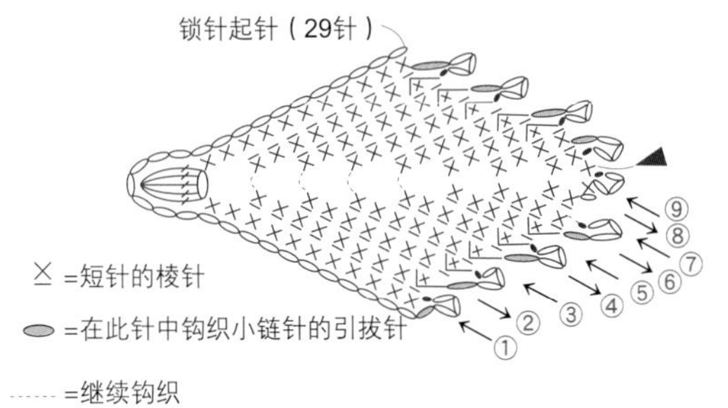

114

尺寸：参照图

作品参见P88

材料及工具

浜中<无垢棉>Crochet：1本白10 cm，约为1g
浜中 AmiAmi 两用钩针 LakuLaku：3/0号

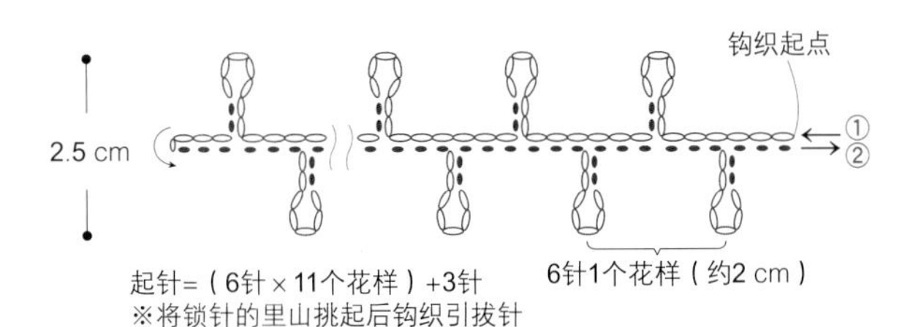

111

尺寸：参照图

作品参见P88

材料及工具

A：浜中 Paume<无垢棉>Knit：21 本白2g
市售人工水钻（直径0.5 cm）：1颗
浜中 AmiAmi两用钩针 LakuLaku：5/0号
B：浜中 Paume<无垢棉> Fine：111 本白1g
市售人工水钻（直径0.5 cm）：1颗
浜中 AmiAmi两用钩针 LakuLaku：2/0号

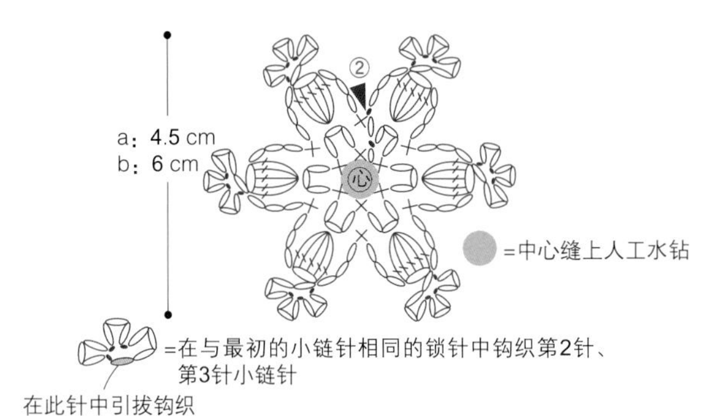

113

尺寸：参照图

作品参见P88

材料及工具

浜中 Paume<无垢棉> Fine：111 本白6g
浜中 AmiAmi 两用钩针 LakuLaku：2/0号

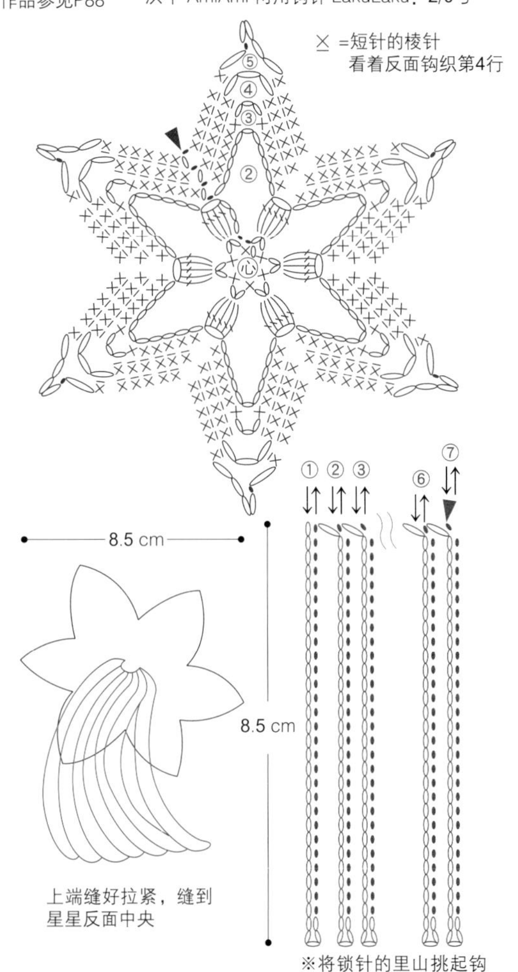

115

直径15 cm

作品参见P88

材料及工具

浜中 Paume<无垢棉> 蕾丝线：101 本白5g

浜中 AmiAmi 两用蕾丝针 LakuLaku：4号

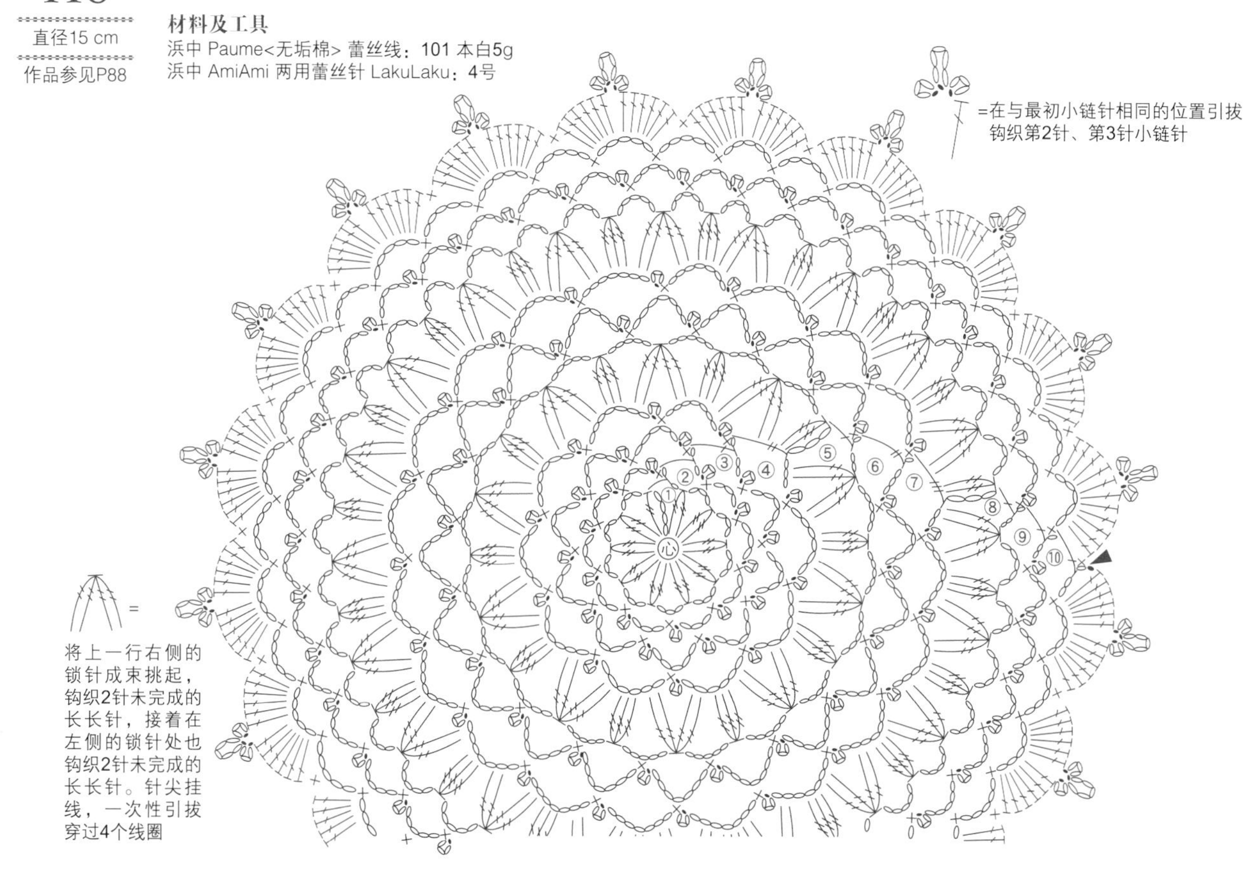

116

直径8 cm

作品参见P88

材料及工具

浜中 Paume<无垢棉> Crochet：1本白2g

浜中 Paume Crochet <草木染>：74 淡紫色5g

浜中 AmiAmi 两用钩针 LakuLaku：3/0号

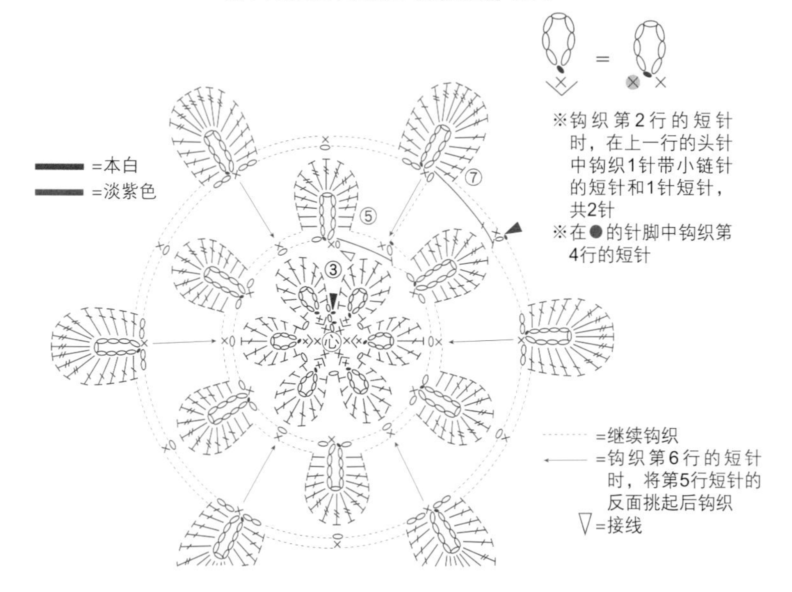

117

尺寸：参照图

作品参见P88

重点提示见P13

材料及工具

浜中 Paume<无垢棉> Crochet：1 本白3g

浜中 Paume Crochet<草木染>：76 蓝灰色1g

市售木质串珠（宽0.6 cm × 长1 cm的水滴形）：10颗

浜中 AmiAmi 两用钩针 LakuLaku：3/0号

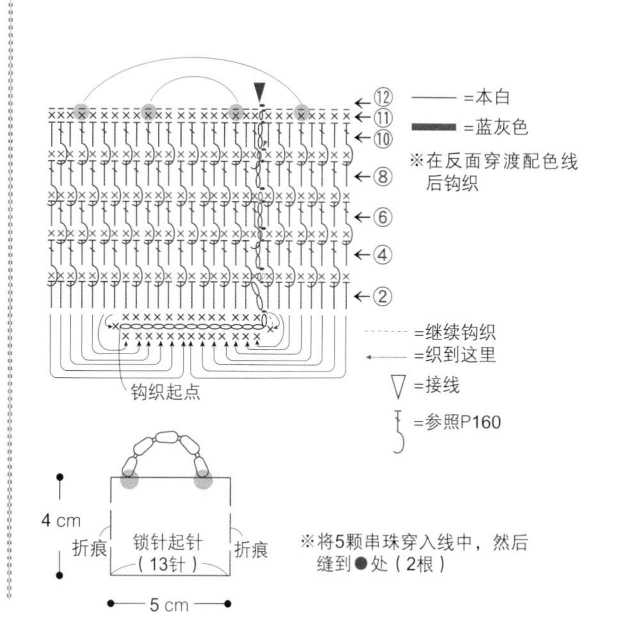

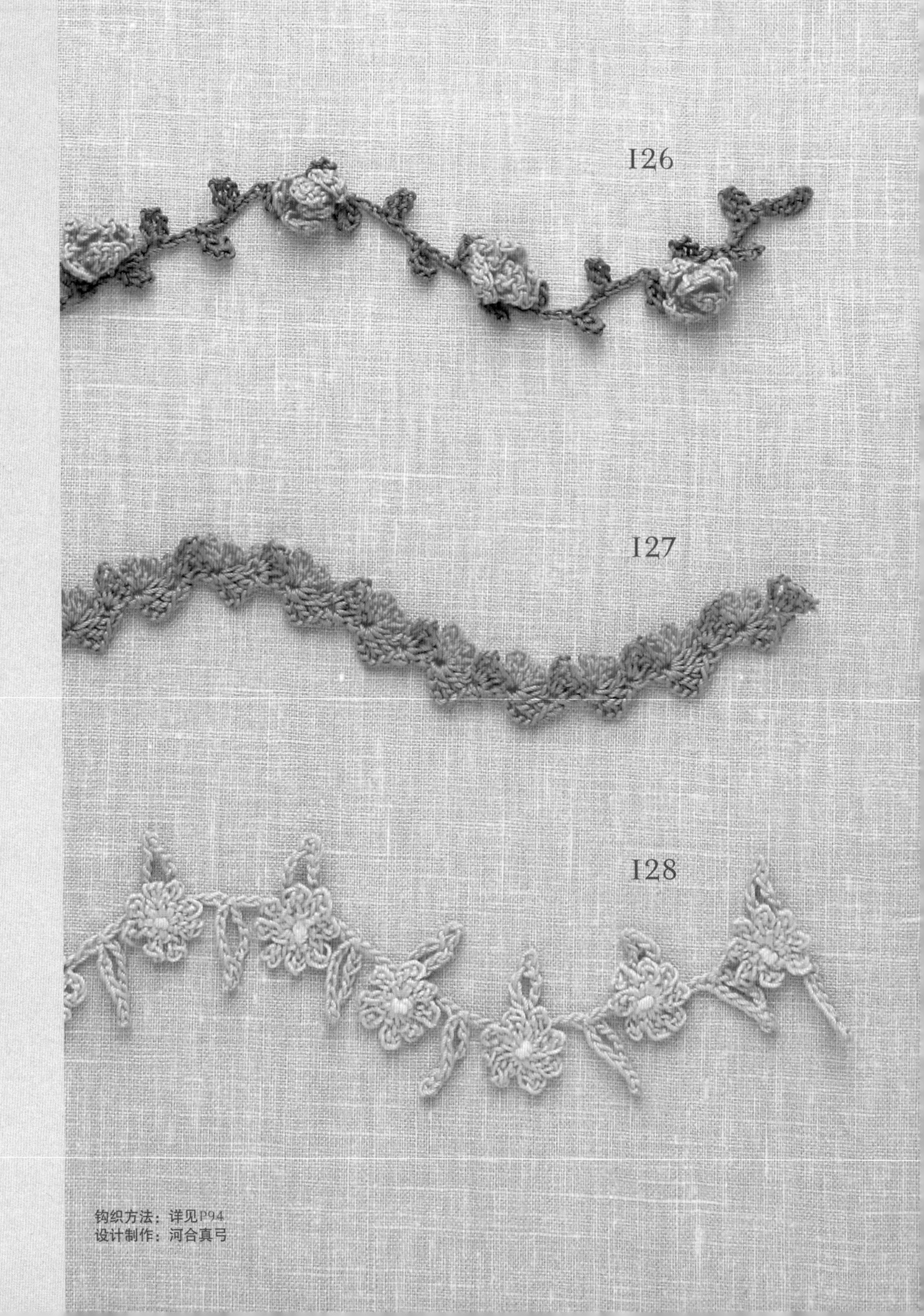

钩织方法：详见P94
设计制作：河合真弓

钩织方法：作品129、131、132详见P95；作品130详见P154
设计制作：河合真弓

I26

尺寸：约30 cm

作品参见P92

材料及工具

奥林巴斯Emmygrande<Herbs>：粉色系2g

奥林巴斯Emmygrande：绿色系1g

蕾丝针：0号

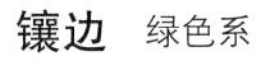

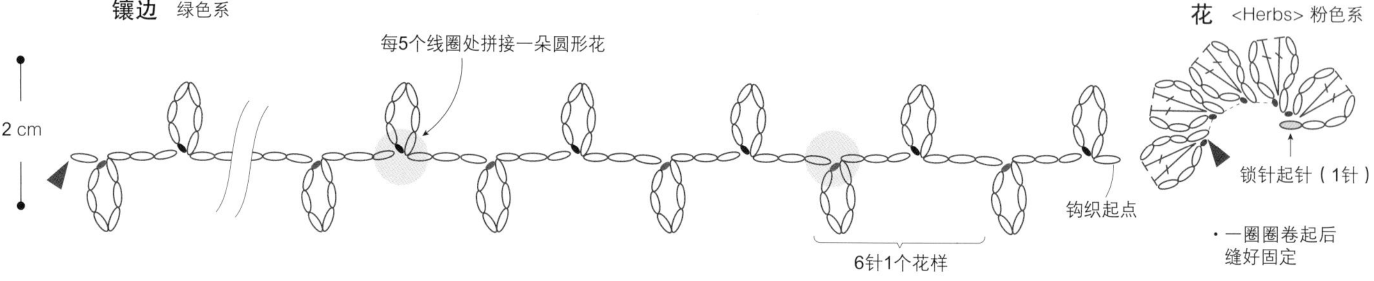

I27

直径30 cm

作品参见P92

材料及工具

奥林巴斯Emmygrande：绿色系1g

奥林巴斯Emmygrande<Colors>：粉色系1g

蕾丝针：0号

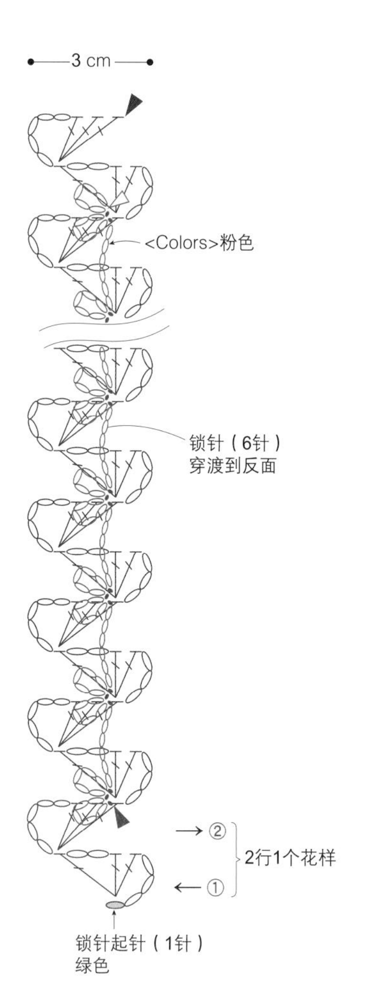

I28

尺寸：约30 cm

作品参见P92

材料及工具

奥林巴斯Emmygrande：粉色系2g；黄色系1g

奥林巴斯Emmygrande<Colors>：绿色系1g

蕾丝针：0号

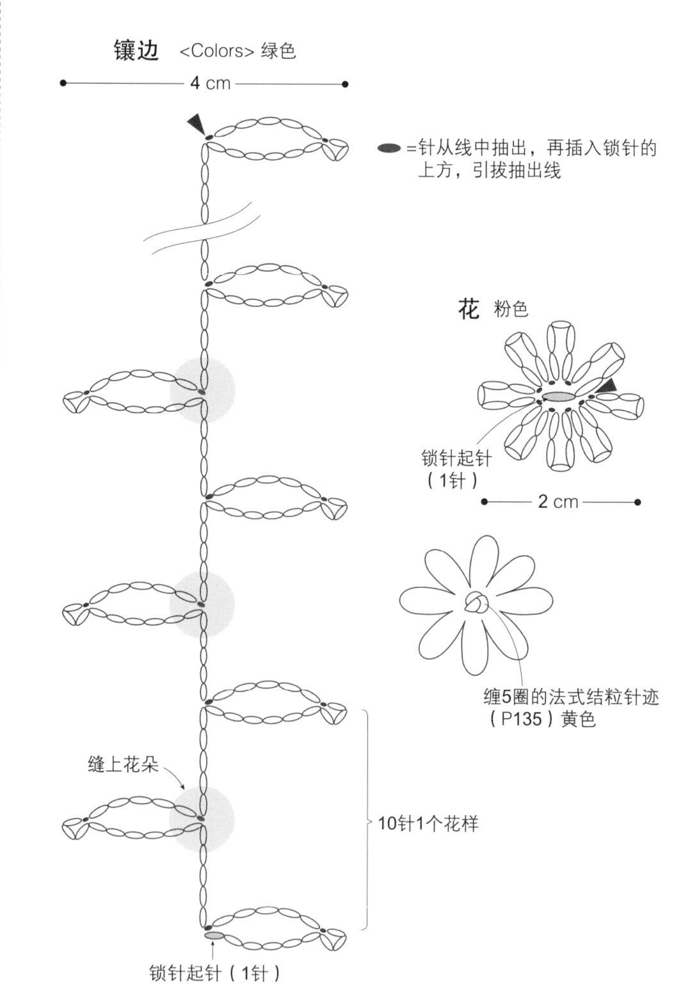

129

尺寸：约30 cm

作品参见P93

材料及工具

奥林巴斯Emmygrande：粉色系2g；黄色系1g

奥林巴斯Emmygrande<Herbs>：茶色系1g

蕾丝针：0号

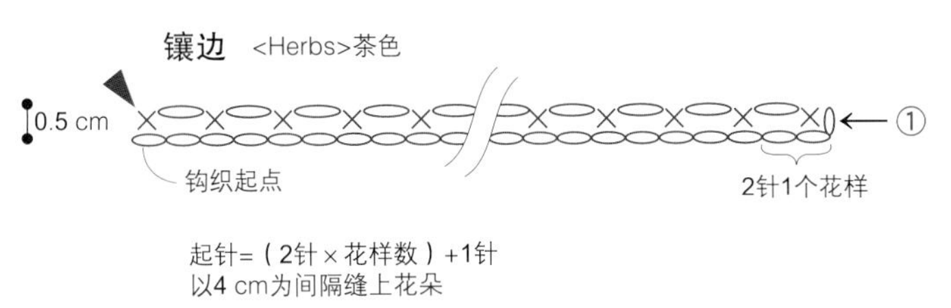

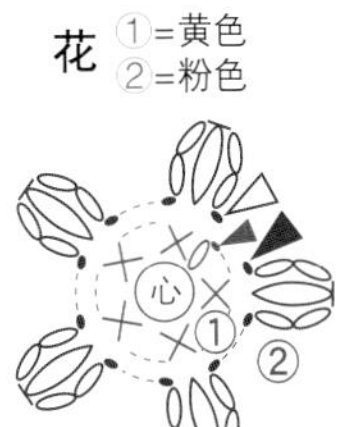

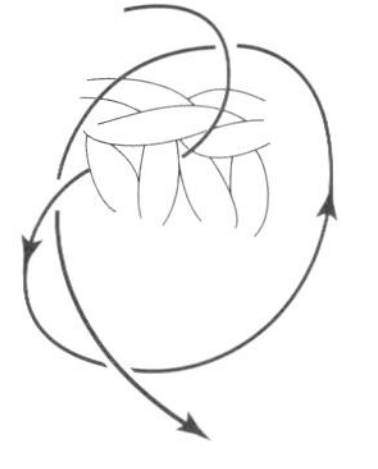

131

尺寸：约30 cm

作品参见P93

材料及工具

奥林巴斯Emmygrande：粉色系、绿色系各2g；黄色系1g

蕾丝针：0号

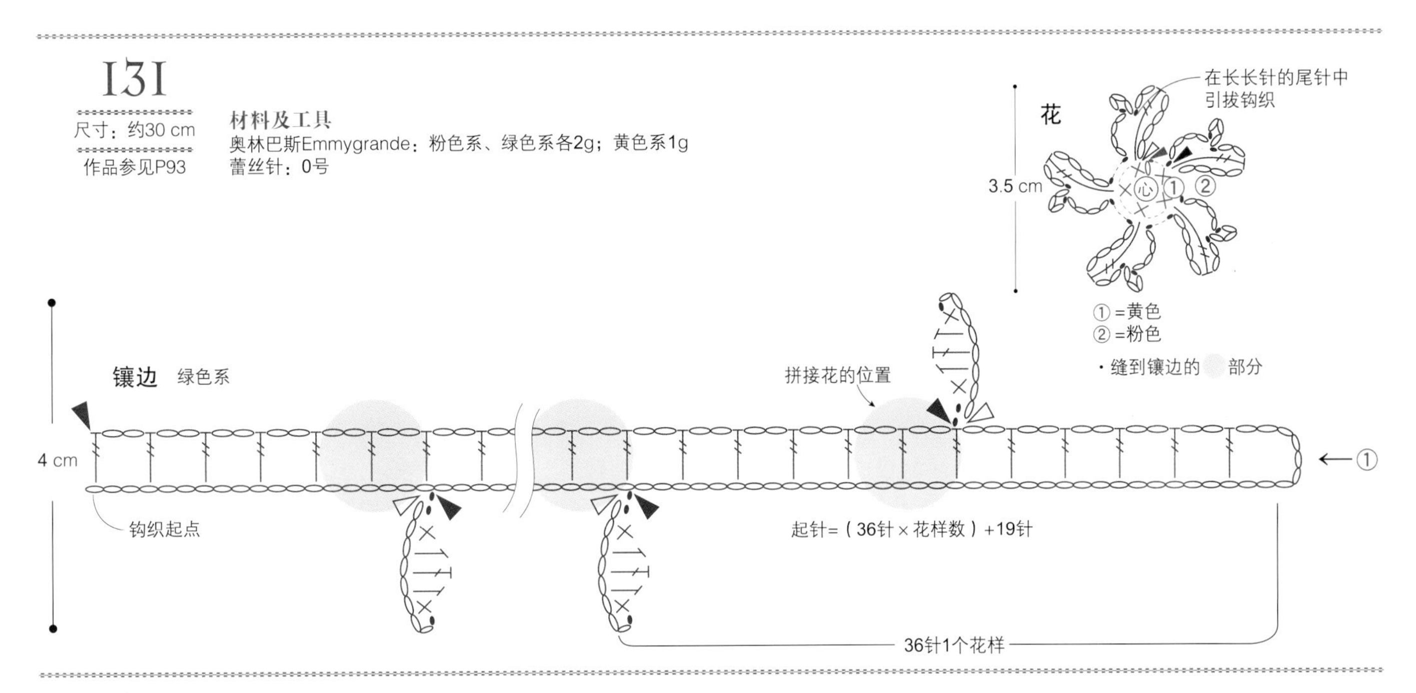

132

尺寸：约30 cm

作品参见P93

材料及工具

奥林巴斯Emmygrande：浅粉色、深粉色、墨绿色各1g；

浅绿色6g

蕾丝针：0号

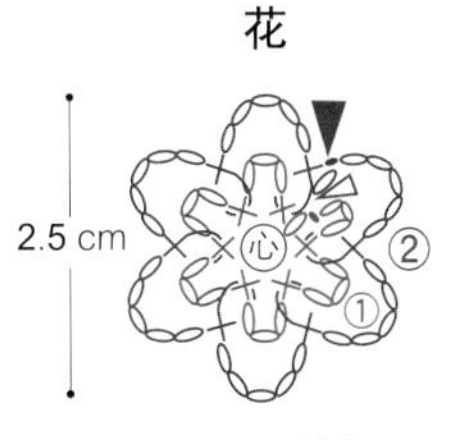

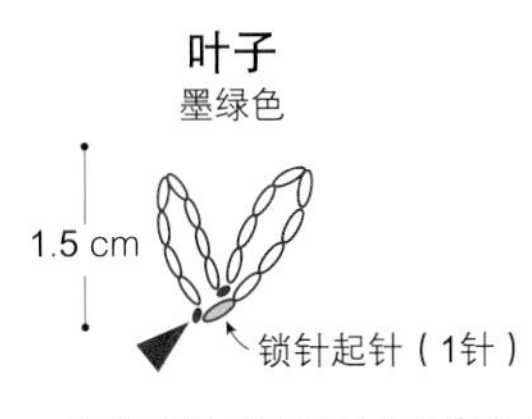

·将花和叶子缝好后缝到镶边上

·叶子左右交叉配置在花的两侧

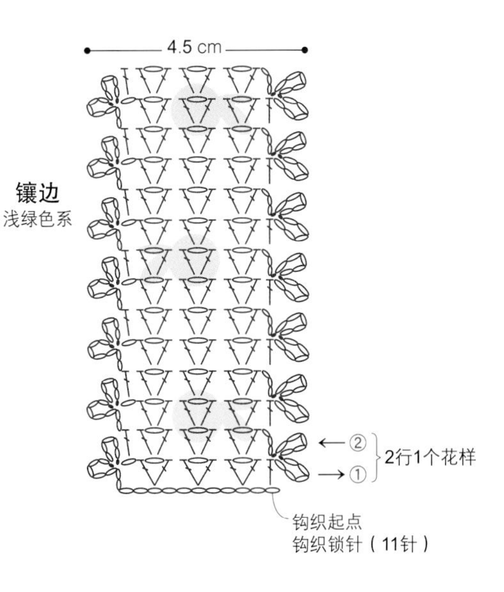

钩织方法：详见P98
设计制作：七海光

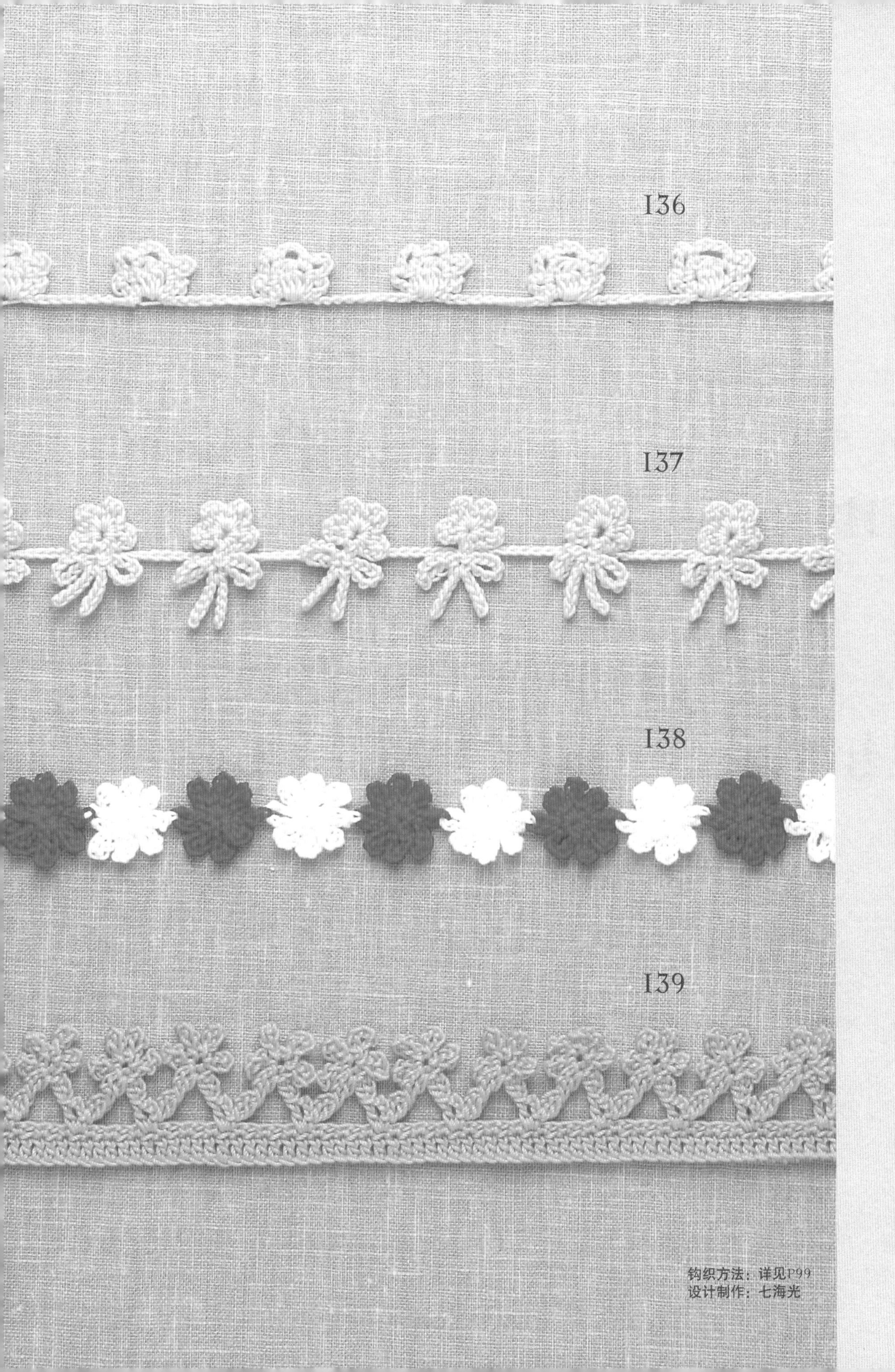

钩织方法：详见P99
设计制作：七海光

133

尺寸：约30 cm

作品参见P96

材料及工具

奥林巴斯Emmygrande<Colors>：橙色系3g

蕾丝针：0号

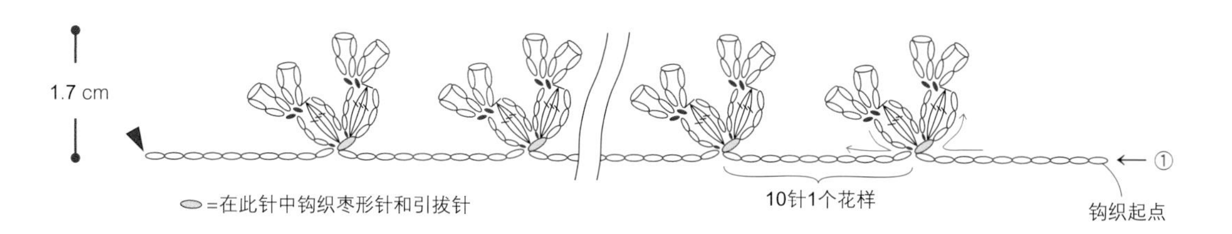

134

尺寸：约30 cm

作品参见P96

材料及工具

奥林巴斯Emmygrande：绿色7g；本白、黄色系各少许

奥林巴斯Emmygrande<Herbs>：黄色系、橙色系、红色系各少许

蕾丝针：0号

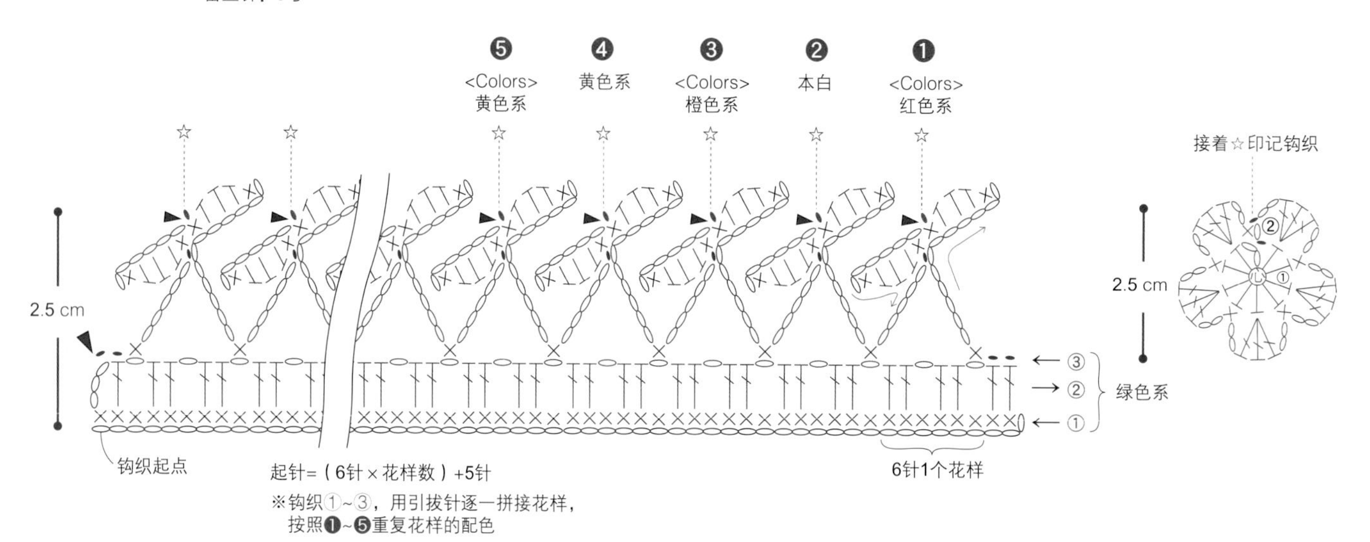

135

尺寸：约30 cm

作品参见P96

材料及工具

奥林巴斯Emmygrande<Colors>：红色系3g

蕾丝针：0号

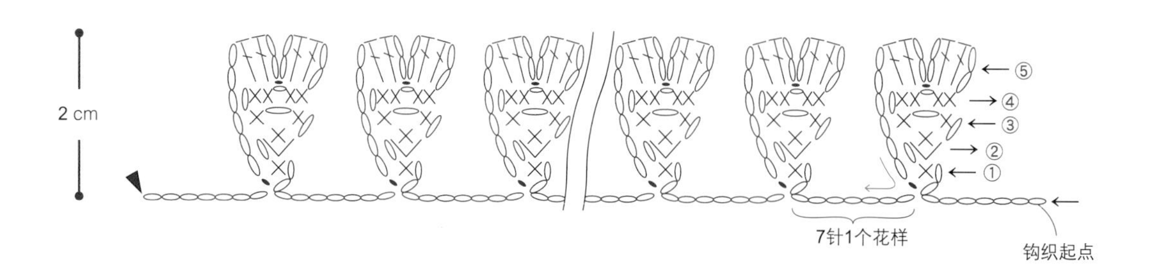

136

尺寸：约30 cm

作品参见P97

材料及工具

奥林巴斯Emmygrande<Colors>：黄色系3g

蕾丝针：0号

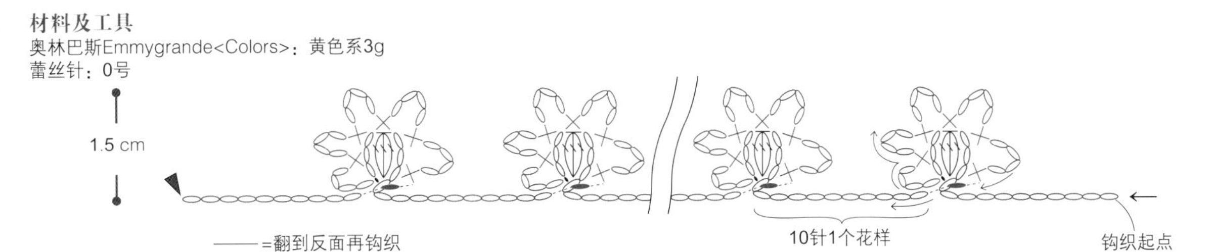

137

尺寸：约30 cm

作品参见P97

材料及工具

奥林巴斯Emmygrande：黄色系4g

蕾丝针：0号

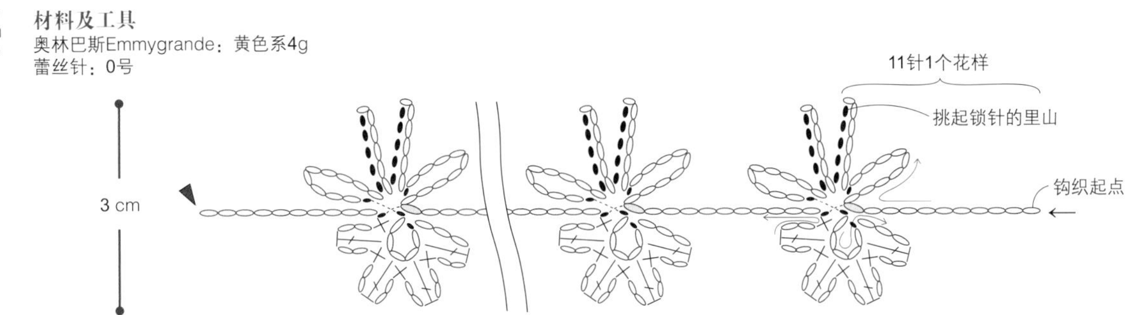

※用11针锁针钩织丝带。在第11针锁针⬭中引拔钩织后，用5针锁针钩织出花的中心，翻到反面后继续钩织花瓣。接着在第11针锁针中引拔钩织，完成1个花样。翻到正面后，继续钩织下一个花样的锁针。作品与图上下位置相反

138

尺寸：约30 cm

作品参见P97

材料及工具

奥林巴斯 <Colors>：红色系2g

奥林巴斯Emmygrande：白色2g

蕾丝针：0号

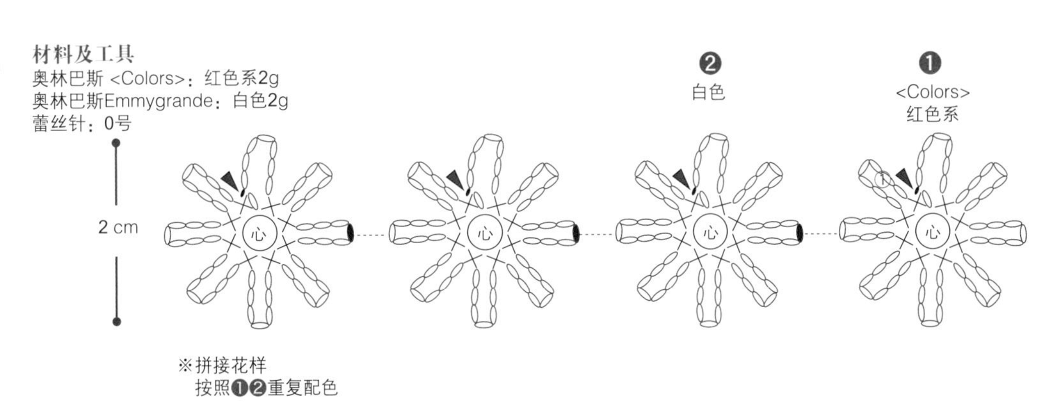

※拼接花样

按照❶❷重复配色

139

尺寸：约30 cm

作品参见P97

材料及工具

奥林巴斯Emmygrande<Colors>：橙色系7g

蕾丝针：0号

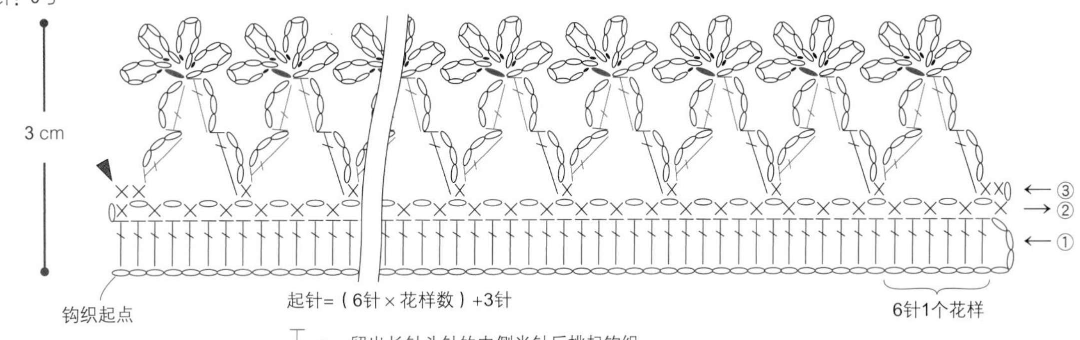

⬬=留出长针头针的内侧半针后挑起钩织

PART 5

拥有无限自然感的饰边&镶边

在PART 5中介绍的饰边&镶边，以花朵为主题，可以发散联想到轻柔的海浪和波纹。此外，还有一些圆球果实、落叶风格的饰边&镶边。由于是连续花样，只要按照相同的方法重复钩织就OK了！

I40

I41

I42

I43

钩织方法：详见P102

设计制作：作品140：濑端和子；作品141~143：河合真弓

I44
I45
I46
I47

钩织方法：详见P103
设计制作：作品I44、I45：濑端和子；作品I46、I47：河合真弓

尺寸：约30 cm

作品参见P100

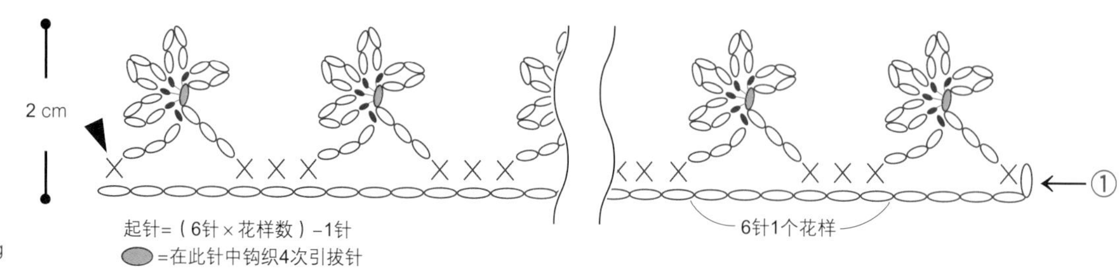

材料及工具

奥林巴斯Emmygrande：本白3g

蕾丝针：0号

141

尺寸：约30 cm

作品参见P100

材料及工具

奥林巴斯Emmygrande：粉色5g

蕾丝针：0号

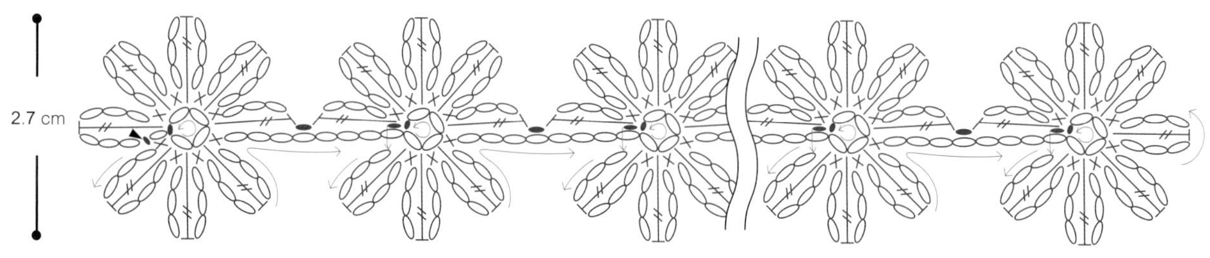

※从中心的锁针4针开始钩织

142

尺寸：约30 cm

作品参见P100

材料及工具

奥林巴斯Emmygrande：本白4g

蕾丝针：0号

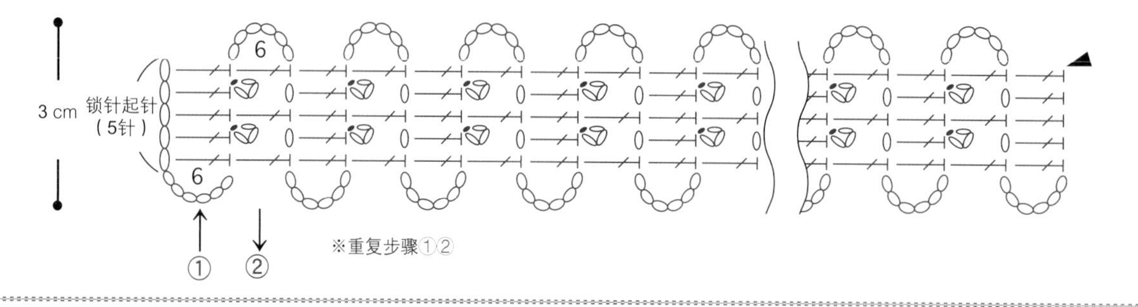

143

尺寸：约30 cm

作品参见P100

材料及工具

奥林巴斯Emmygrande：本白6g

蕾丝针：0号

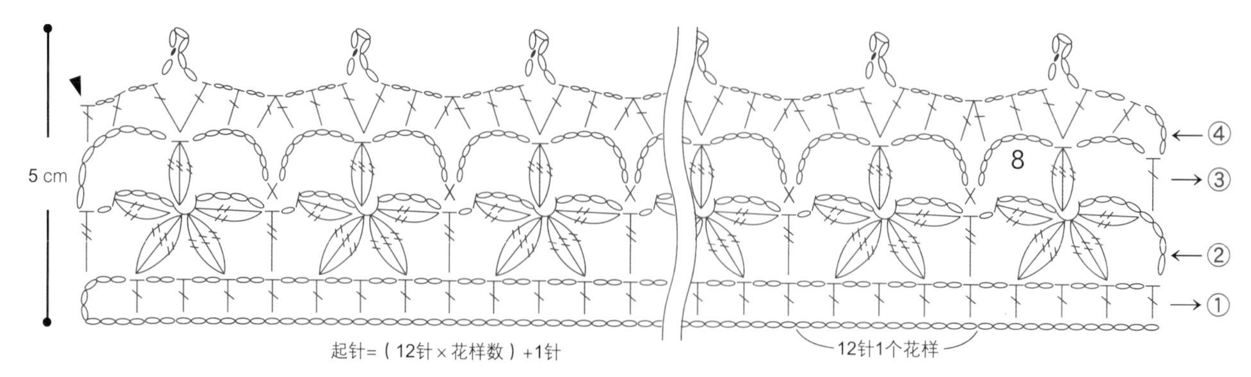

I44

尺寸：约30 cm

作品参见P101

材料及工具

奥林巴斯Emmygrande：绿色4g

蕾丝针：0号

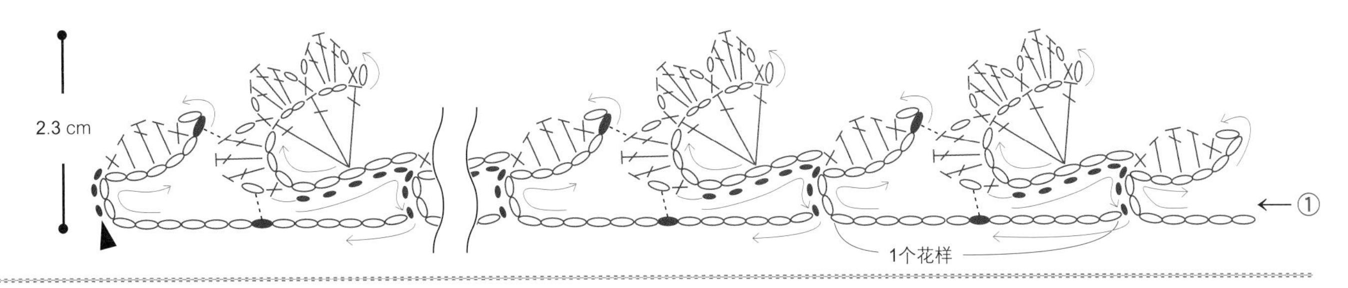

I45

尺寸：约30 cm

作品参见P101

材料及工具

奥林巴斯Emmygrande：本白3g

蕾丝针：0号

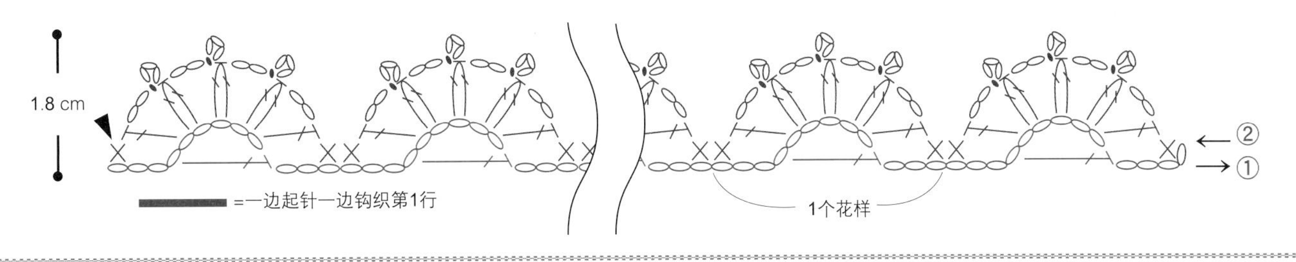

I46

尺寸：约30 cm

作品参见P101

材料及工具

奥林巴斯Emmygrande：本白6g

蕾丝针：0号

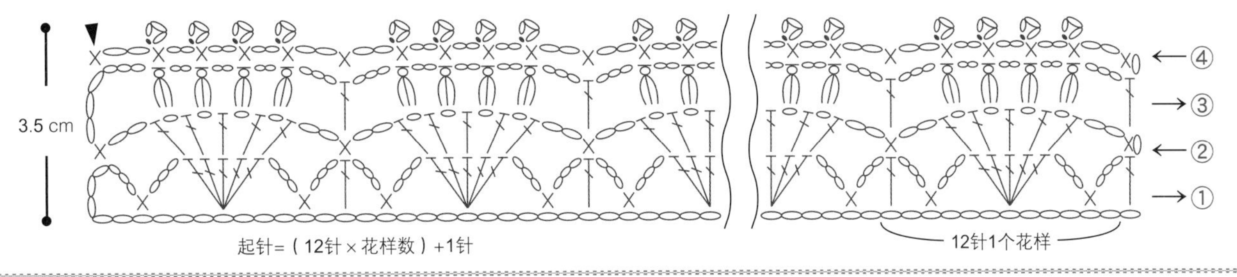

I47

尺寸：约30 cm

作品参见P101

材料及工具

奥林巴斯Emmygrande：

米褐色7g

蕾丝针：0号

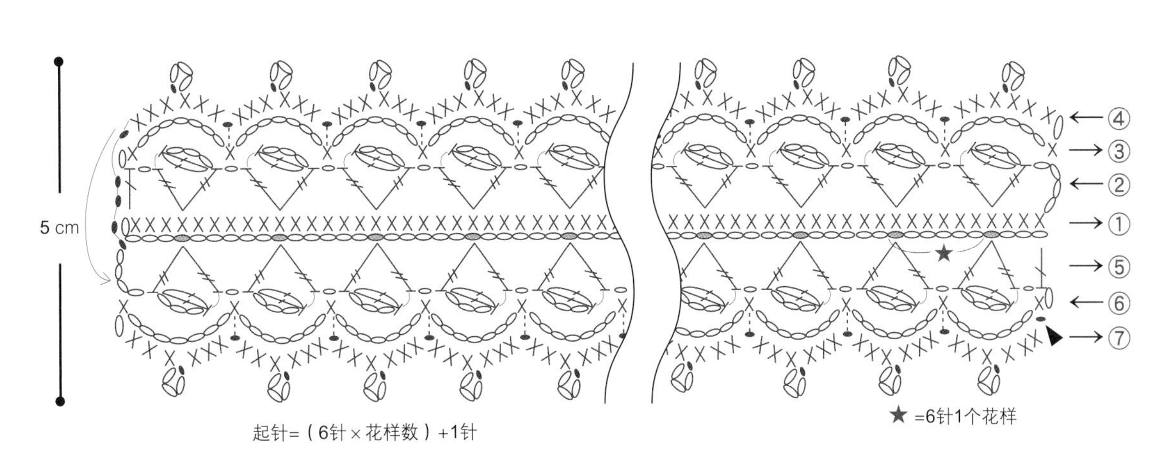

I48
I49
I50
I5I

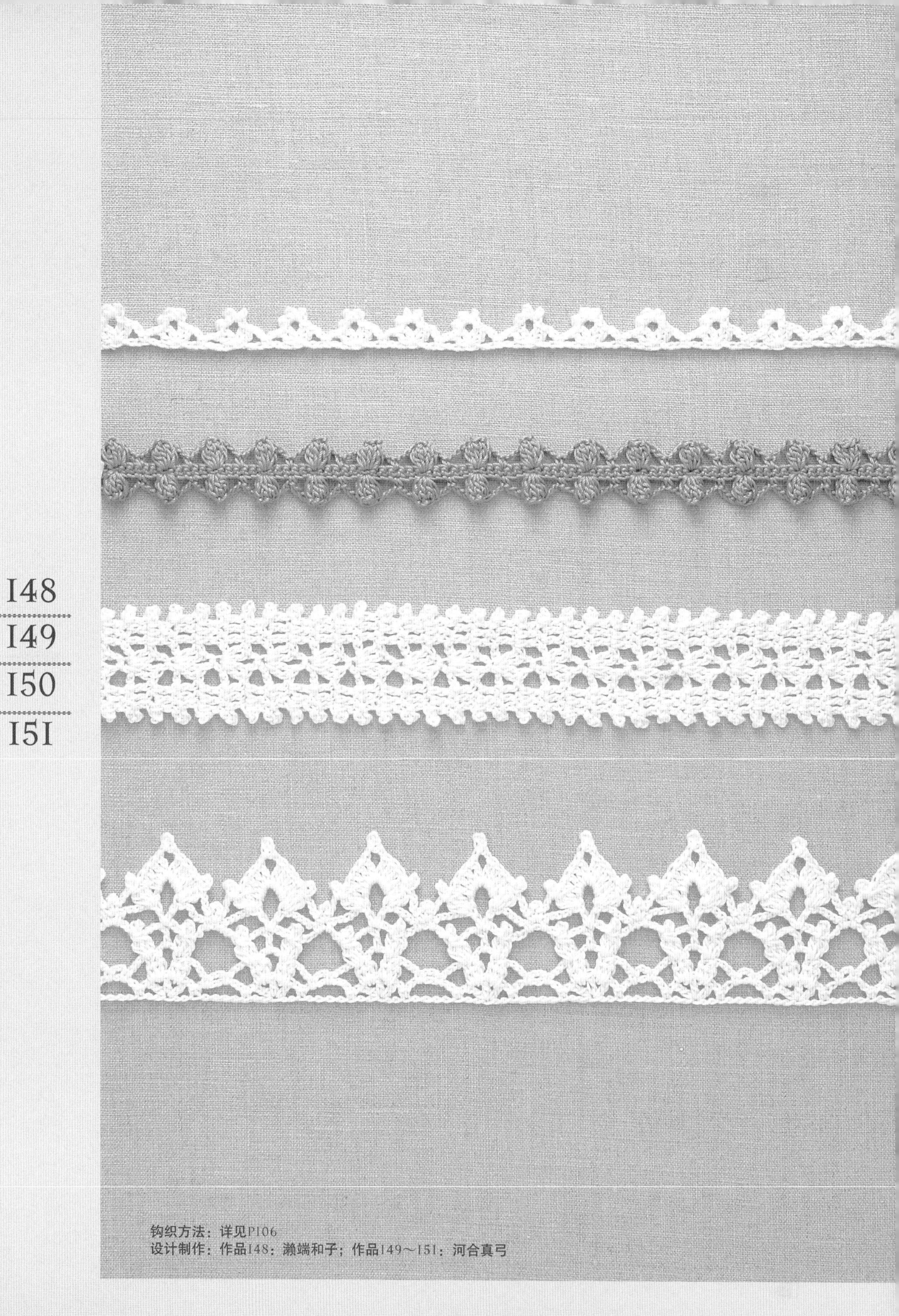

钩织方法：详见P106
设计制作：作品I48：濑端和子；作品I49～I5I：河合真弓

152
153
154
155
156

钩织方法：详见P107
设计制作：作品152、153、155、156：濑端和子；作品154：河合真弓

148

尺寸：约30 cm

作品参见P104

材料及工具

奥林巴斯Emmygrande：本白3g

蕾丝针：0号

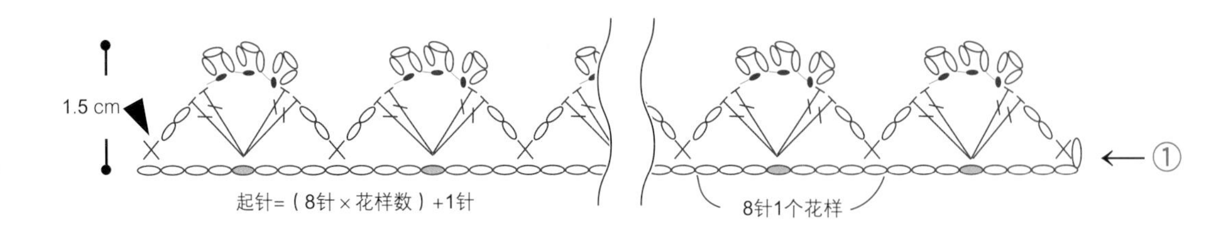

149

尺寸：约30 cm

作品参见P104

材料及工具

奥林巴斯Emmygrande：茶色5g

蕾丝针：0号

150

尺寸：约30 cm

作品参见P104

材料及工具

奥林巴斯Emmygrande：本白7g

蕾丝针：0号

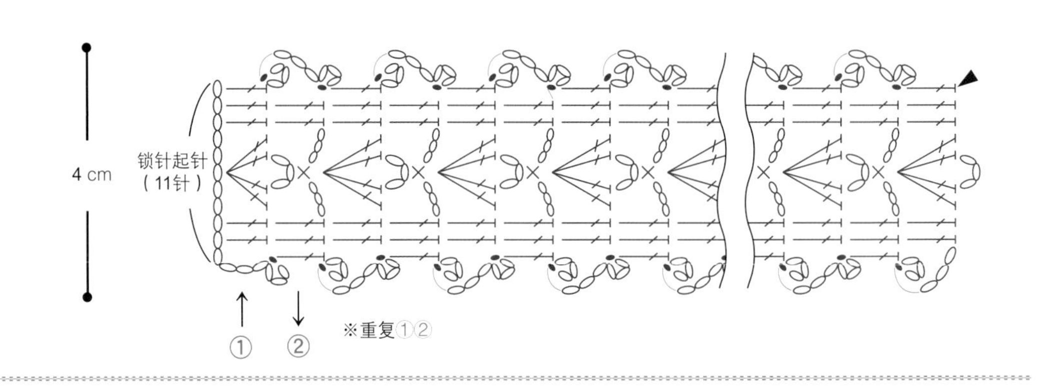

151

尺寸：约30 cm

作品参见P104

材料及工具

奥林巴斯Emmygrande：本白8g

蕾丝针：0号

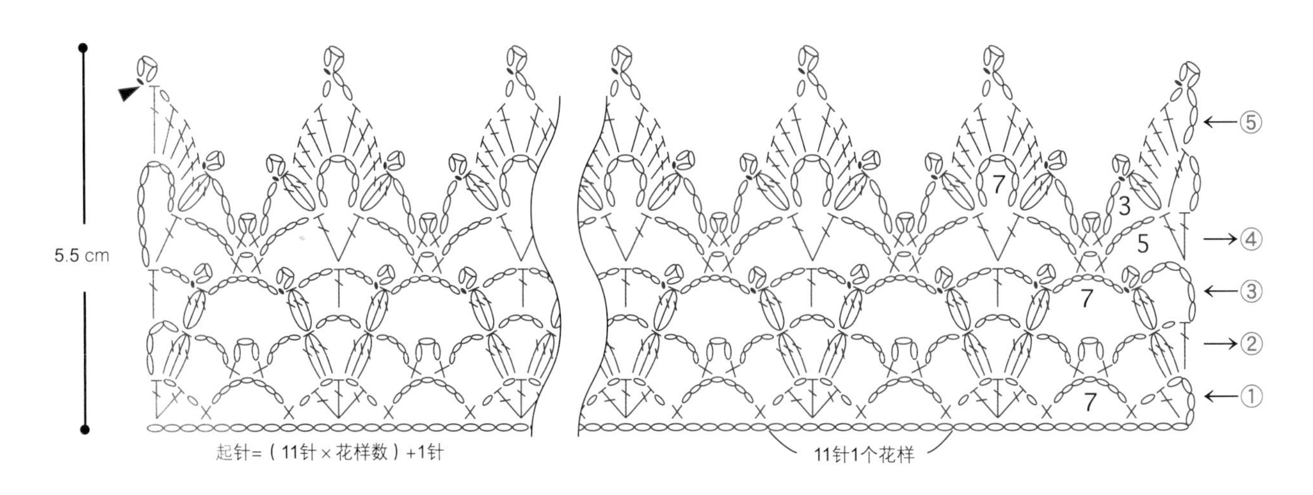

152

尺寸：约30 cm

作品参见P105

材料及工具

奥林巴斯Emmygrande<Herbs>：浅茶色4g

蕾丝针：0号

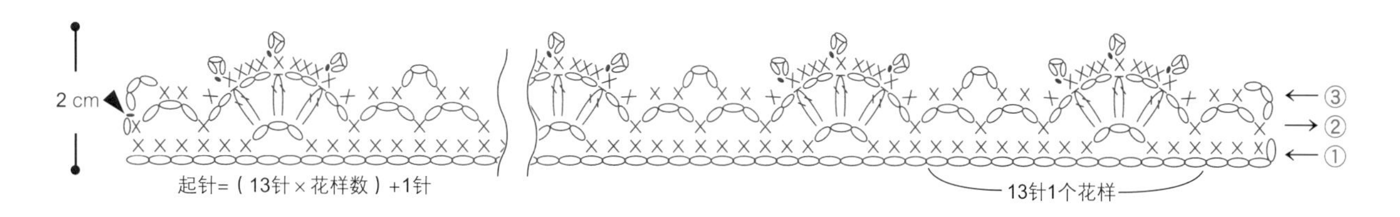

153

尺寸：约30 cm

作品参见P105

材料及工具

奥林巴斯Emmygrande<Herbs>：

淡蓝色4g

蕾丝针：0号

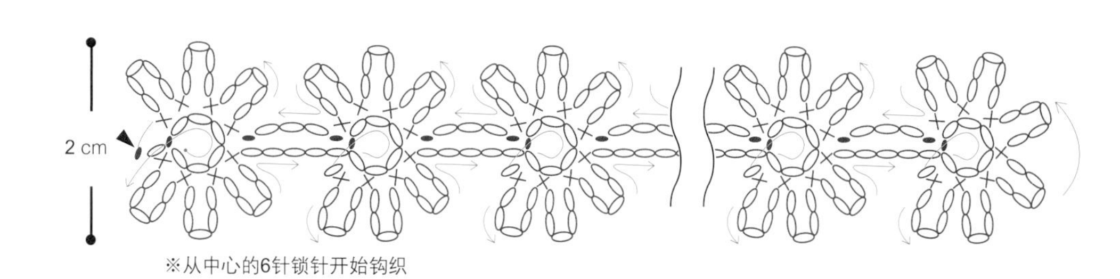

154

尺寸：约30 cm

作品参见P105

材料及工具

奥林巴斯Emmygrande：

本白4g

蕾丝针：0号

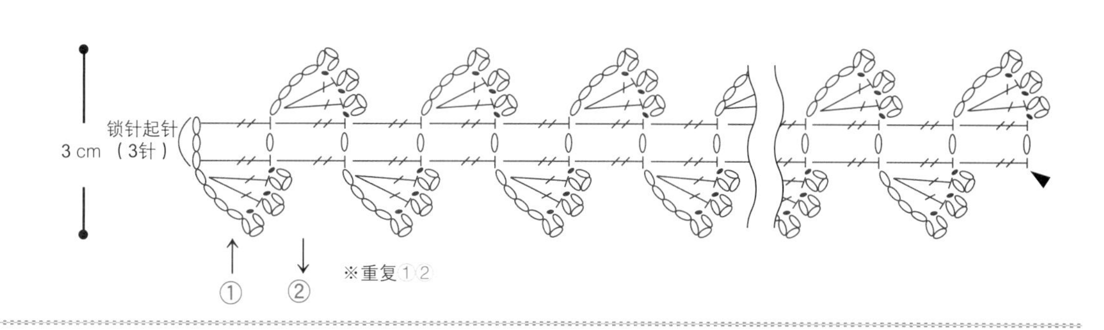

155

尺寸：约30 cm

作品参见P105

材料及工具

奥林巴斯Emmygrande：

本白7g

蕾丝针：0号

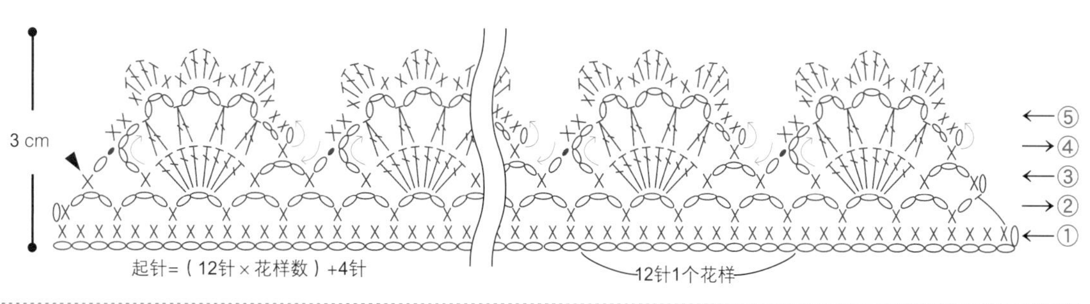

156

尺寸：约30 cm

作品参见P105

材料及工具

奥林巴斯Emmygrande：本白7g

蕾丝针：0号

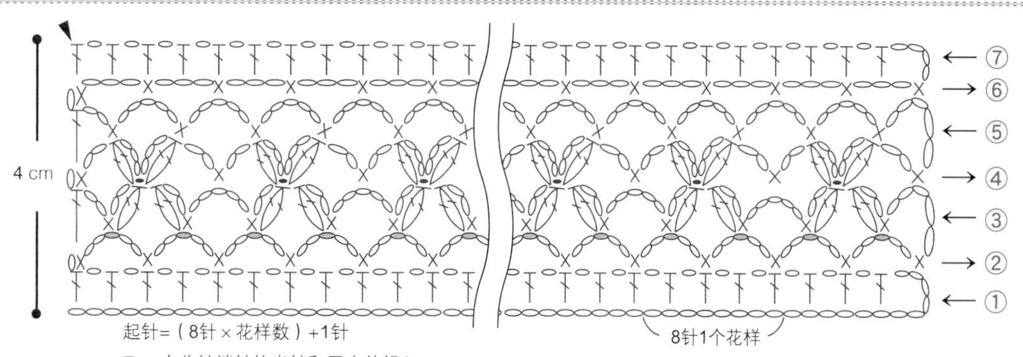

I57
I58
I59
I60

钩织方法：详见P110
设计制作：濑端和子

161

162

163

164

钩织方法：详见P111
设计制作：濑端和子

I57

尺寸：约30 cm

作品参见P108

材料及工具

奥林巴斯Emmygrande：象牙白2g

蕾丝针：0号

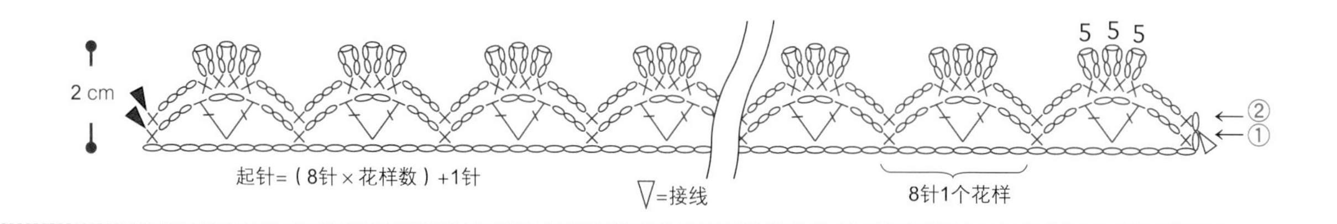

I58

尺寸：约30 cm

作品参见P108

材料及工具

奥林巴斯Emmygrande：象牙白3g

蕾丝针：0号

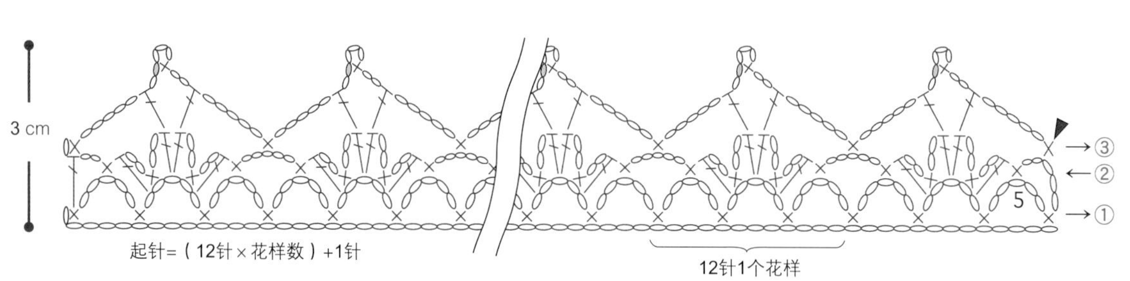

I59

尺寸：约30 cm

作品参见P108

材料及工具

奥林巴斯Emmygrande：象牙白4g

蕾丝针：0号

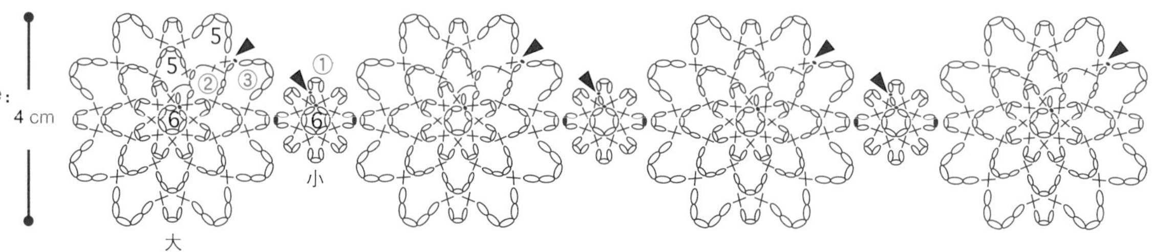

※先钩织大花样，再用小花样拼接

I60

尺寸：约30 cm

作品参见P108

材料及工具

奥林巴斯Emmygrande：象牙白6g

蕾丝针：0号

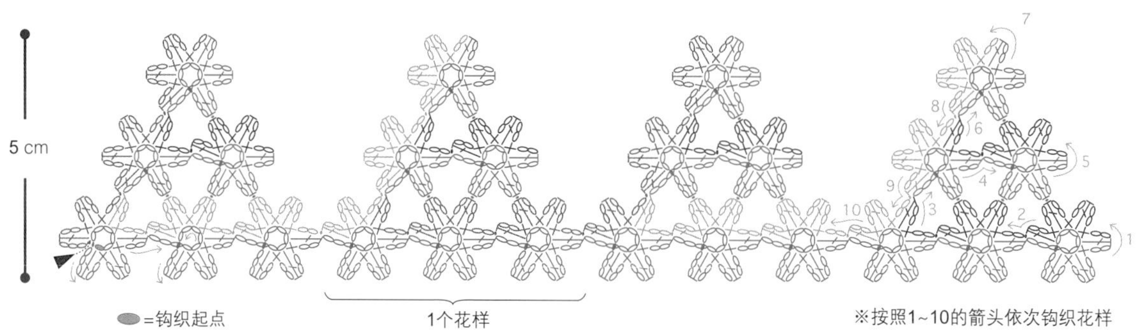

※按照1~10的箭头依次钩织花样

尺寸：约30 cm

作品参见P109

材料及工具

奥林巴斯Emmygrande：
浅粉色3g
蕾丝针：0号

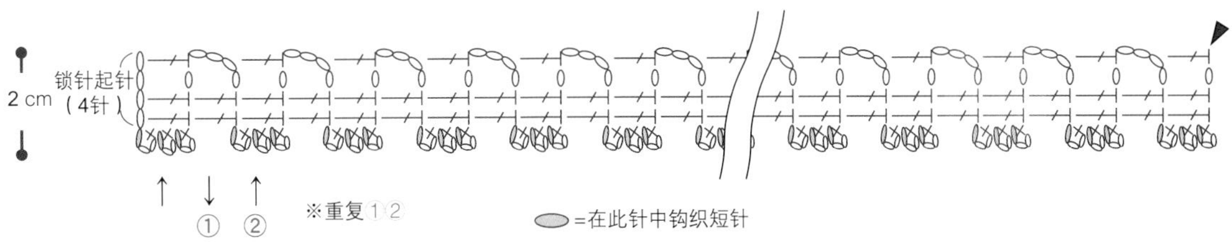

162

尺寸：约30 cm

作品参见P109

材料及工具

奥林巴斯Emmygrande：
浅粉色4g
蕾丝针：0号

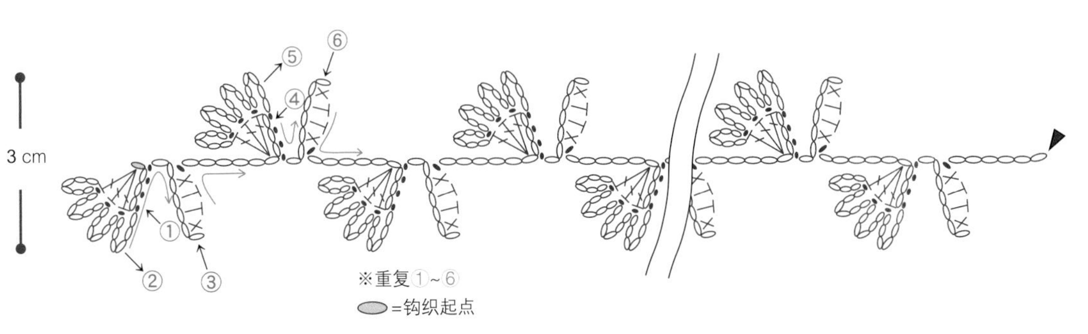

163

尺寸：约30 cm

作品参见P109

材料及工具

奥林巴斯Emmygrande：
浅粉色4g
蕾丝针：0号

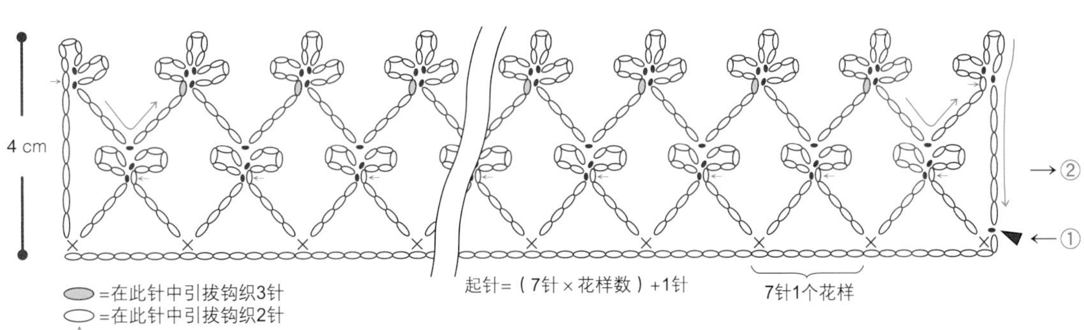

164

尺寸：约30 cm

作品参见P109

材料及工具

奥林巴斯Emmygrande：
浅粉色5g
蕾丝针：0号

165

166

167

168

钩织方法：详见P114
设计制作：河合真弓

169
170
171
172

钩织方法：详见P115
设计制作：河合真弓

165

尺寸：约30 cm

作品参见P112

材料及工具

奥林巴斯Emmygrande：粉色4g

蕾丝针：0号

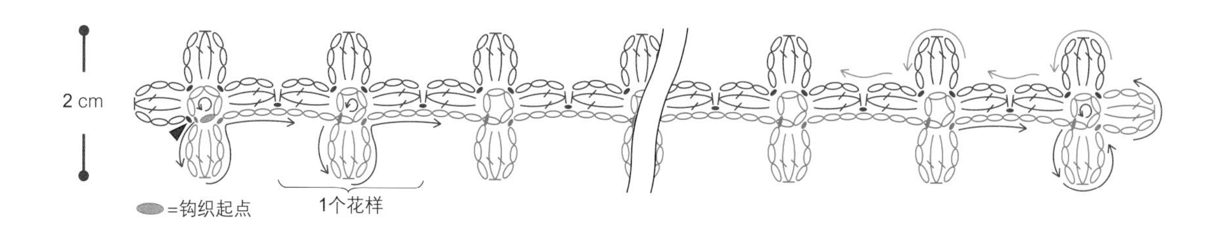

166

尺寸：约30 cm

作品参见P112

材料及工具

奥林巴斯Emmygrande：粉色4g

蕾丝针：0号

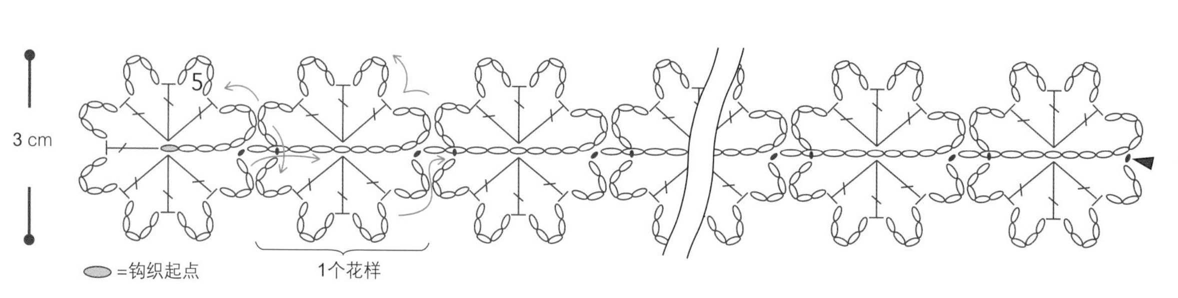

167

尺寸：约30 cm

作品参见P112

材料及工具

奥林巴斯Emmygrande：粉色4g

蕾丝针：0号

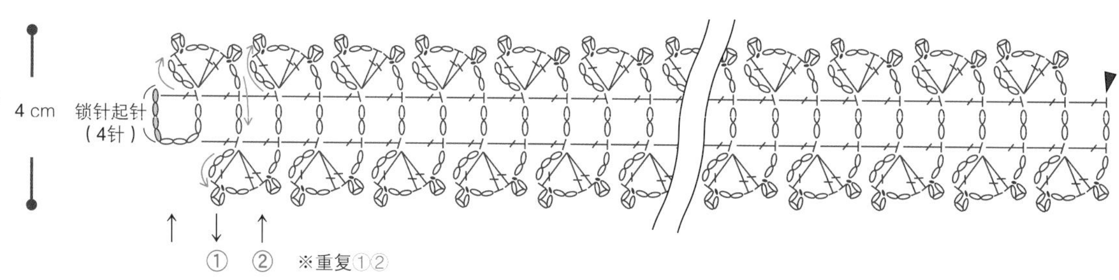

168

尺寸：约30 cm

作品参见P112

材料及工具

奥林巴斯Emmygrande：粉色5g

蕾丝针：0号

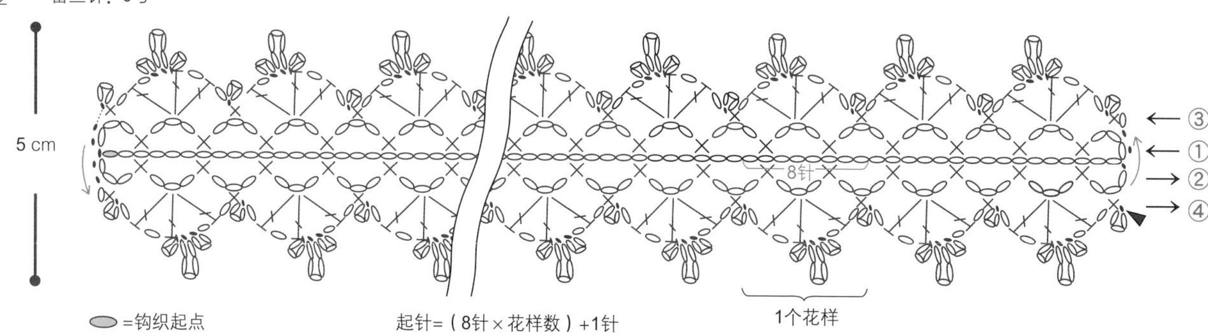

169

尺寸：约30 cm

作品参见P113

材料及工具

奥林巴斯Emmygrande：

深玫瑰色3g

蕾丝针：0号

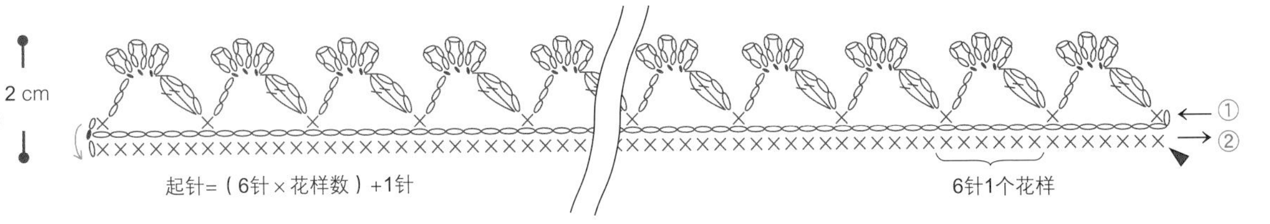

170

尺寸：约30 cm

作品参见P113

材料及工具

奥林巴斯Emmygrande：

深玫瑰色4g

蕾丝针：0号

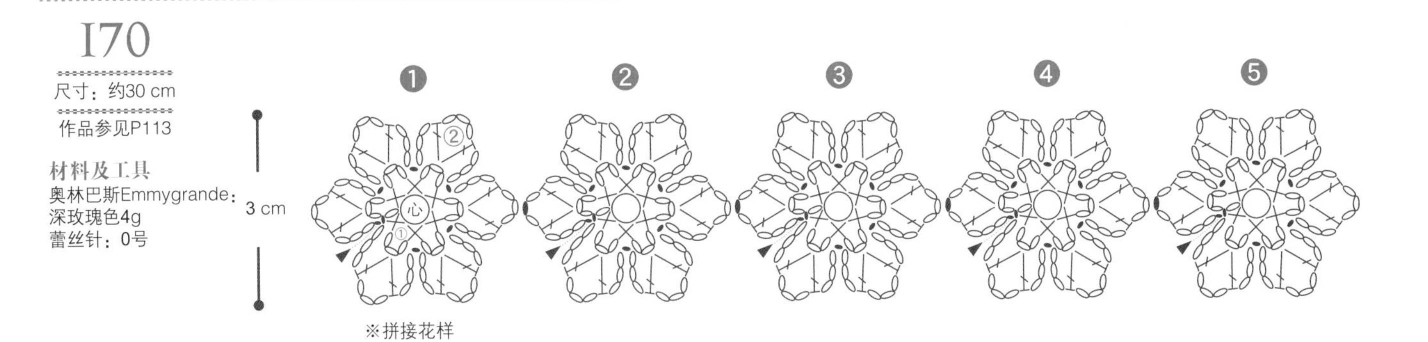

171

尺寸：约30 cm

作品参见P113

材料及工具

奥林巴斯Emmygrande：

深玫瑰色6g

蕾丝针：0号

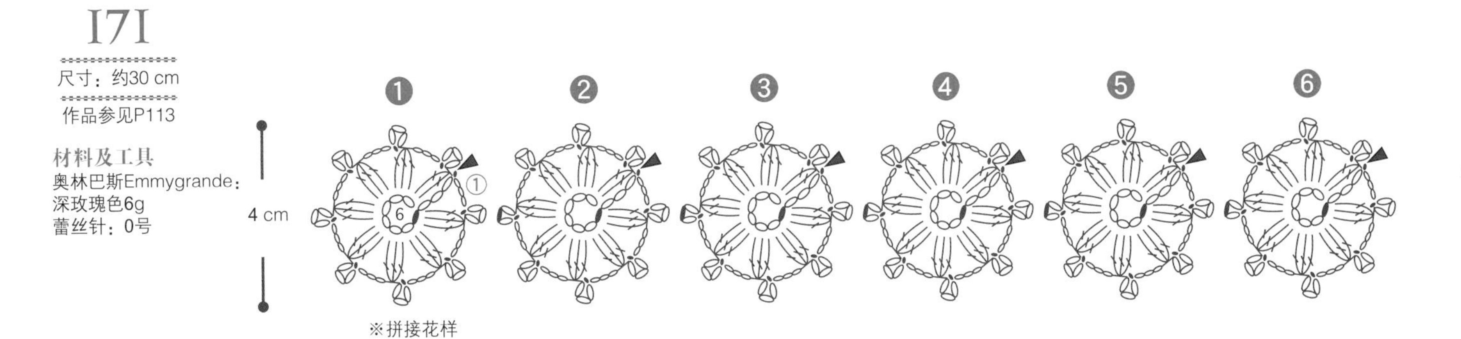

172

尺寸：约30 cm

作品参见P113

材料及工具

奥林巴斯Emmygrande：

深玫瑰色5g

蕾丝针：0号

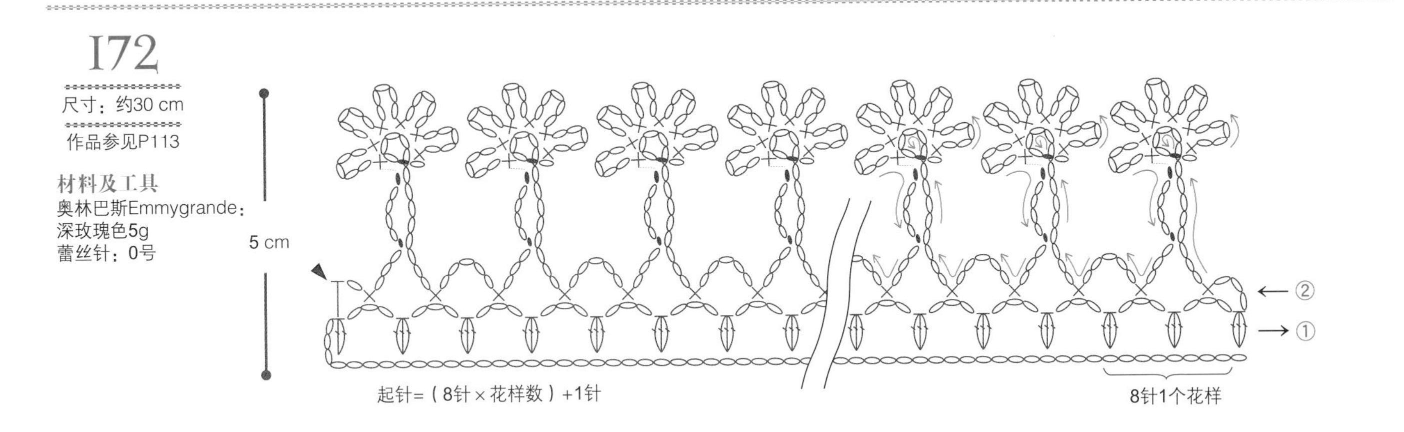

173

174

175

176

钩织方法：详见P118
设计制作：风工房

177

178

179

180

钩织方法：详见P119
设计制作：风工房

I73

尺寸：约30 cm

作品参见P116

材料及工具

奥林巴斯Emmygrande：
象牙白4g
蕾丝针：0号

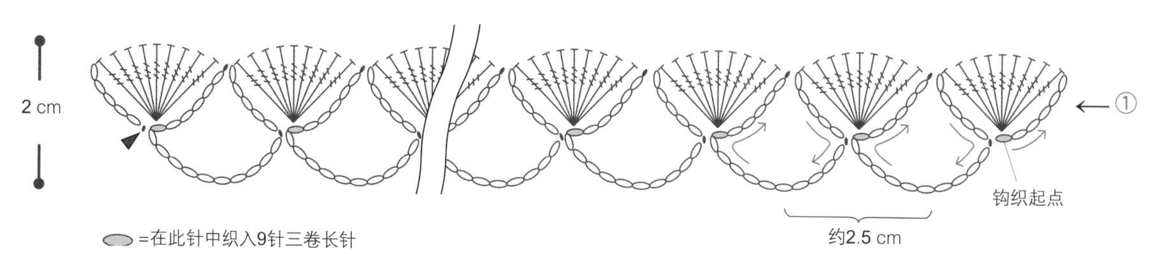

I74

尺寸：约30 cm

作品参见P116

材料及工具

奥林巴斯Emmygrande：
象牙白5g
蕾丝针：0号

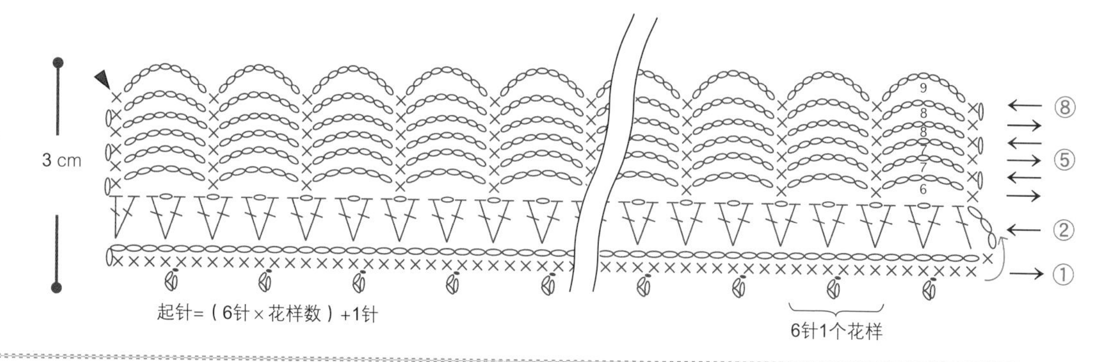

I75

尺寸：约30 cm

作品参见P116

材料及工具

奥林巴斯Emmygrande：
象牙白6g
蕾丝针：0号

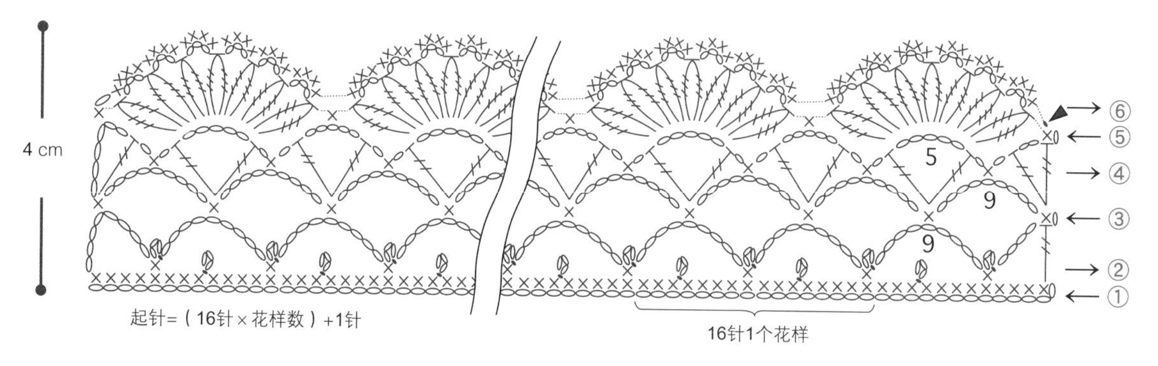

I76

尺寸：约30 cm

作品参见P116

材料及工具

奥林巴斯Emmygrande：
象牙白9g
蕾丝针：0号

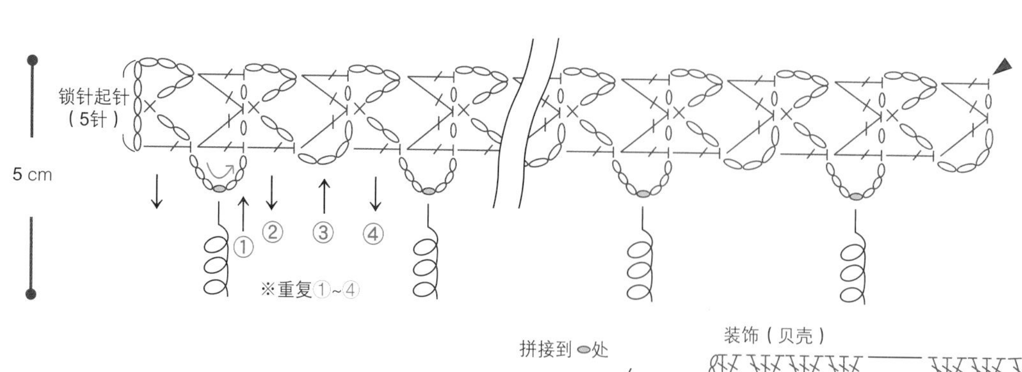

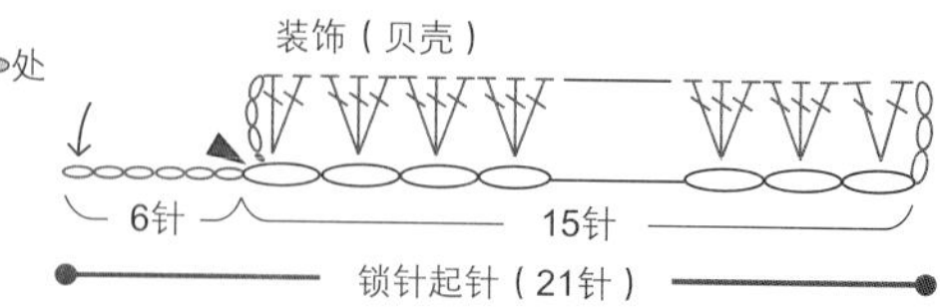

177

尺寸：约30 cm

作品参见P117

材料及工具

奥林巴斯Emmygrande<Herbs>：淡蓝色4g

蕾丝针：0号

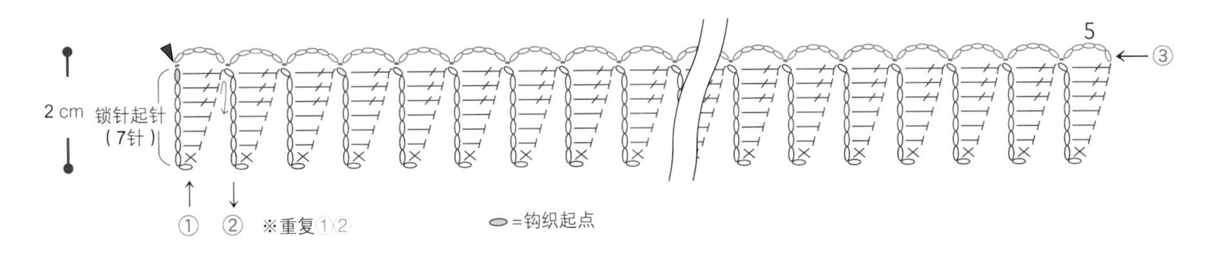

178

尺寸：约30 cm

作品参见P117

材料及工具

奥林巴斯Emmygrande

<Herbs>：淡蓝色5g

蕾丝针：0号

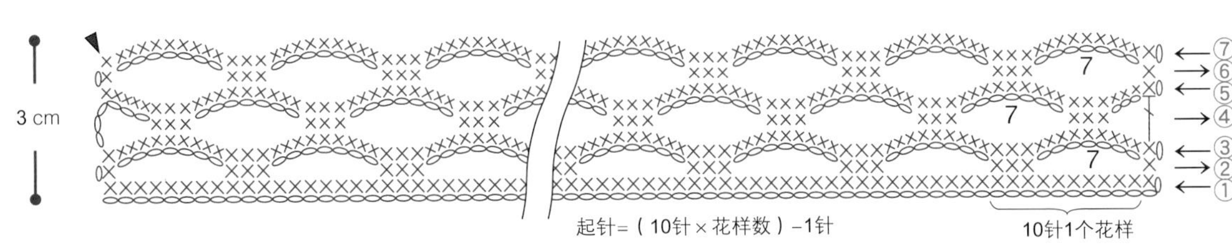

179

尺寸：约30 cm

作品参见P117

材料及工具

奥林巴斯Emmygrande

<Herbs>：淡蓝色7g

蕾丝针：0号

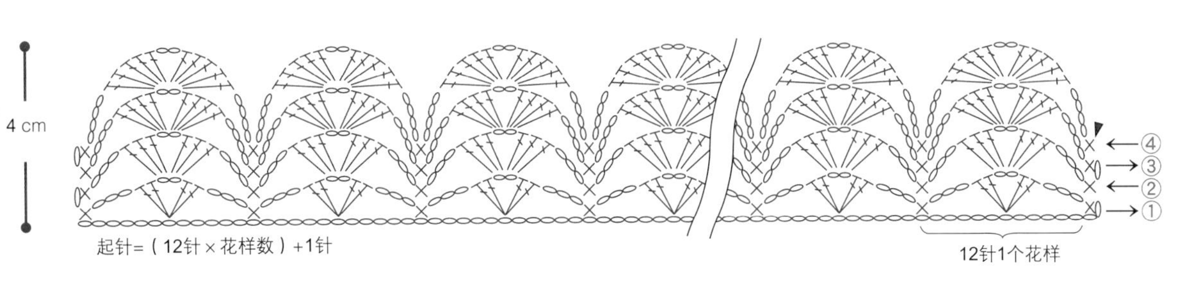

180

尺寸：约30 cm

作品参见P117

材料及工具

奥林巴斯Emmygrande

<Herbs>：淡蓝色7g

蕾丝针：0号

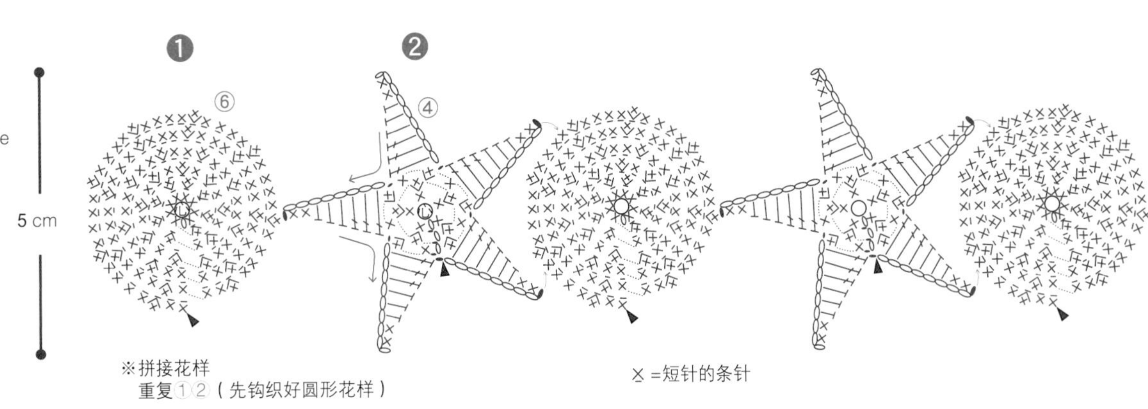

181
182
183
184

钩织方法：详见P122

设计制作：冈麻理子

185
186
187
188

钩织方法：详见P123
设计制作：冈麻理子

181

尺寸：约30 cm

作品参见P120

材料及工具

奥林巴斯Emmygrande<Colors>：蓝色3g

蕾丝针：0号

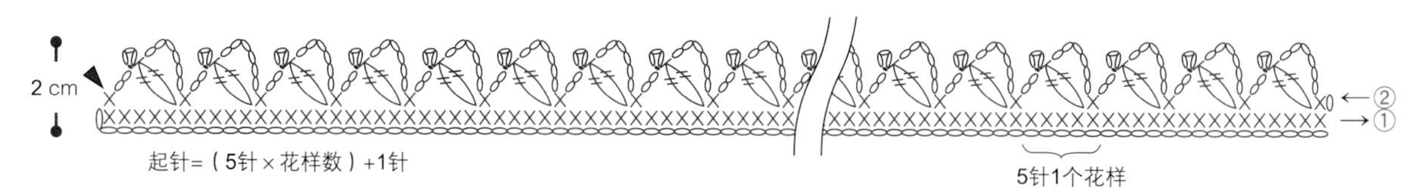

182

尺寸：约30 cm

作品参见P120

材料及工具

奥林巴斯Emmygrande<Colors>：蓝色4g

蕾丝针：0号

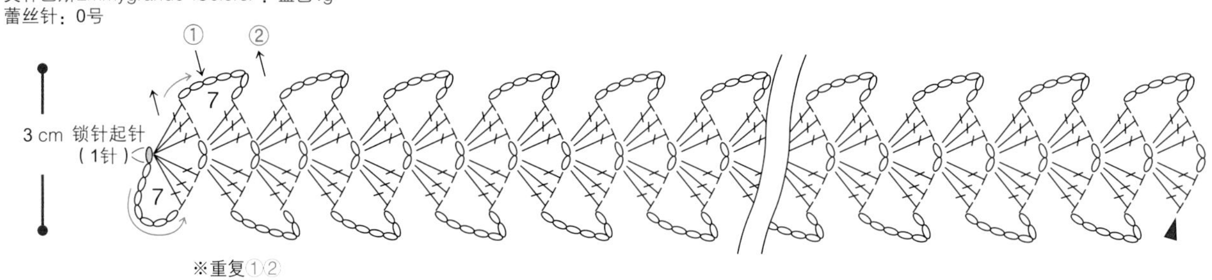

183

尺寸：约30 cm

作品参见P120

材料及工具

奥林巴斯Emmygrande<Colors>：蓝色4g

蕾丝针：0号

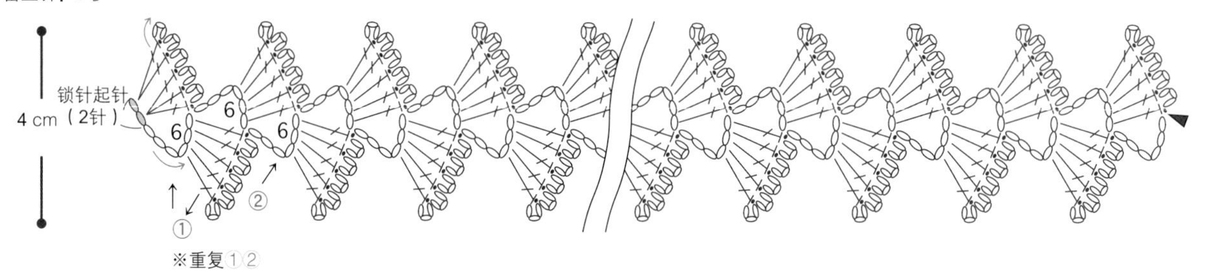

184

尺寸：约30 cm

作品参见P120

重点提示见P156

材料及工具

奥林巴斯Emmygrande<Colors>：蓝色8g

蕾丝针：0号

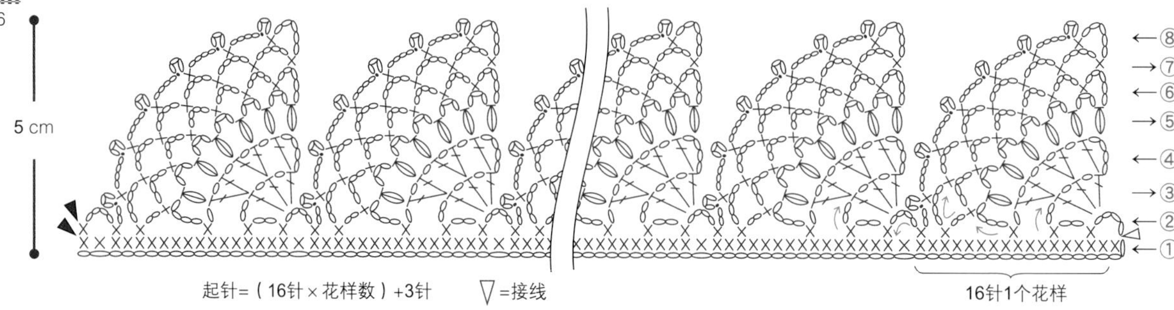

185

尺寸：约30 cm

作品参见P121

材料及工具

奥林巴斯Emmygrande：

蓝色3g

蕾丝针：0号

186

尺寸：约30 cm

作品参见P121

材料及工具

奥林巴斯Emmygrande：

蓝色5g

蕾丝针：0号

187

尺寸：约30 cm

作品参见P121

材料及工具

奥林巴斯Emmygrande：

蓝色5g

蕾丝针：0号

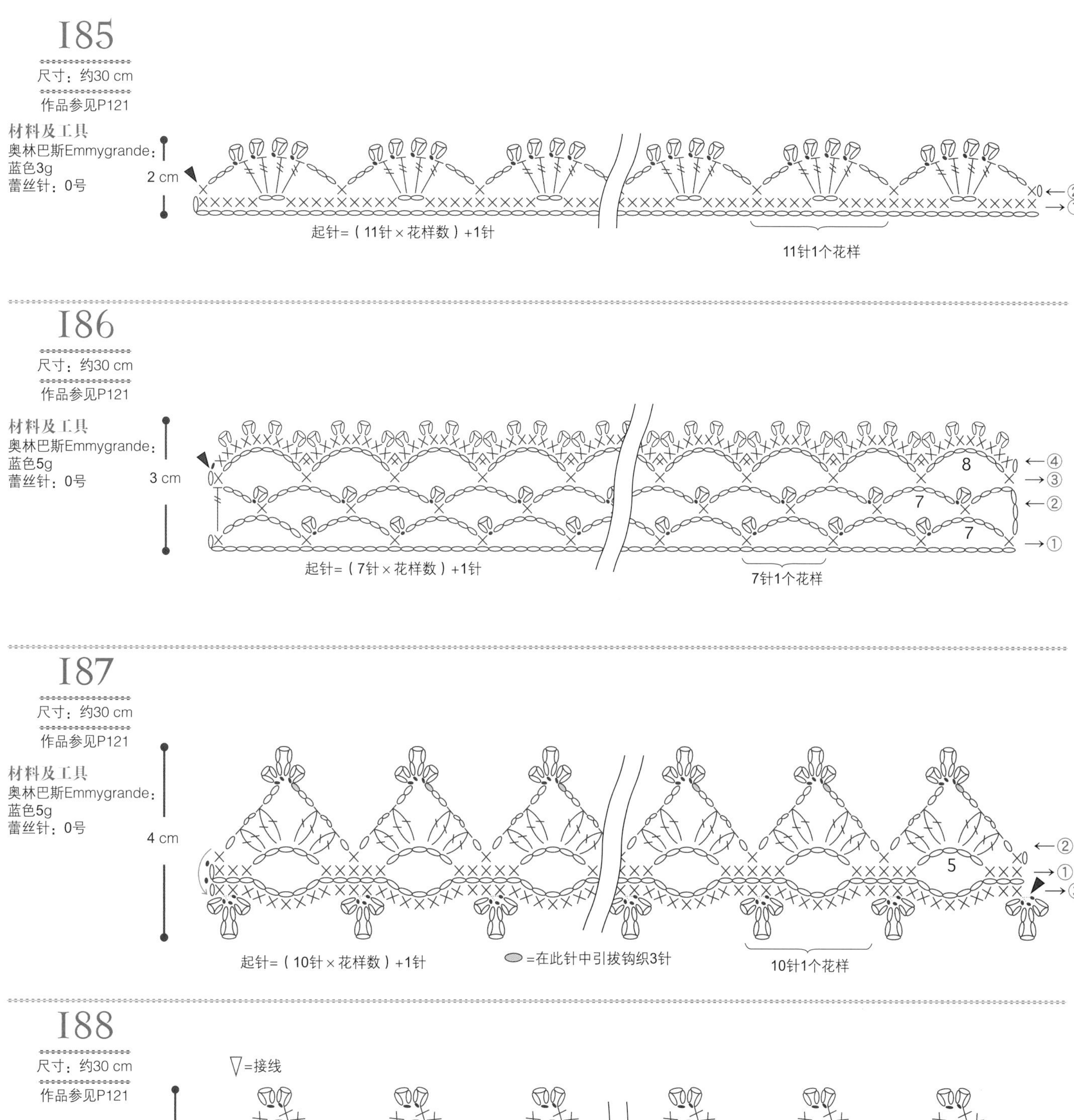

188

尺寸：约30 cm

作品参见P121

材料及工具

奥林巴斯Emmygrande：

蓝色7g

蕾丝针：0号

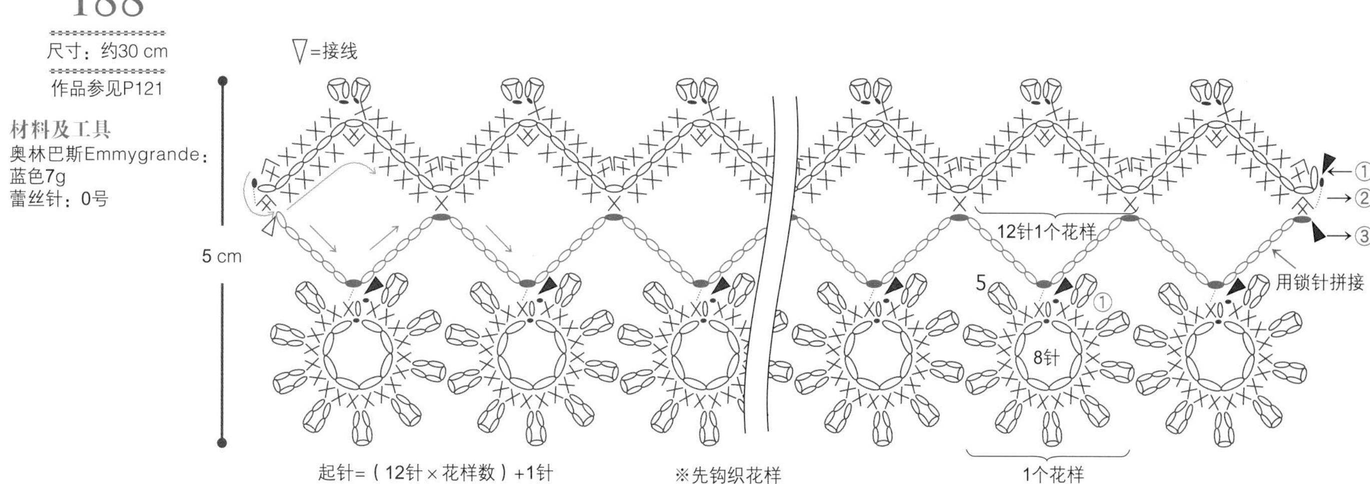

189
190
191
192

钩织方法：详见P126
设计制作：冈麻理子

193
194
195
196
197

钩织方法：详见P127
设计制作：冈麻理子

189

尺寸：约30 cm

作品参见P124

材料及工具

奥林巴斯Emmygrande<Herbs>：米褐色3g

蕾丝针：0号

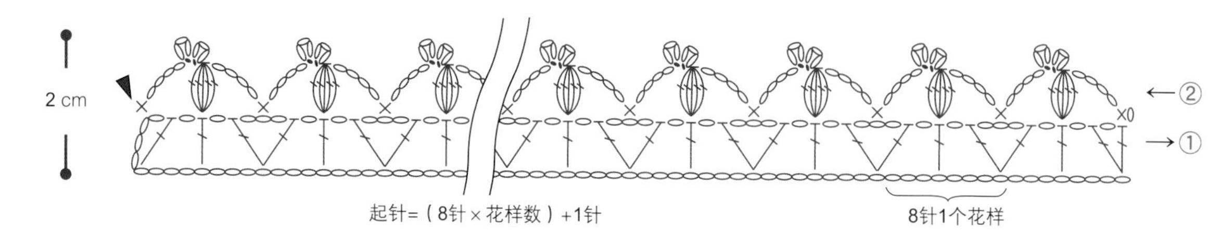

190

尺寸：约30 cm

作品参见P124

材料及工具

奥林巴斯Emmygrande<Herbs>：米褐色4g

蕾丝针：0号

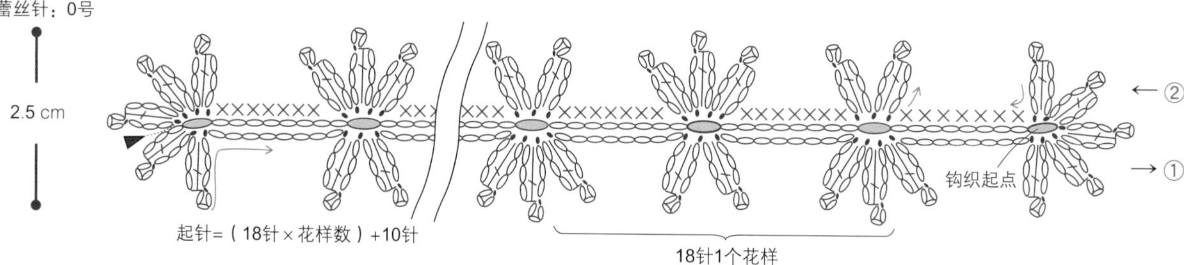

⬭=在此针中引拔钩织7次，两侧钩织6次

191

尺寸：约30 cm

作品参见P124

材料及工具

奥林巴斯Emmygrande<Herbs>：米褐色6g

蕾丝针：0号

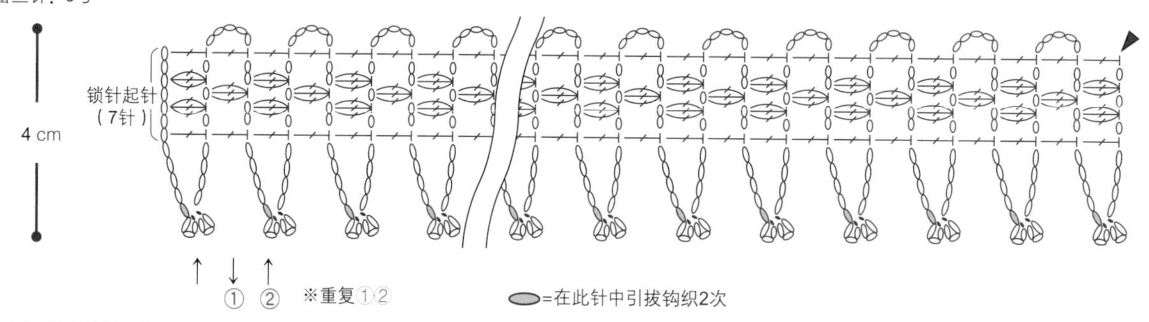

※重复①②

⬭=在此针中引拔钩织2次

192

尺寸：约30 cm

作品参见P124

材料及工具

奥林巴斯Emmygrande<Herbs>：米褐色8g

蕾丝针：0号

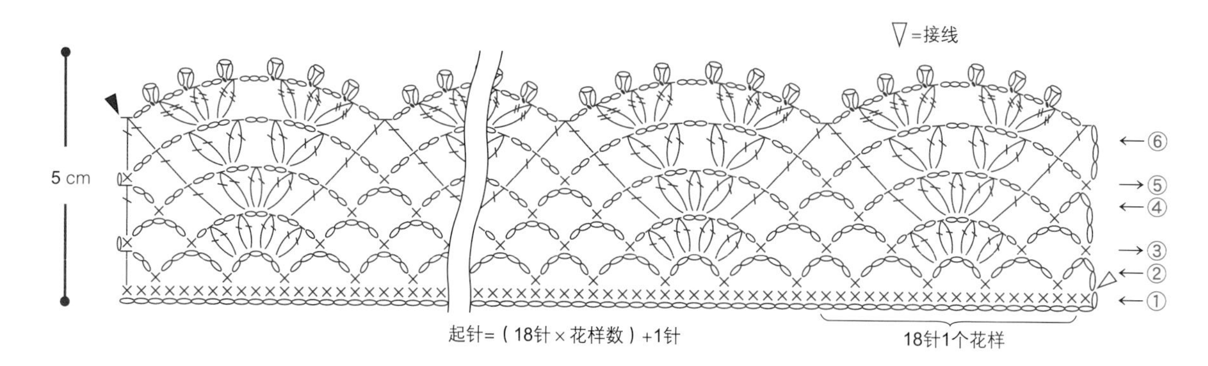

I93

尺寸：约30 cm

作品参见P125

材料及工具

奥林巴斯Emmygrande：橄榄色3g

蕾丝针：0号

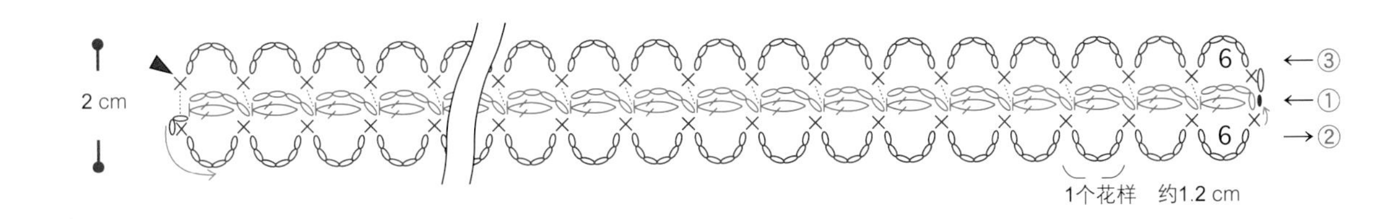

I94

尺寸：约30 cm

作品参见P125

材料及工具

奥林巴斯Emmygrande：

橄榄色3g

蕾丝针：0号

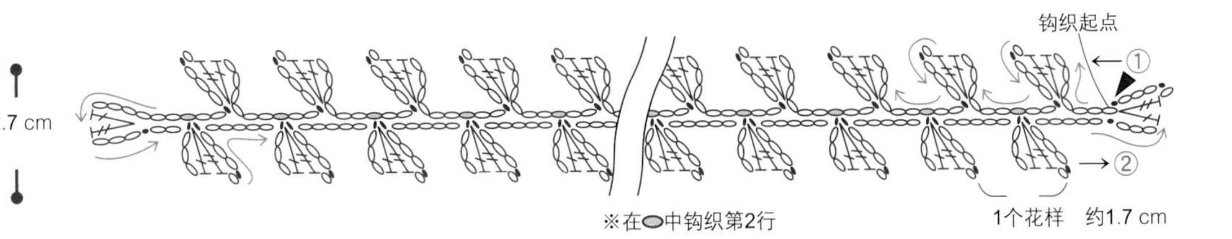

I95

尺寸：约30 cm

作品参见P125

材料及工具

奥林巴斯Emmygrande：

橄榄色4g

蕾丝针：0号

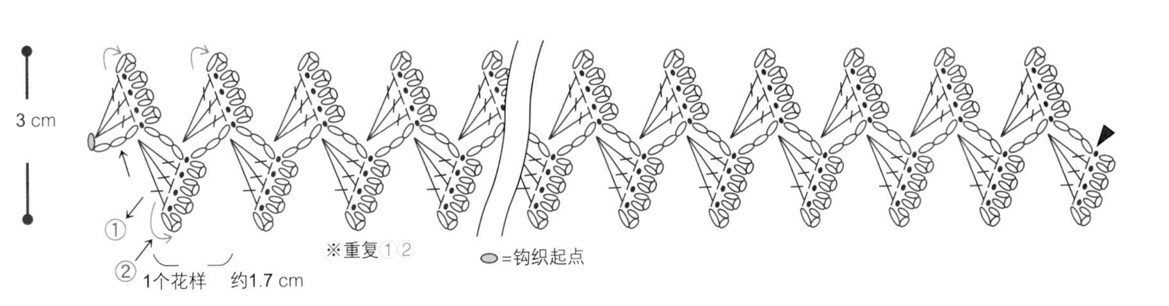

I96

尺寸：约30 cm

作品参见P125

材料及工具

奥林巴斯Emmygrande：

橄榄色8g

蕾丝针：0号

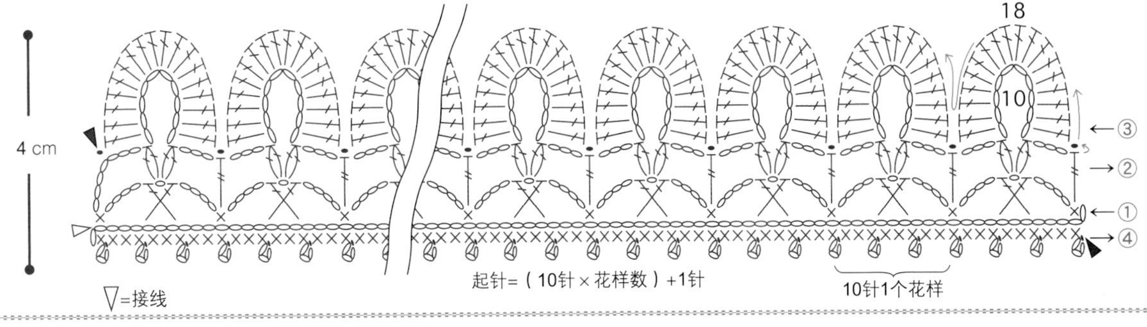

I97

尺寸：约30 cm

作品参见P125

材料及工具

奥林巴斯Emmygrande：

橄榄色6g

蕾丝针：0号

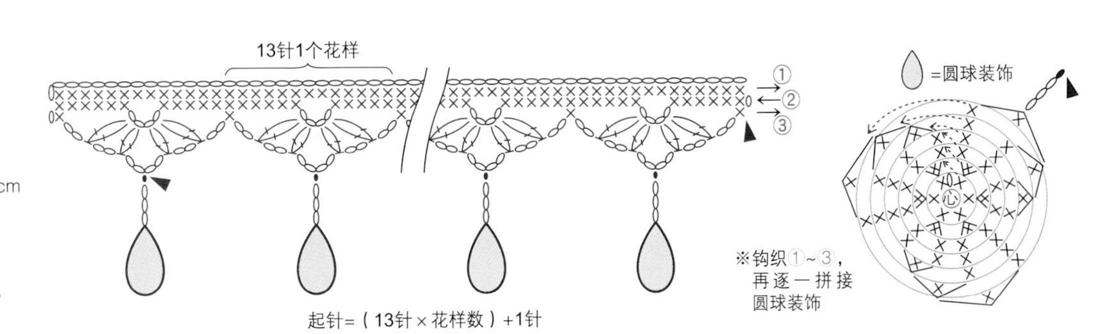

198

199

200

201

钩织方法：作品198详见P154；作品199~201详见P130
设计制作：风工房

202
203
204
205

钩织方法：作品202~204详见P131；作品205详见P154
设计制作：风工房

199

尺寸：约30 cm

作品参见P128

材料及工具

奥林巴斯Emmygrande<Herbs>：米褐色系5g

蕾丝针：0号

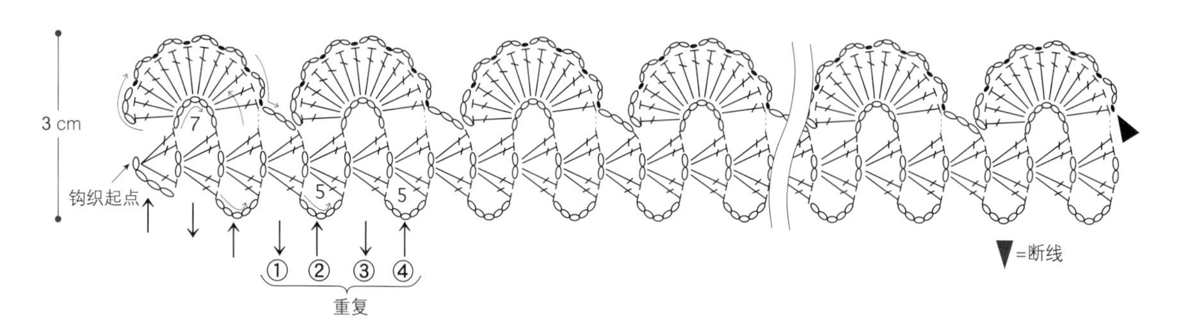

200

尺寸：约30 cm

作品参见P128

材料及工具

奥林巴斯Emmygrande<Herbs>：米褐色系6g

蕾丝针：0号

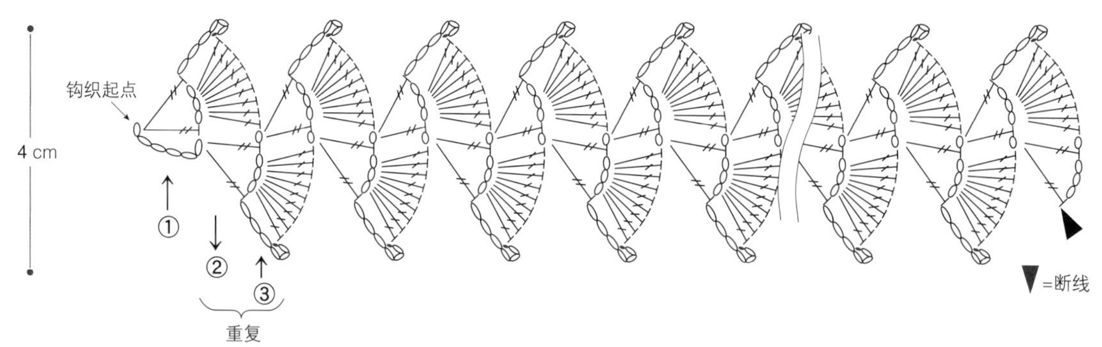

201

尺寸：约30 cm

作品参见P128

材料及工具

奥林巴斯Emmygrande<Herbs>：米褐色系11g

蕾丝针：0号

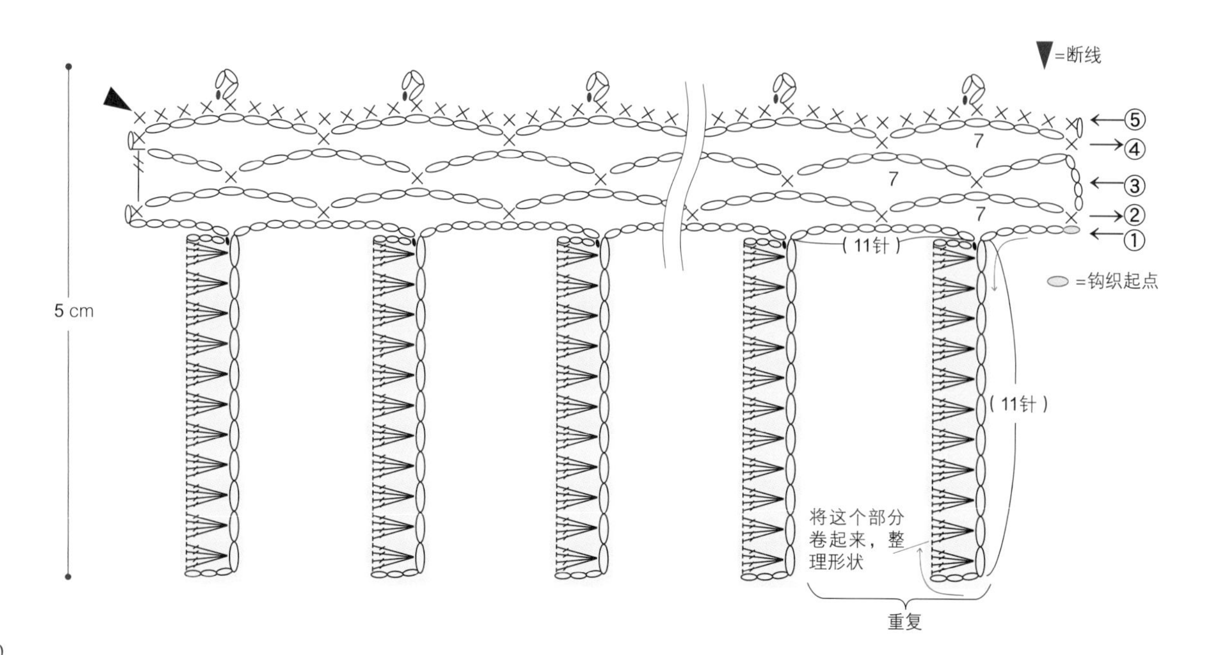

202

尺寸：约30 cm

作品参见P129

材料及工具

奥林巴斯Emmygrande：本白3g

蕾丝针：0号

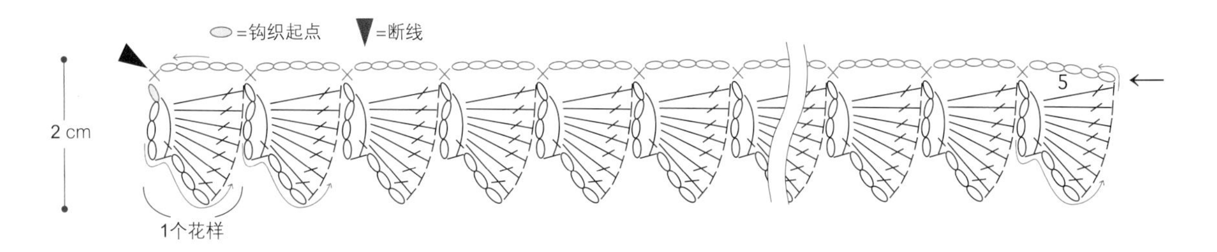

203

尺寸：约30 cm

作品参见P129

材料及工具

奥林巴斯Emmygrande<Herbs>：米褐色系3g

蕾丝针：0号

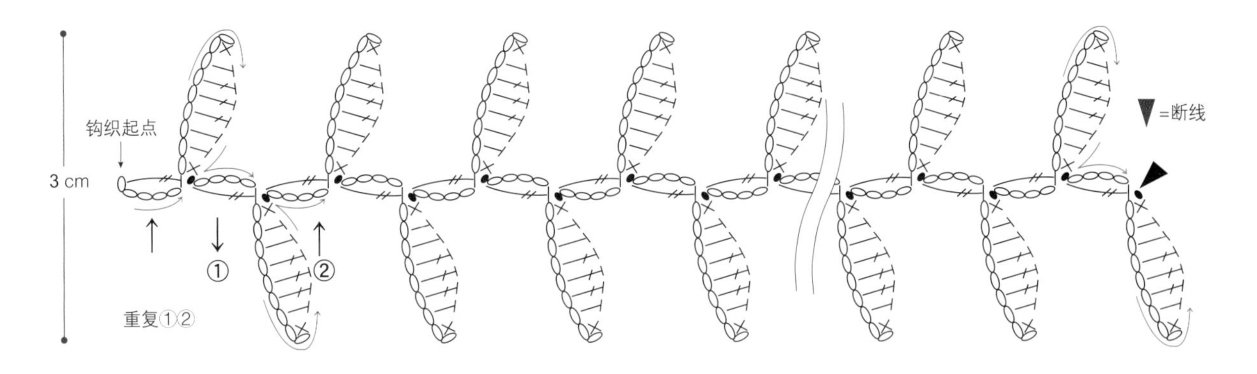

204

尺寸：约30 cm

作品参见P129

材料及工具

奥林巴斯Emmygrande：米褐色系10g

蕾丝针：0号

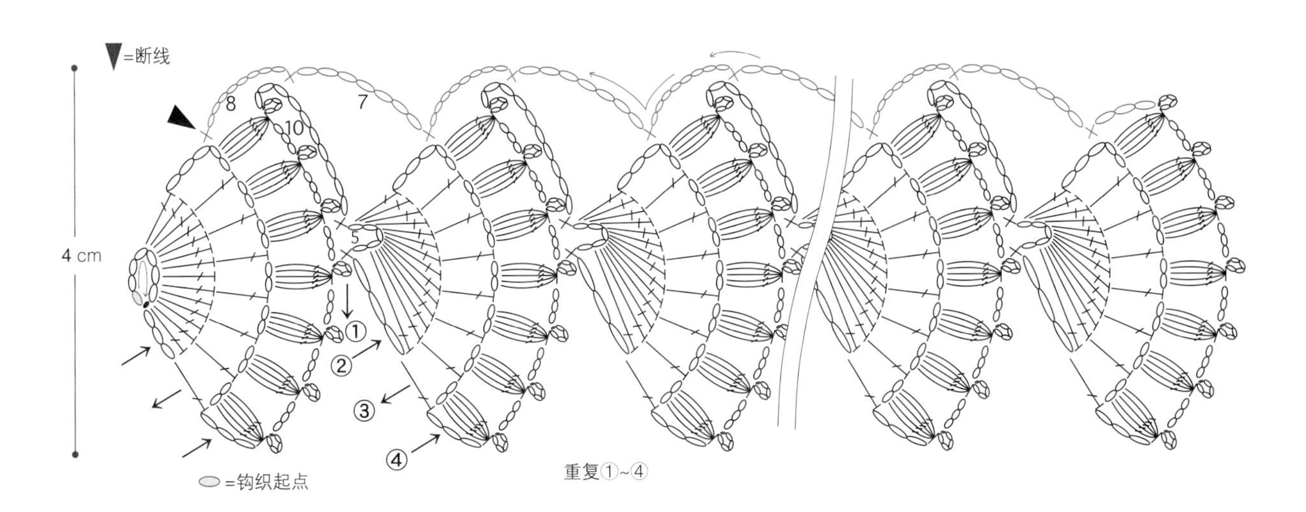

PART 6

形状各异的花样・饰边&镶边

在PART 6中，主要介绍了将立体和平面花样组合而成的饰边&镶边，看上去就让人觉得欣喜无比。可以做出水果、杂货、花朵等，如果用花样做嵌花也非常可爱。

206

207

208

钩织方法：详见P134
设计制作：河合真弓

橙子

冰淇淋

茶具

重点提示

2II 作品参见P136

连续花样（镶边）的钩织方法

I 钩织最初的圆形花样时，先钩织4针锁针，再用2行短针钩织出圆形。

2 继续钩织锁针12针，然后钩织下一花样的4针锁针，接着在从钩针数起的第4针锁针的里山中引拔钩织，形成圆环。

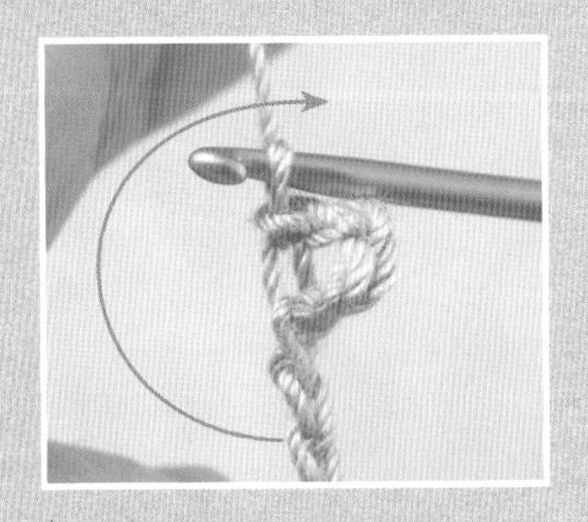

3 针脚照原样挂在钩针上，将花样间的连接锁针从针与线之间移动到右侧。

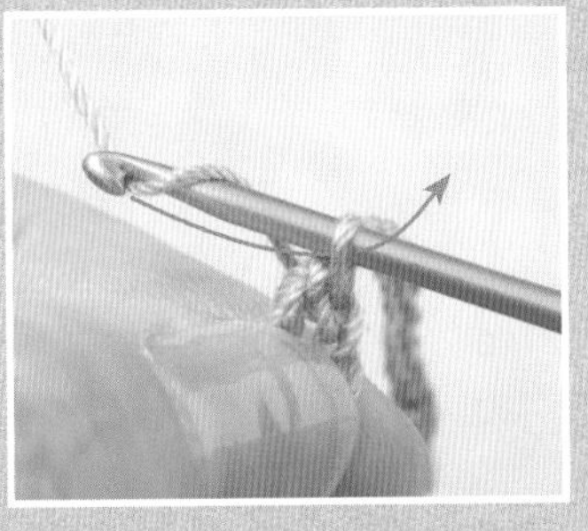

4 再将锁针夹到针与线之间，钩织第1行的1针立起锁针。

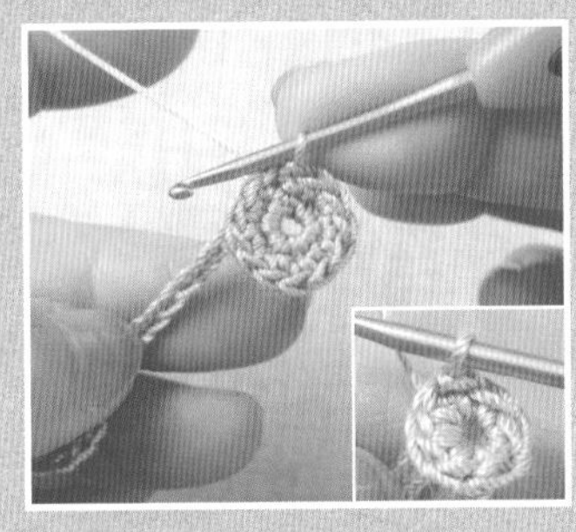

5 钩织镶边的第2个花样。第2个花样完成。

6 按照步骤2~5的要领先钩织镶边花样，再钩织曲奇花样，间隔1个花样缝好。

重点提示

2I6 作品参见P137

蛋糕（花样）的钩织方法

短针的条针 $\underline{\times}$

I 钩织蛋糕时，先起15针锁针，然后用短针钩织6行。钩织第7行时，在上一行外侧的半针中钩织短针。

2 上一行内侧的半针留出条纹花样。第7行短针的条针钩织完成后如图所示。

3 接着用短针钩织第8行，用松针花样和短针钩织第9行。

4 第8、9行倒向外侧，用配色线在第6行内侧的半针中钩织装饰（荷叶边）。

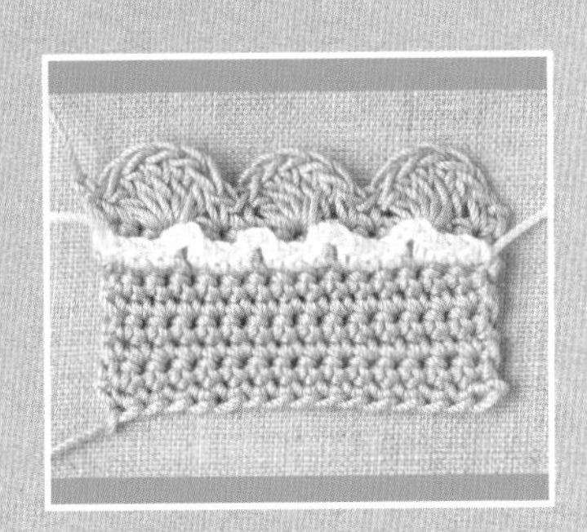

5 用短针和锁针钩织荷叶边，然后在4个地方钩织3针锁针的小链针。

6 钩织好小链针，先缝到蛋糕的反面，再缝到镶边上。将蛋糕放到镶边上，如图所示。

206

尺寸：约30 cm

作品参见P132

材料及工具

奥林巴斯Emmygrande：绿色系1g

奥林巴斯Emmygrande<Colors>：橙色系1g

手工棉：少许

蕾丝针：0号

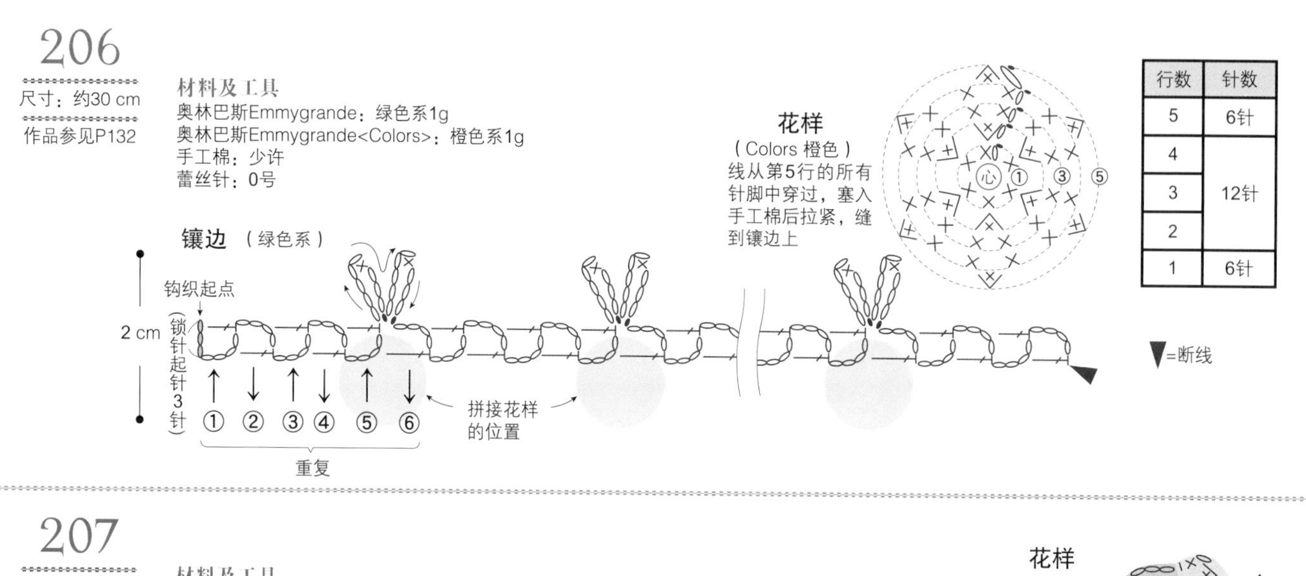

行数	针数
5	6针
4	12针
3	
2	
1	6针

207

尺寸：约30 cm

作品参见P132

材料及工具

奥林巴斯Emmygrande：浅褐色系3g；深褐色系、粉色系、蓝色系各1g

0.3 cm的串珠：3颗（1个花样的用量）

蕾丝针：0号

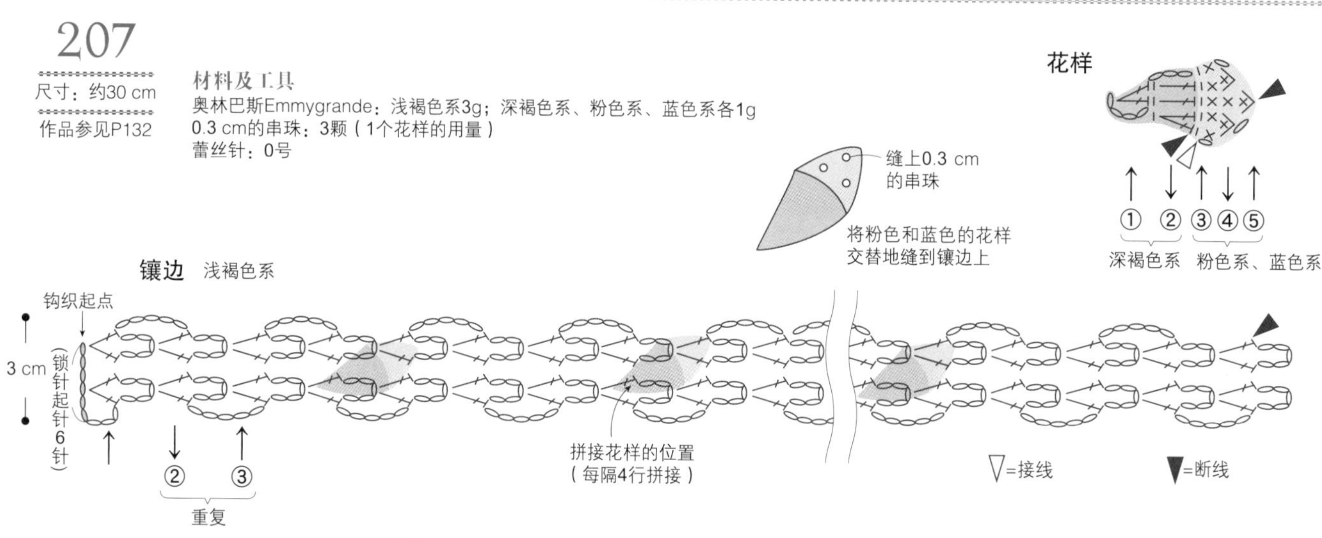

208

尺寸：约30 cm

作品参见P132

材料及工具

奥林巴斯Emmygrande：蓝色系4g；本白3g

奥林巴斯Emmygrande<Colors>：红色系2g

蕾丝针：0号

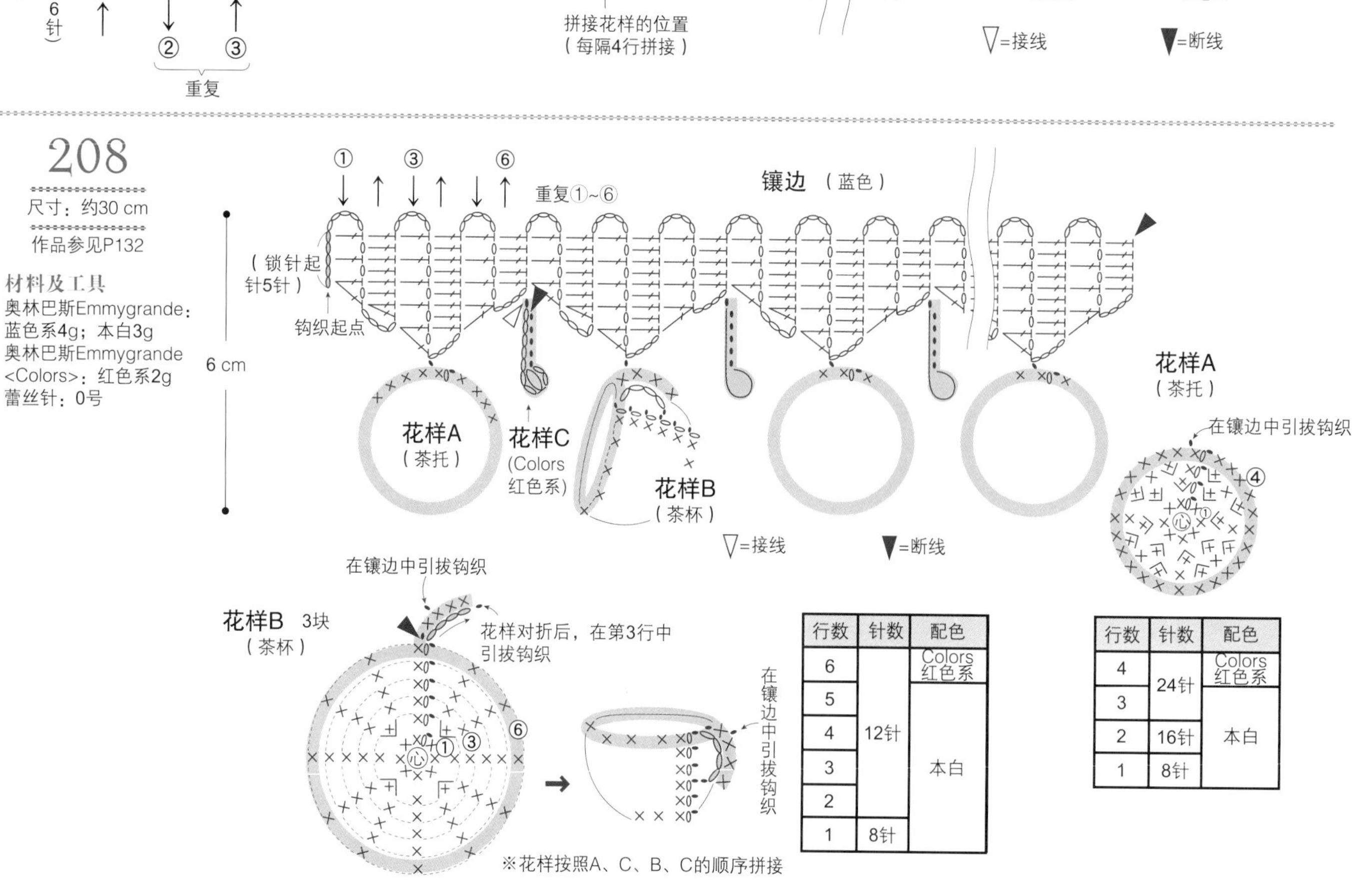

行数	针数	配色
6	12针	Colors红色系
5		本白
4		
3		
2		
1	8针	

行数	针数	配色
4	24针	Colors红色系
3		本白
2	16针	
1	8针	

210

尺寸：约30 cm

作品参见P136

材料及工具

奥林巴斯Emmygrande：白色3g；粉色系、紫色系、绿色系、米褐色系、黄色系、本白各1g

手工棉：少许

蕾丝针：0号

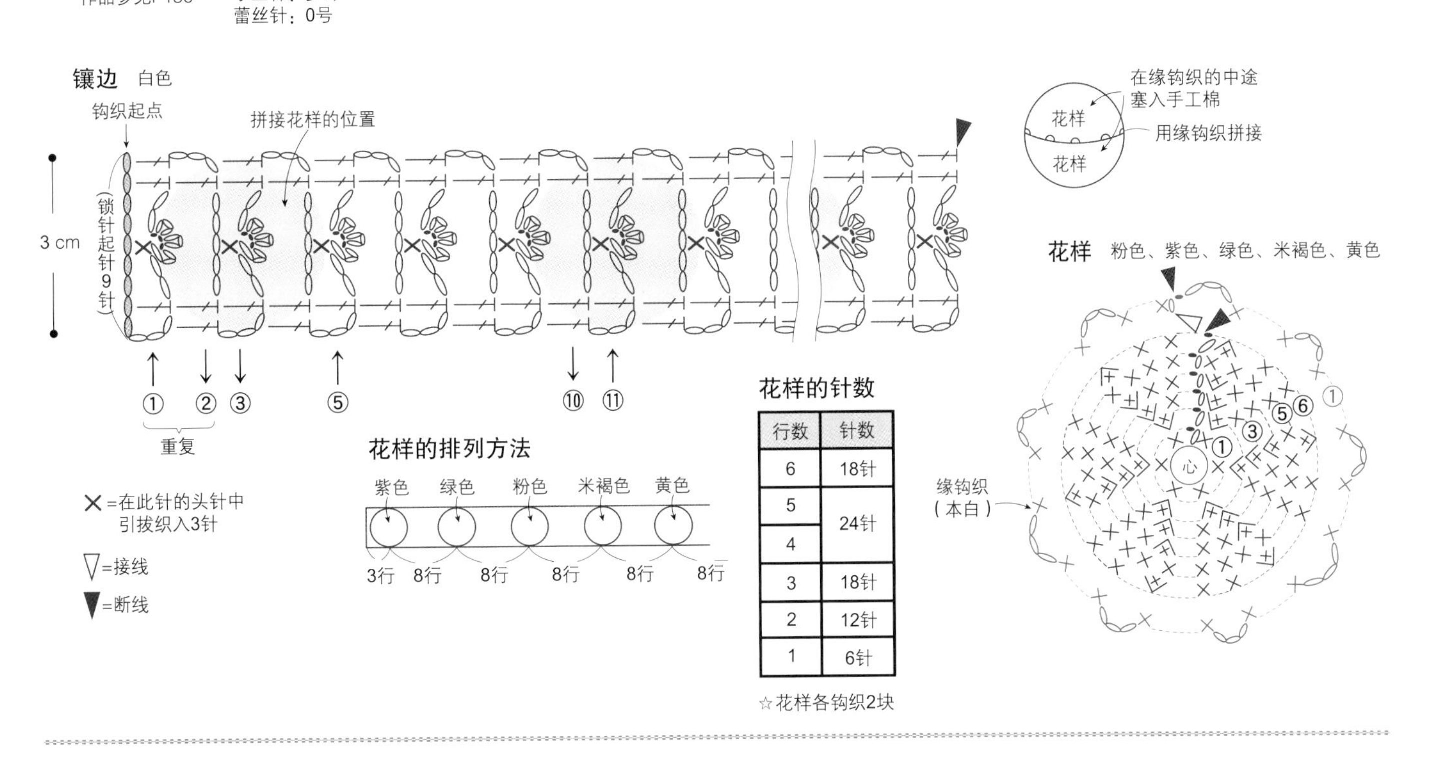

花样的针数

行数	针数
6	18针
5	24针
4	
3	18针
2	12针
1	6针

☆花样各钩织2块

212

尺寸：约30 cm

作品参见P136

材料及工具

奥林巴斯Emmygrande：白色6g；粉色少许

奥林巴斯Emmygrande <Herbs>：茶色系5g

奥林巴斯Emmygrande <Colors>：红色系1g；绿色系少许

手工棉：少许

蕾丝针：0号

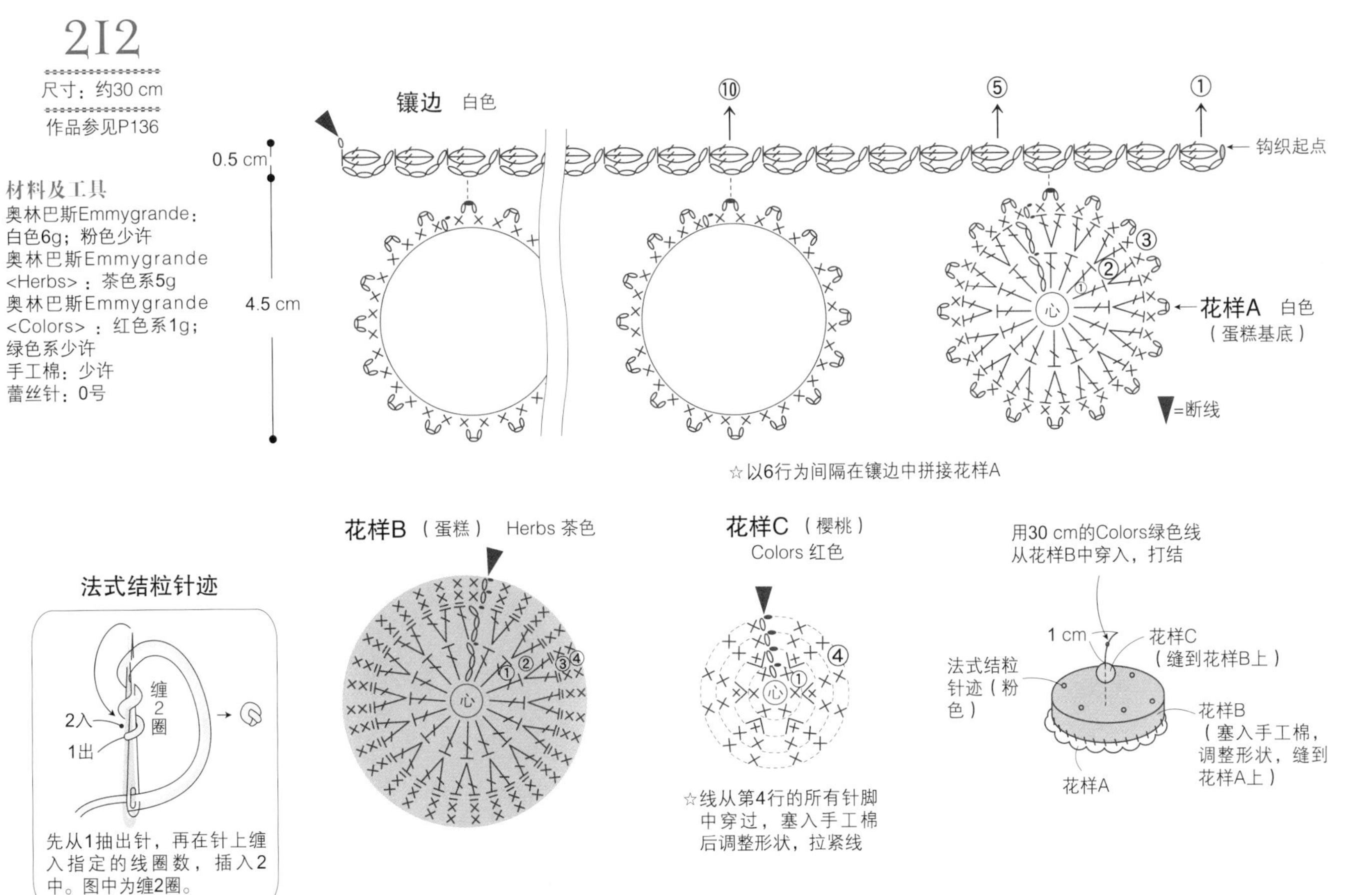

209
210
211
212

阿波罗（明治糖果）

马卡龙

果酱曲奇

巧克力蛋糕

钩织方法：作品209、211详见P138；作品210、212详见P135
设计制作：藤田智子

213
214
215
216

钩织方法：作品213～215详见P139；作品216详见P138
设计制作：藤田智子

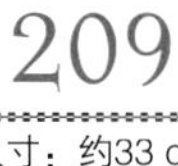

209

尺寸：约33 cm

作品参见P136

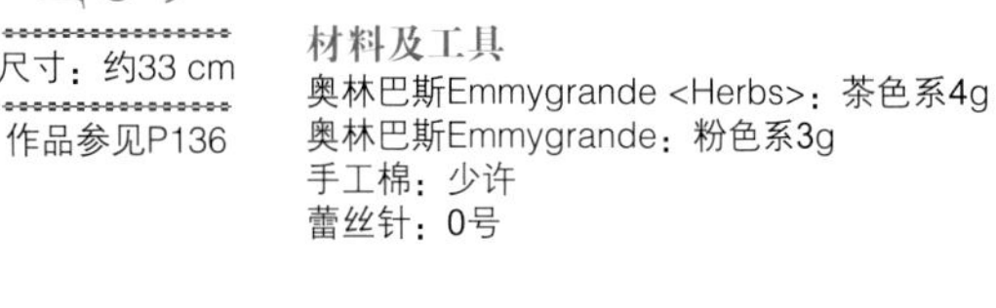

材料及工具

奥林巴斯Emmygrande <Herbs>：茶色系4g

奥林巴斯Emmygrande：粉色系3g

手工棉：少许

蕾丝针：0号

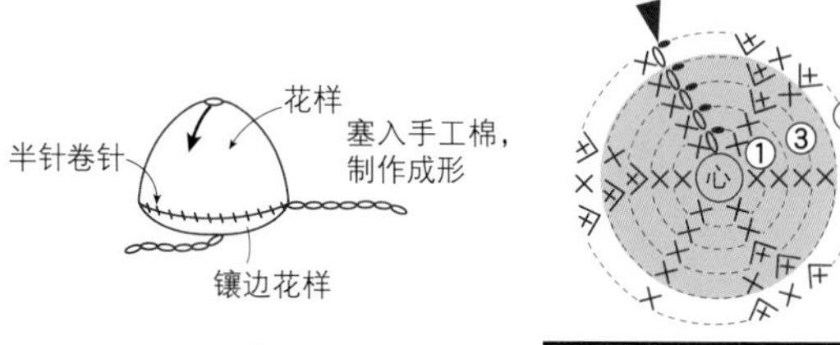

行数	针数	配色
5	18针	Herbs 茶色
4	12针	粉色系
3	9针	
2	6针	
1		

镶边 Herbs 茶色

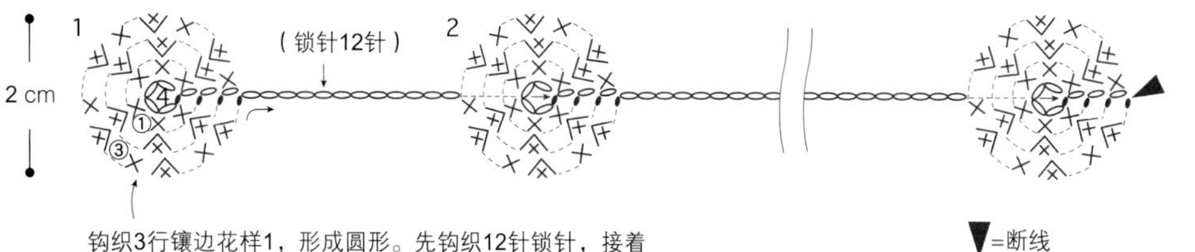

钩织3行镶边花样1，形成圆形。先钩织12针锁针，接着用4针锁针钩织出圆环，然后钩织镶边花样2

▼=断线

211

尺寸：约30 cm

作品参见P136

重点提示见P133

材料及工具

奥林巴斯Emmygrande<Colors>：粉色系2g

奥林巴斯Emmygrande<Herbs>：黄色系2g

蕾丝针：0号

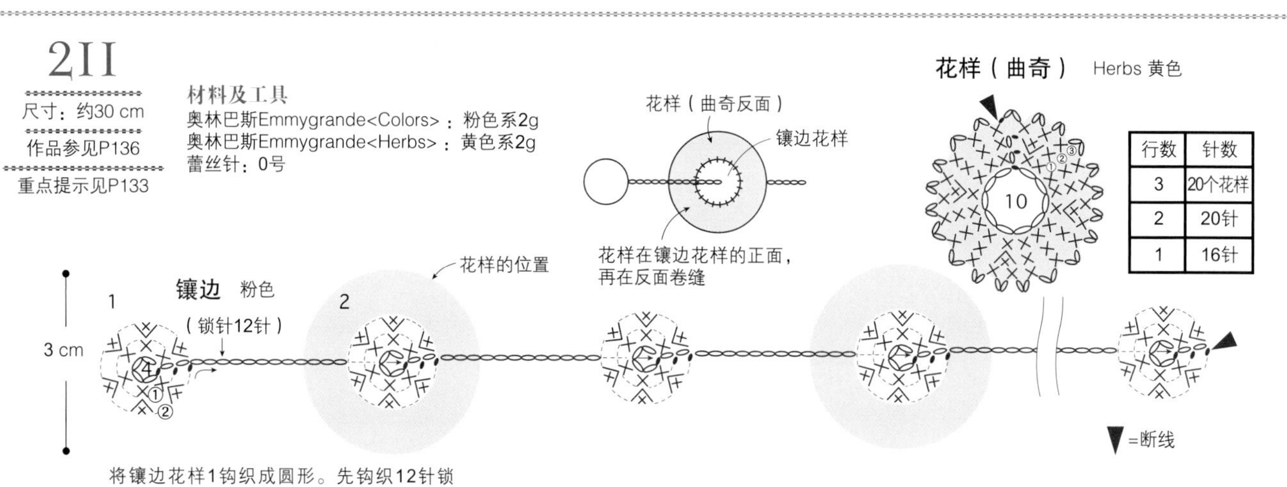

行数	针数
3	20个花样
2	20针
1	16针

将镶边花样1钩织成圆形。先钩织12针锁针，接着用4针锁针钩织出圆环，然后钩织镶边花样2（参照P133）

216

尺寸：约30 cm

作品参见P137

重点提示见P133

材料及工具

奥林巴斯Emmygrande：本白5g；茶色系3g；

粉色系、白色、红色系各1g

蕾丝针：0号

蛋糕的钩织方法、拼接方法

（参照P133）

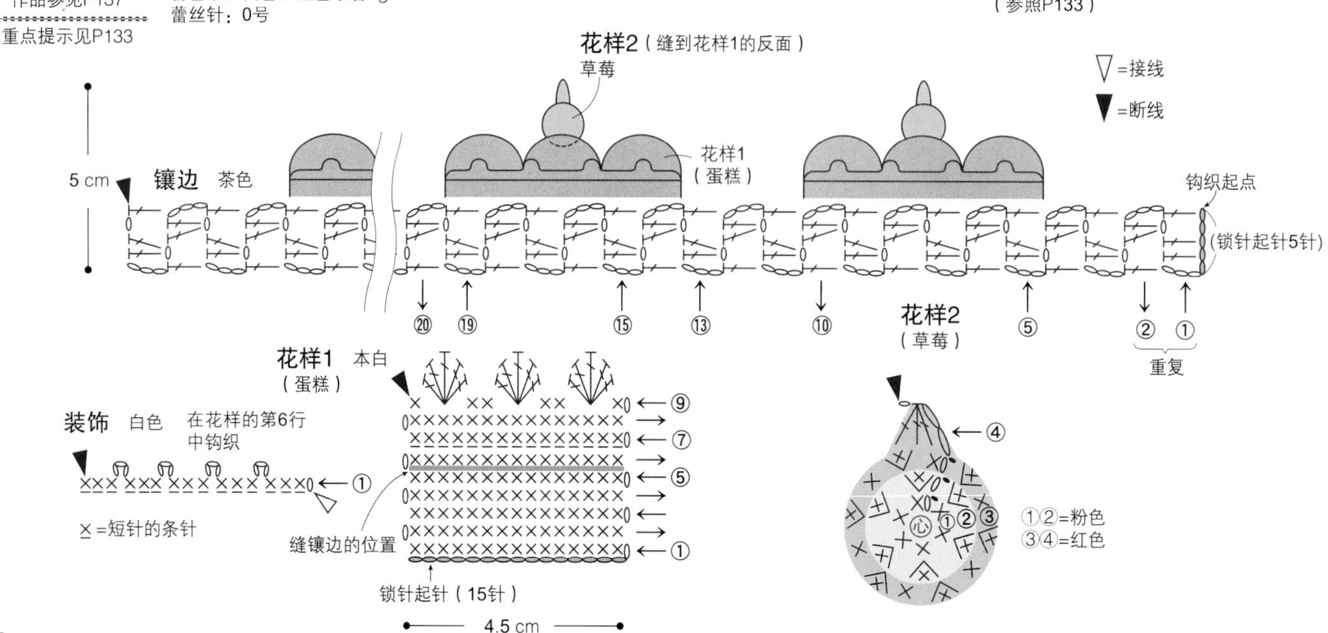

213

尺寸：约34 cm

作品参见P137

材料及工具

奥林巴斯Emmygrande：淡紫色、蓝紫色，粉色系，蓝色系各1g
奥林巴斯Emmygrande <Colors>：金黄色、橙色，黄色系各1g
蕾丝针：0号

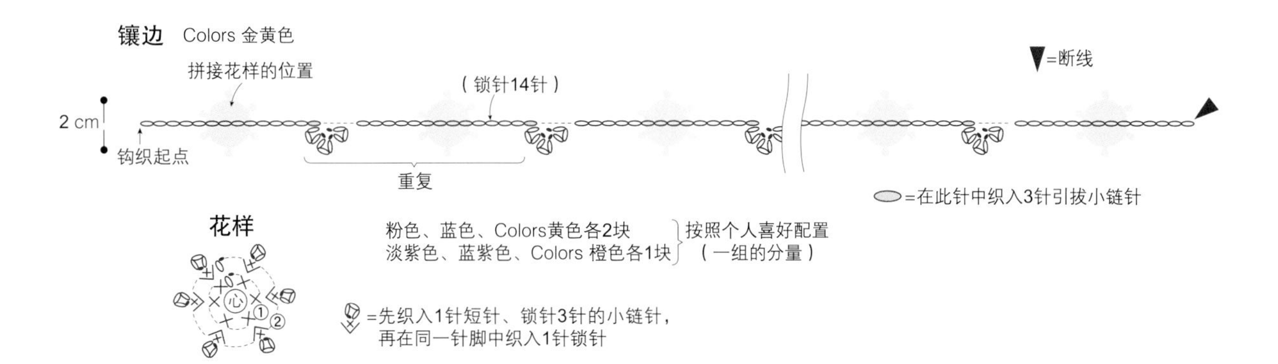

214

尺寸：约33 cm

作品参见P137

材料及工具

奥林巴斯Emmygrande <Colors>：橙色系1g
奥林巴斯Emmygrande：白色、粉色系、蓝色系、紫色系、茶色系、黄色系各1g
蕾丝针：0号

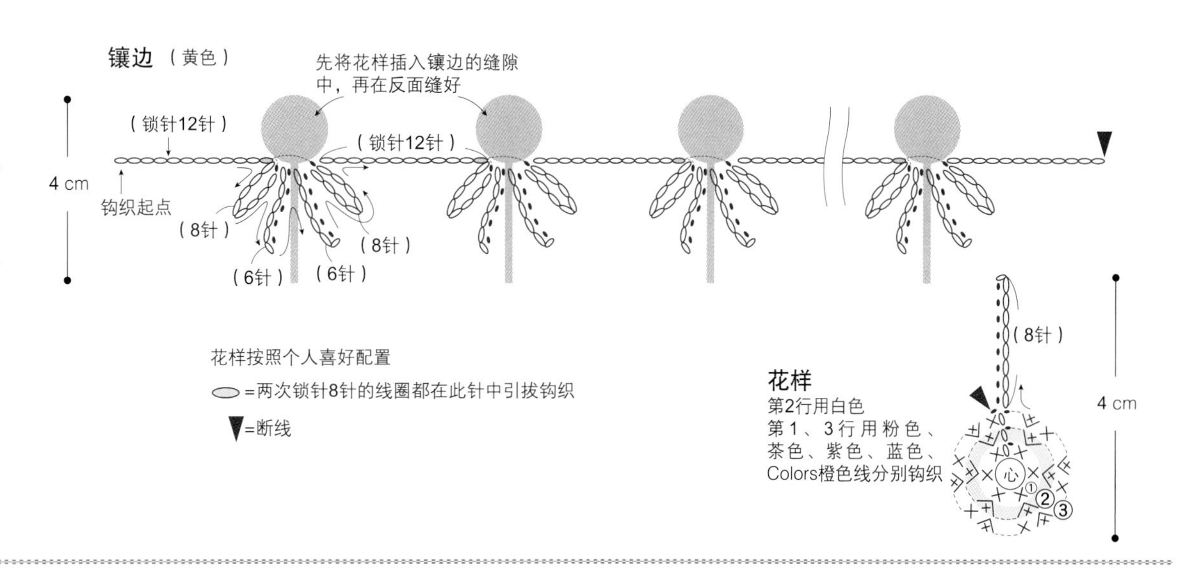

215

尺寸：约30 cm

作品参见P137

材料及工具

奥林巴斯Emmygrande：白色6g
奥林巴斯Emmygrande <Herbs>：茶色系、粉色系各2g
3mm的圆形小串珠：13~15颗（1个花样的用量）
蕾丝针：0号

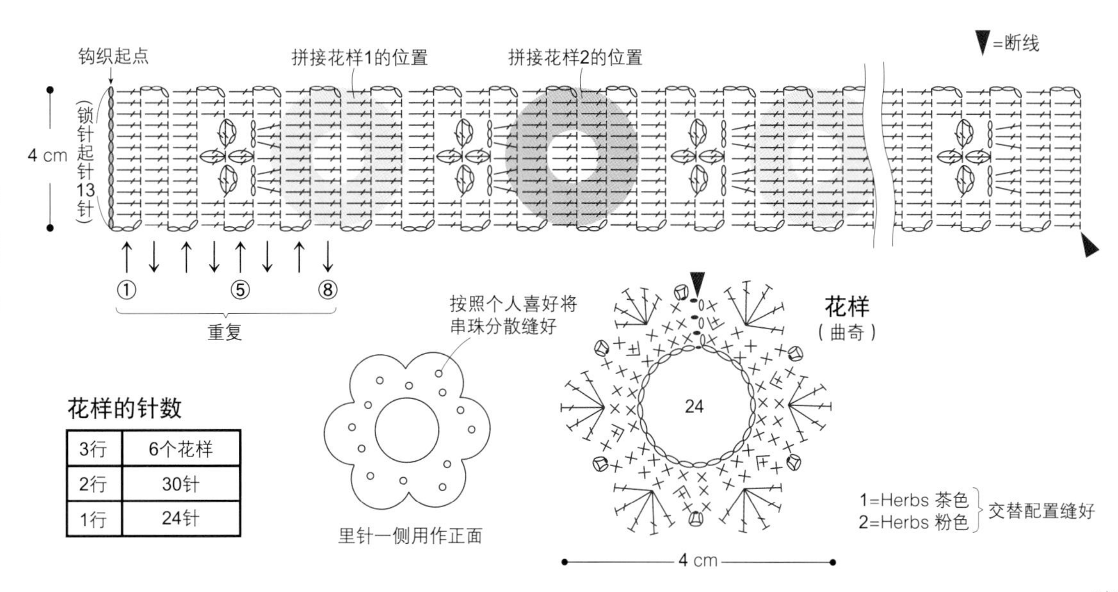

花样的针数

3行	6个花样
2行	30针
1行	24针

217 / 218 / 219

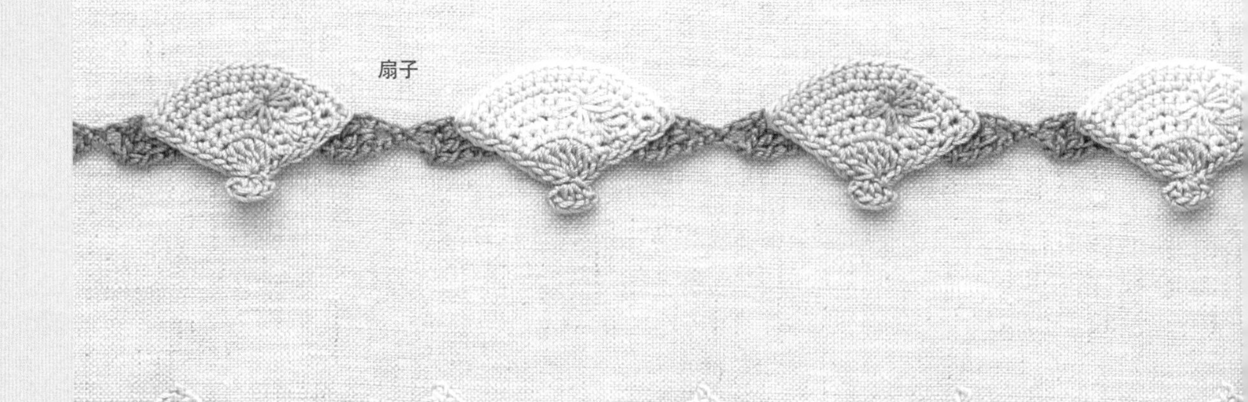

钩织方法：详见P142
设计制作：冈麻理子

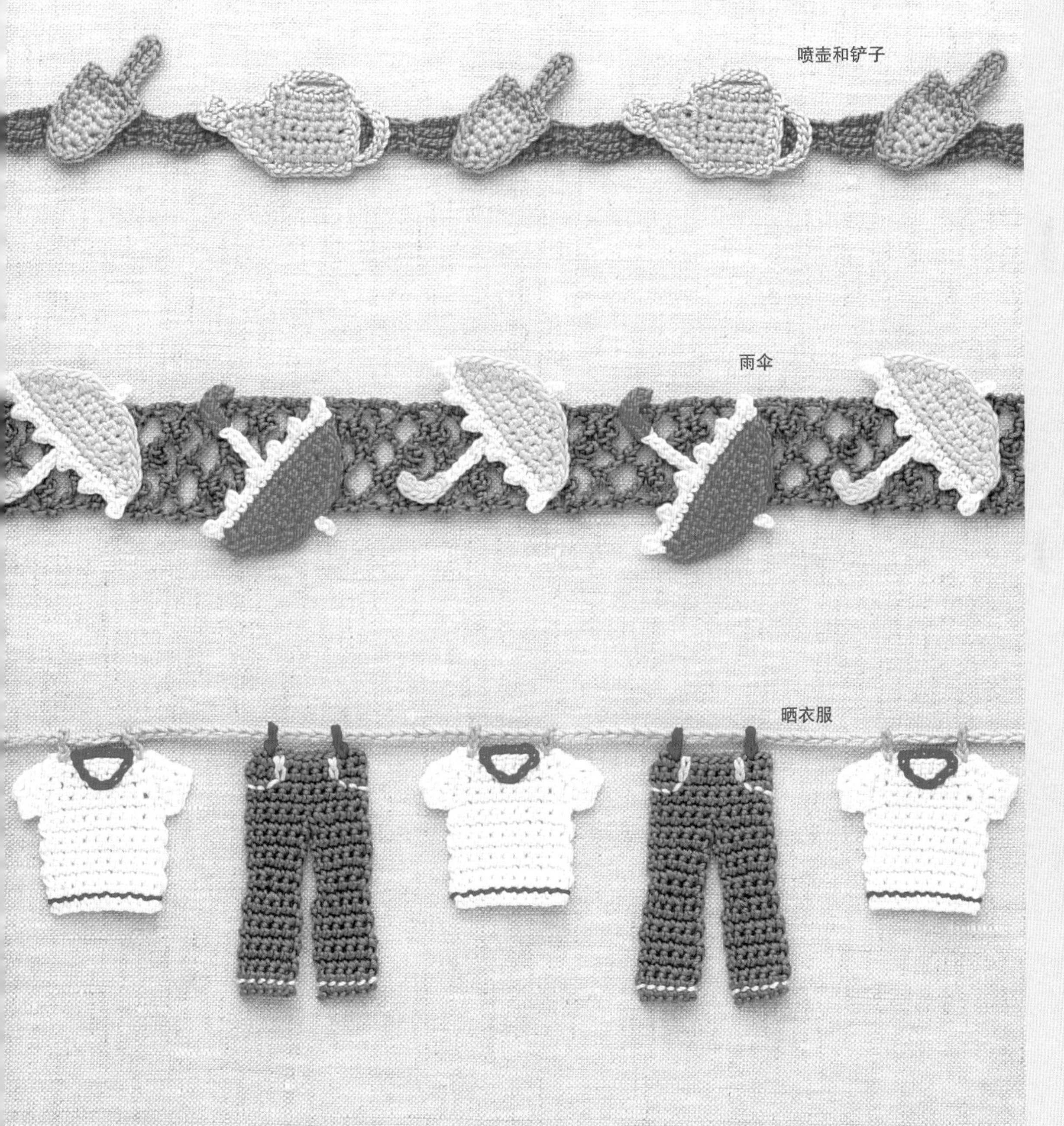

220

221

222

钩织方法：详见P143
设计制作：冈麻理子

217 · 218

尺寸：约30 cm

作品参见P140

材料及工具

73：奥林巴斯Emmygrande：绿色系、米褐色系各1g
奥林巴斯Emmygrande<Herbs>：粉色系、黄色系各1g；橙色系、绿色系（浅绿色、深绿色）各少许
钩针：2/0号
74：奥林巴斯Emmygrande：黄色系3g
奥林巴斯Emmygrande <Colors>：本白2g；红色系1g
奥林巴斯Emmygrande <Herbs>：绿色系、茶色系各少许
钩针：2/0号

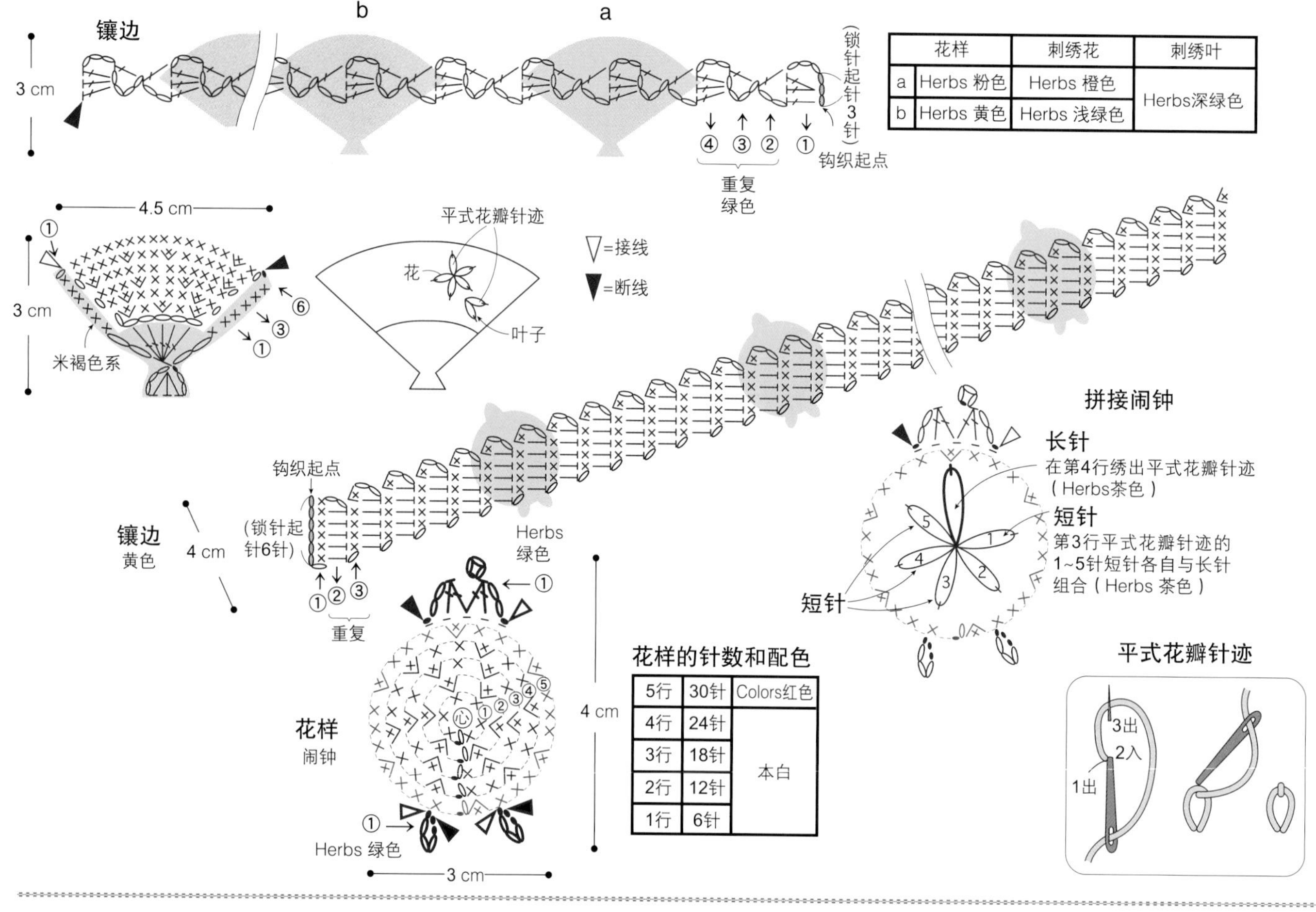

花样	刺绣花	刺绣叶
a Herbs 粉色	Herbs 橙色	Herbs深绿色
b Herbs 黄色	Herbs 浅绿色	

花样的针数和配色

5行	30针	Colors红色
4行	24针	本白
3行	18针	
2行	12针	
1行	6针	

219

尺寸：约30 cm

作品参见P140

材料及工具

奥林巴斯Emmygrande：茶色3g；黄色系少许
奥林巴斯Emmygrande <Colors>：粉色系、绿色系、蓝色系各1g
奥林巴斯Emmygrande <Herbs>：茶色系1g
钩针：2/0号

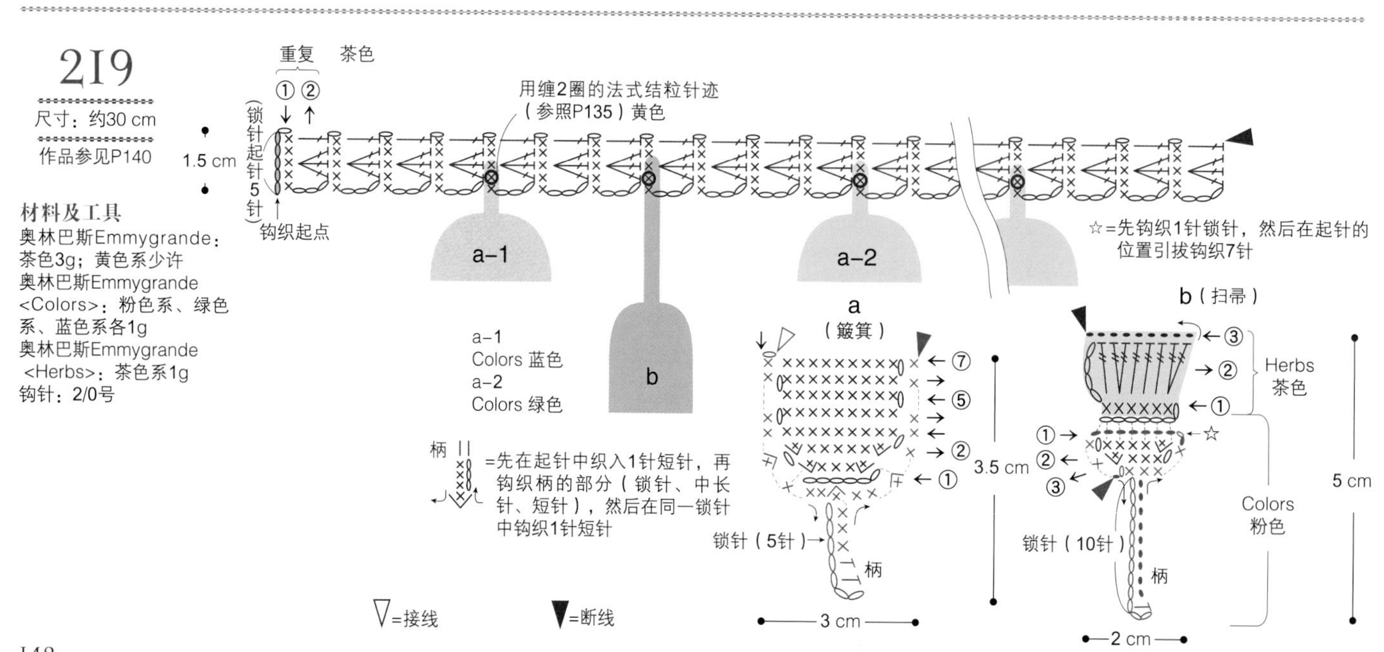

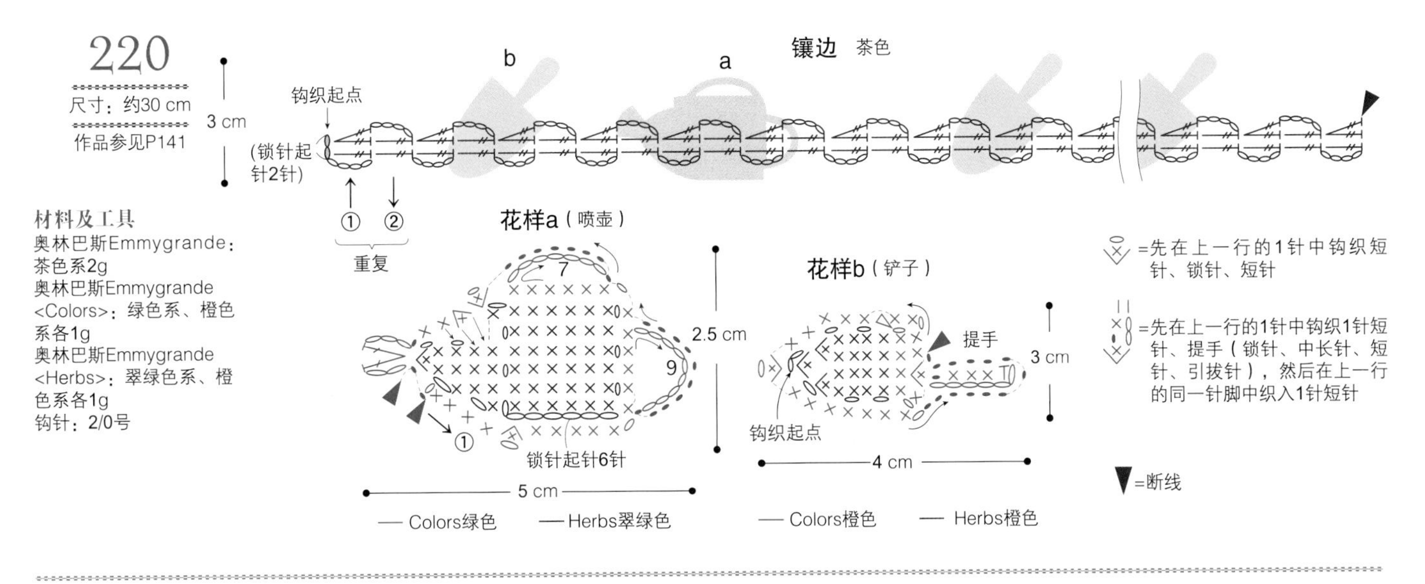
220
尺寸：约30 cm
作品参见P141
材料及工具
奥林巴斯Emmygrande：茶色系2g
奥林巴斯Emmygrande <Colors>：绿色系、橙色系各1g
奥林巴斯Emmygrande <Herbs>：翠绿色系、橙色系各1g
钩针：2/0号
镶边 茶色
b
a
3 cm
钩织起点
（锁针起针2针）
① ②
重复
花样a（喷壶）
2.5 cm
锁针起针6针
5 cm
— Colors绿色 — Herbs翠绿色
花样b（铲子）
提手
3 cm
钩织起点
4 cm
— Colors橙色 — Herbs橙色
=先在上一行的1针中钩织短针、锁针、短针
=先在上一行的1针中钩织1针短针、提手（锁针、中长针、短针、引拔针），然后在上一行的同一针脚中织入1针短针
=断线

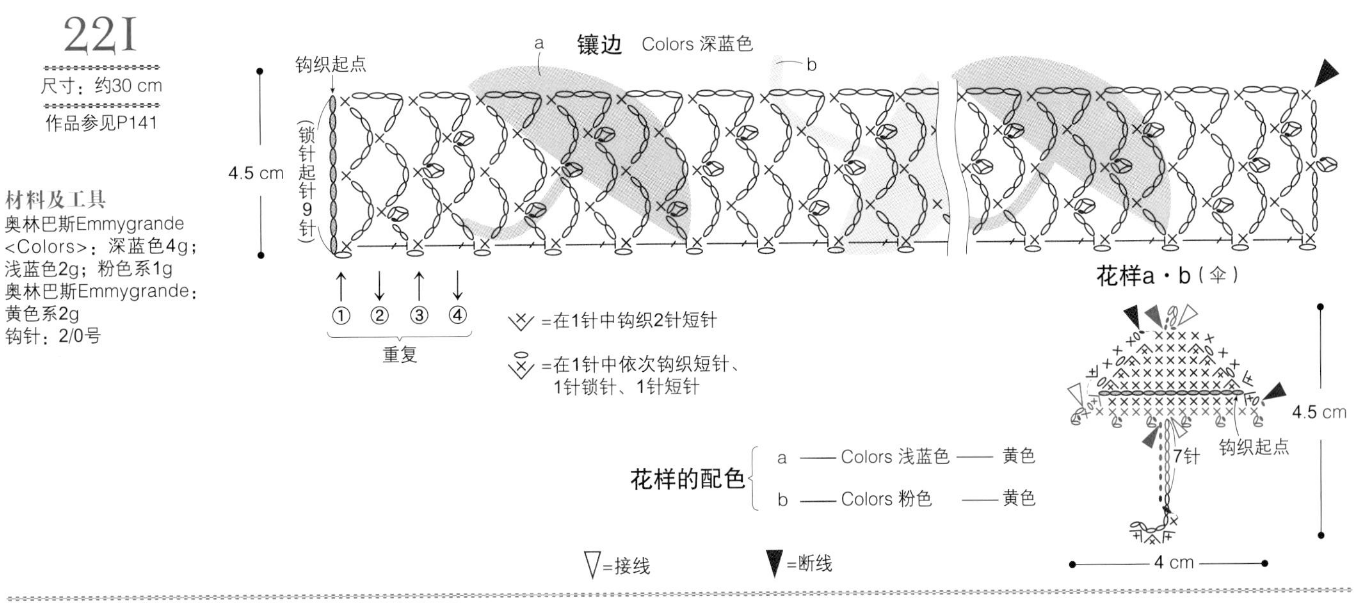
221
尺寸：约30 cm
作品参见P141
材料及工具
奥林巴斯Emmygrande <Colors>：深蓝色4g；浅蓝色2g；粉色系1g
奥林巴斯Emmygrande：黄色系2g
钩针：2/0号
镶边 Colors 深蓝色
a
b
钩织起点
4.5 cm
（锁针起针9针）
① ② ③ ④
重复
=在1针中钩织2针短针
=在1针中依次钩织短针、1针锁针、1针短针
花样a・b（伞）
4.5 cm
7针
钩织起点
4 cm
花样的配色
a — Colors 浅蓝色 — 黄色
b — Colors 粉色 — 黄色
=接线
=断线

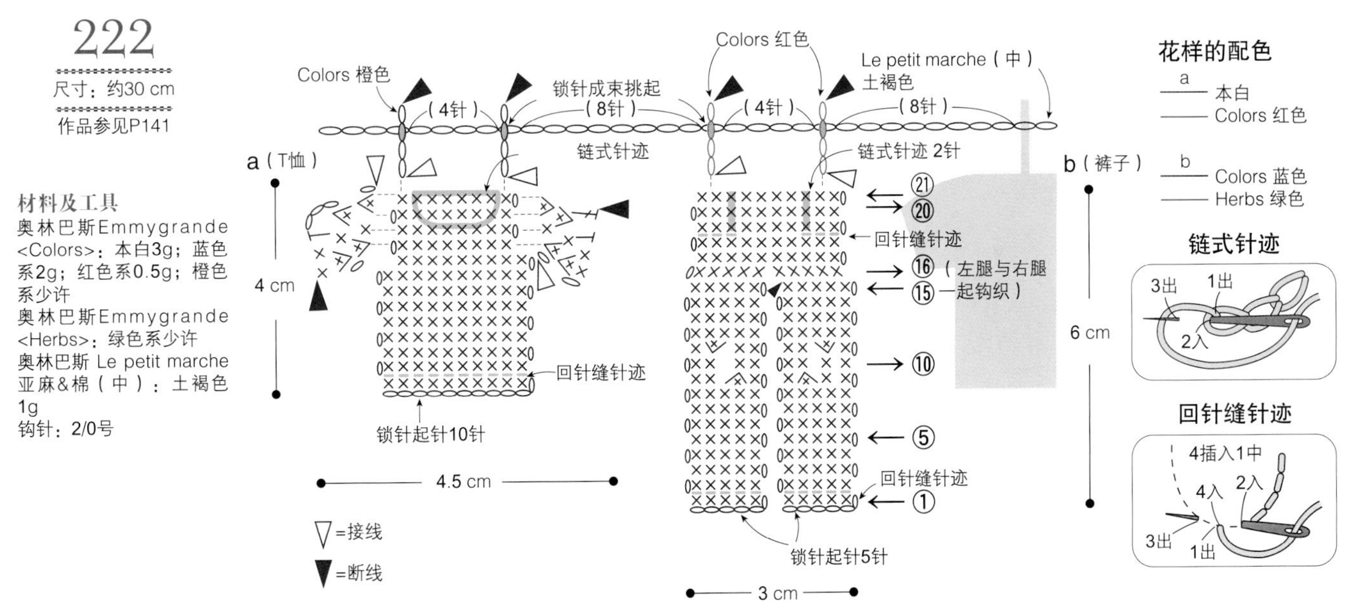
222
尺寸：约30 cm
作品参见P141
材料及工具
奥林巴斯Emmygrande <Colors>：本白3g；蓝色系2g；红色系0.5g；橙色系少许
奥林巴斯Emmygrande <Herbs>：绿色系少许
奥林巴斯 Le petit marche 亚麻&棉（中）：土褐色1g
钩针：2/0号
Colors 橙色
（4针）
锁针成束挑起
（8针）
Colors 红色
（4针）
（8针）
Le petit marche（中）土褐色
链式针迹
链式针迹 2针
a（T恤）
4 cm
回针缝针迹
锁针起针10针
4.5 cm
=接线
=断线
㉑
⑳
回针缝针迹
⑯（左腿与右腿
⑮ 一起钩织）
⑩
⑤
回针缝针迹
①
锁针起针5针
3 cm
b（裤子）
6 cm
花样的配色
a
本白
Colors 红色
b
Colors 蓝色
Herbs 绿色
链式针迹
3出
1出
2入
回针缝针迹
4插入1中
2入
4入
3出
1出

钩织方法：作品223详见P151；作品224~230详见P146~147
设计制作：冈麻理子

钩织方法：详见P152~153
设计制作：冈麻理子

224

尺寸：参照图

作品参见P144

材料及工具

浜中 Paume<无垢棉> 蕾丝线：本白4g

浜中 AmiAmi两用蕾丝针 LakuLaku：4号

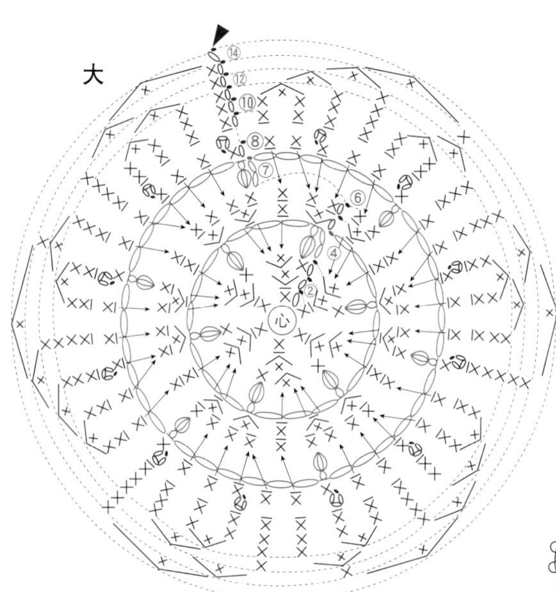

×̲ =短针的条针

=钩织第4行的时，将第1行短针剩余的头针半针挑起钩织；钩织第7行的时，将第4行短针剩余的头针半针挑起钩织

=钩织上一行锁针的同时，在上两行短针头针外侧的半针中钩织短针

=继续钩织

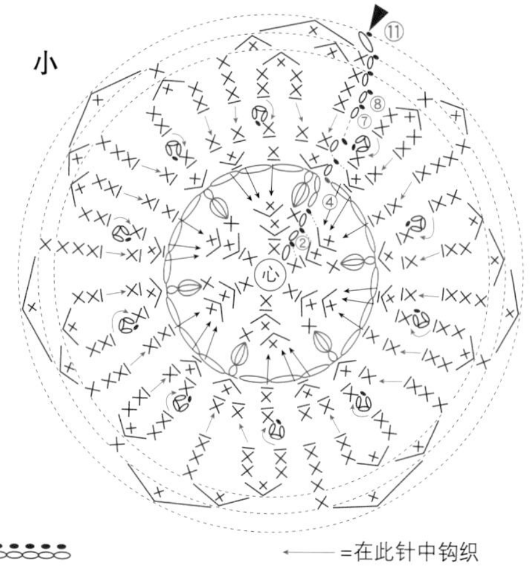

=在此针中钩织

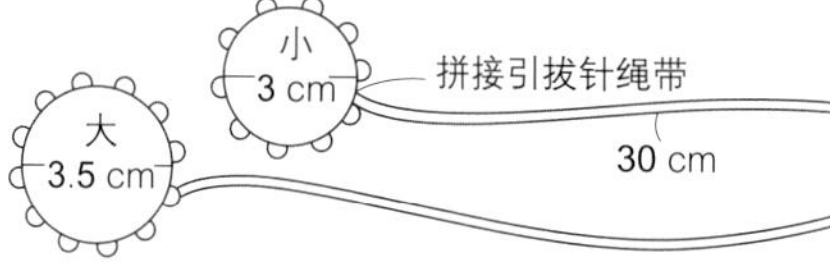

225

尺寸：约30 cm

作品参见P144

材料及工具

浜中 Paume<无垢棉> Fine：本白9g

浜中 AmiAmi两用钩针 LakuLaku：2/0号

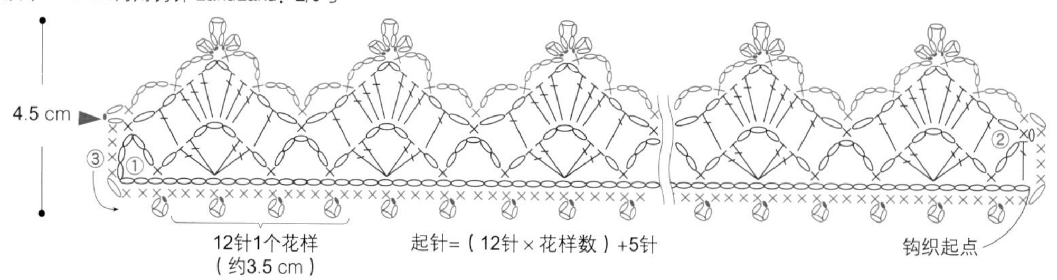

226

尺寸：参照图

作品参见P144

材料及工具

浜中 Paume<无垢棉> Knit：本白5g

市售木质纽扣（直径1.5 cm）：1颗

浜中 AmiAmi两用蕾丝针 LakuLaku：5/0号

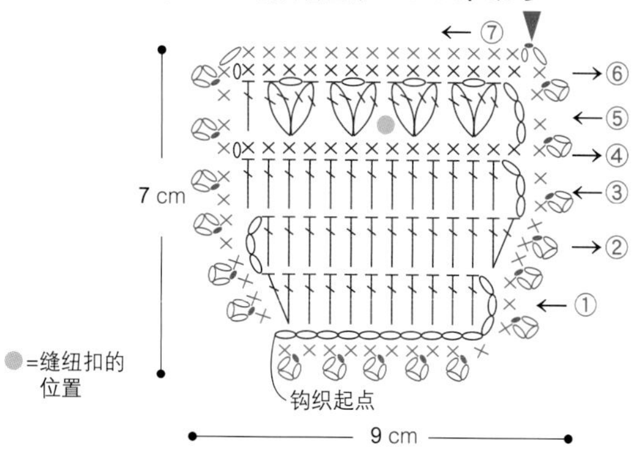

●=缝纽扣的位置

227

尺寸：参照图

作品参见P144

材料及工具

A：浜中 Paume Crochet<草木染>：浅绿色 1个，约1g

B：浜中 Paume<无垢棉> Crochet：1g

浜中 AmiAmi两用钩针 LakuLaku：3/0号

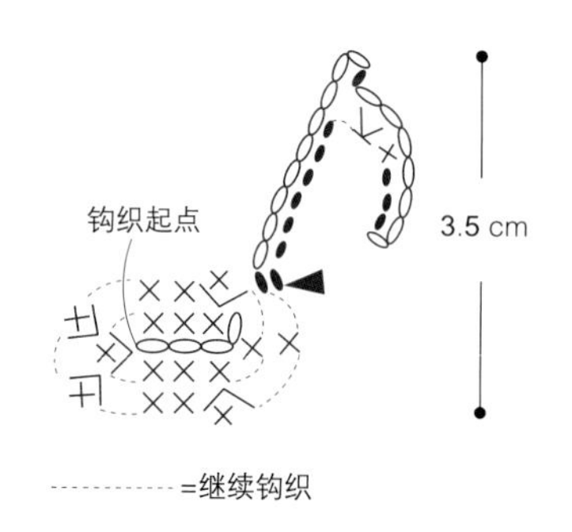

=继续钩织

228

尺寸：参照图

作品参见P144

材料及工具

A：浜中 Paume<无垢棉>Crochet：本白4个，约2g

B：浜中Paume Crochet<草木染>：嫩绿色 1个，约1g

浜中 AmiAmi两用钩针 LakuLaku：3/0号

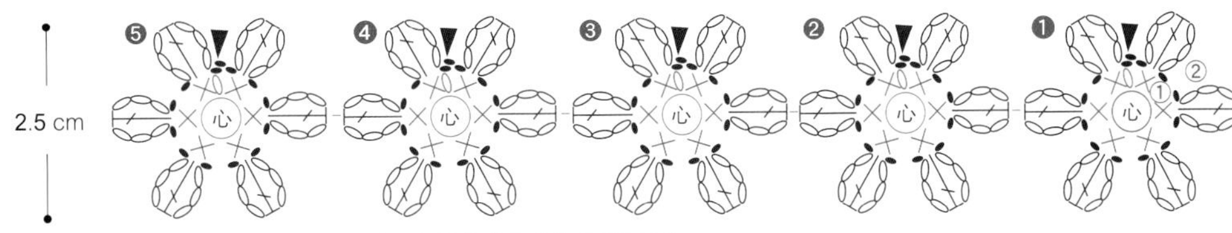

※从第2行开始替换颜色（配色线的替换方法参照P13）

229

直径8 cm

作品参见P144

材料及工具

浜中 Paume<无垢棉>Crochet：本白6g

浜中 Paume<无垢棉>Fine：本白8g

市售别针：1枚

浜中 AmiAmi两用钩针 LakuLaku：3/0、2/0号

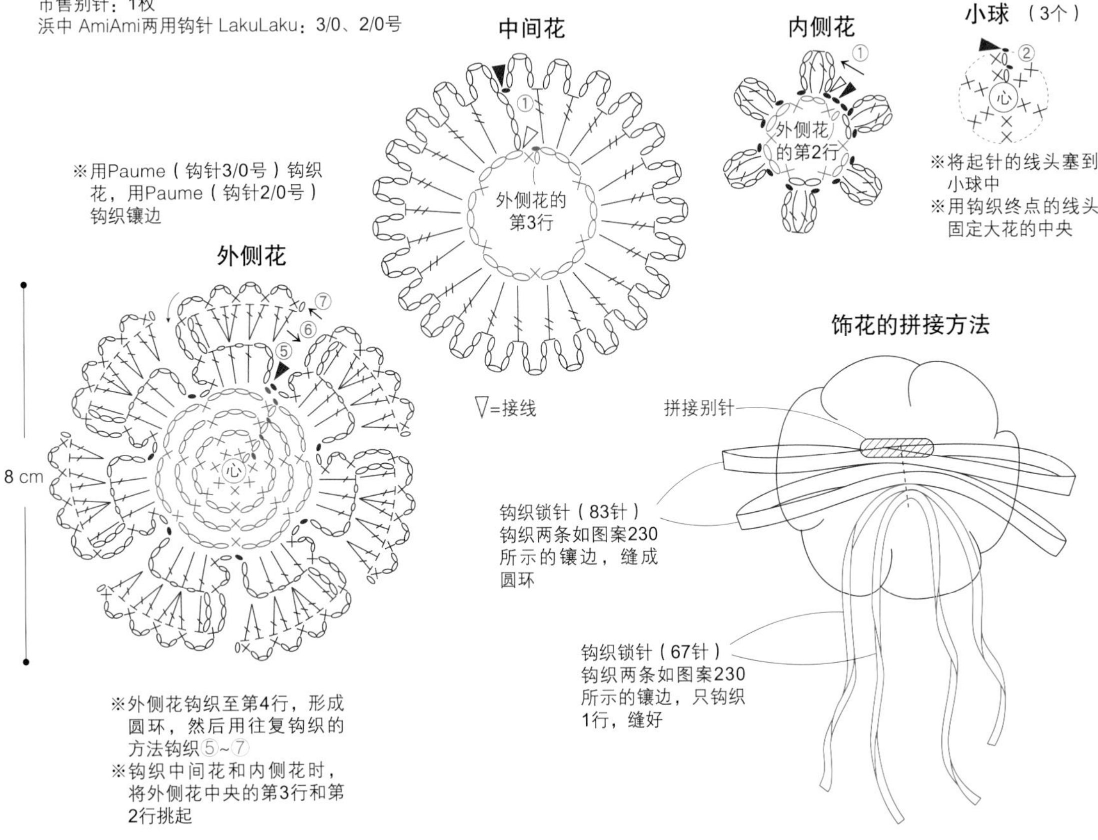

※外侧花钩织至第4行，形成圆环，然后用往复钩织的方法钩织⑤~⑦

※钩织中间花和内侧花时，将外侧花中央的第3行和第2行挑起

230

尺寸：约30 cm

作品参见P144

材料及工具

浜中 Paume<无垢棉> Fine：本白3g

浜中 AmiAmi两用钩针 LakuLaku：2/0号

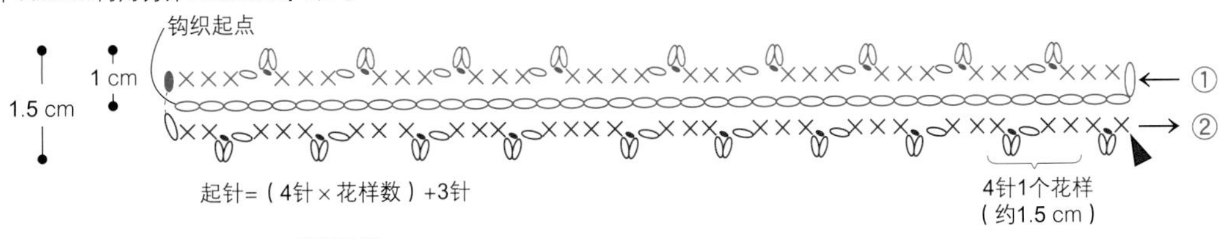

起针=（4针×花样数）+3针

------- =继续钩织

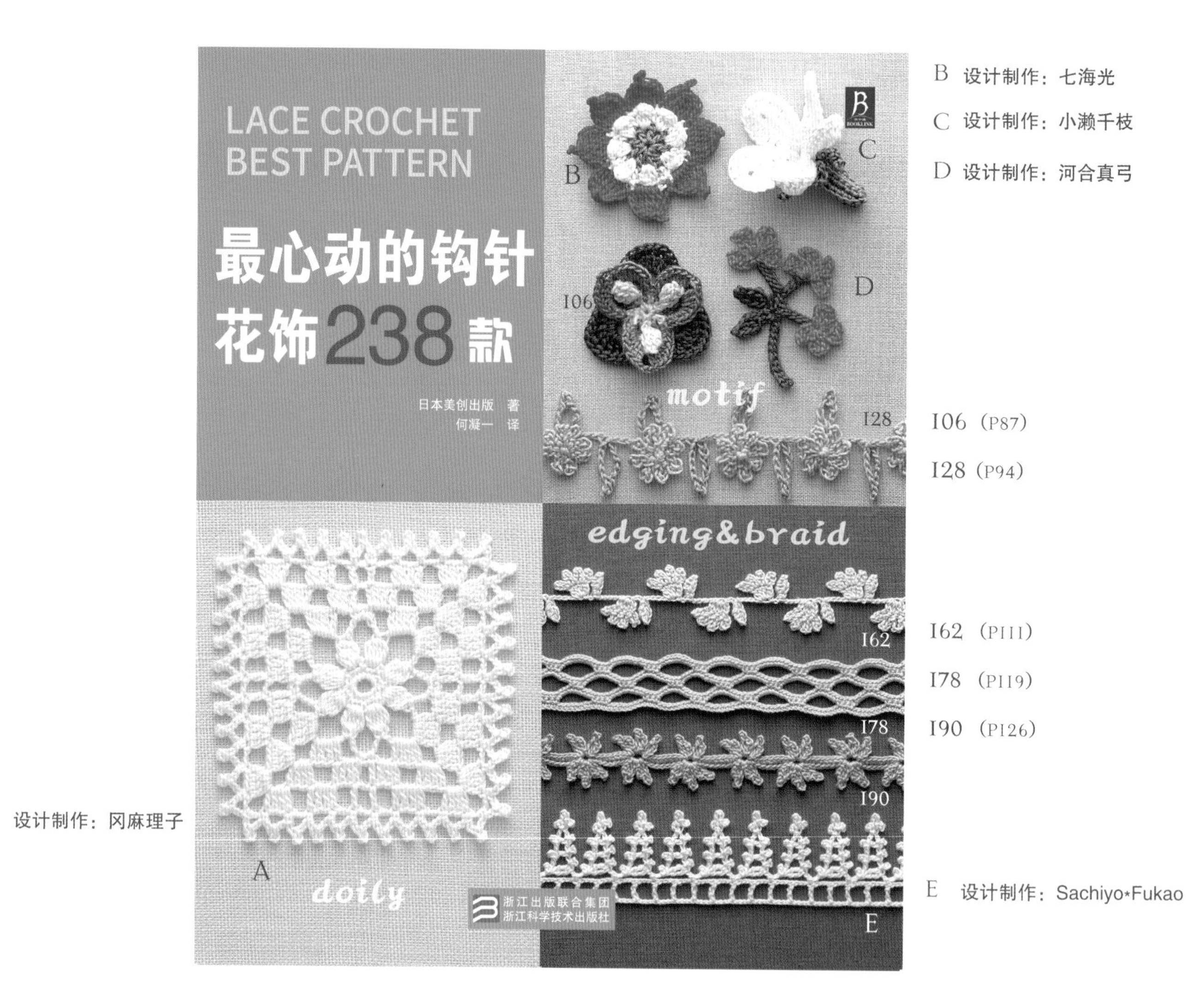

B 设计制作：七海光

C 设计制作：小濑千枝

D 设计制作：河合真弓

I06（P87）

I28（P94）

I62（P111）

I78（P119）

I90（P126）

A 设计制作：冈麻理子

E 设计制作：Sachiyo*Fukao

E

尺寸：约30 cm

作品参见封面

材料及工具

奥林巴斯Emmygrande：象牙白5g

钩针：2/0号

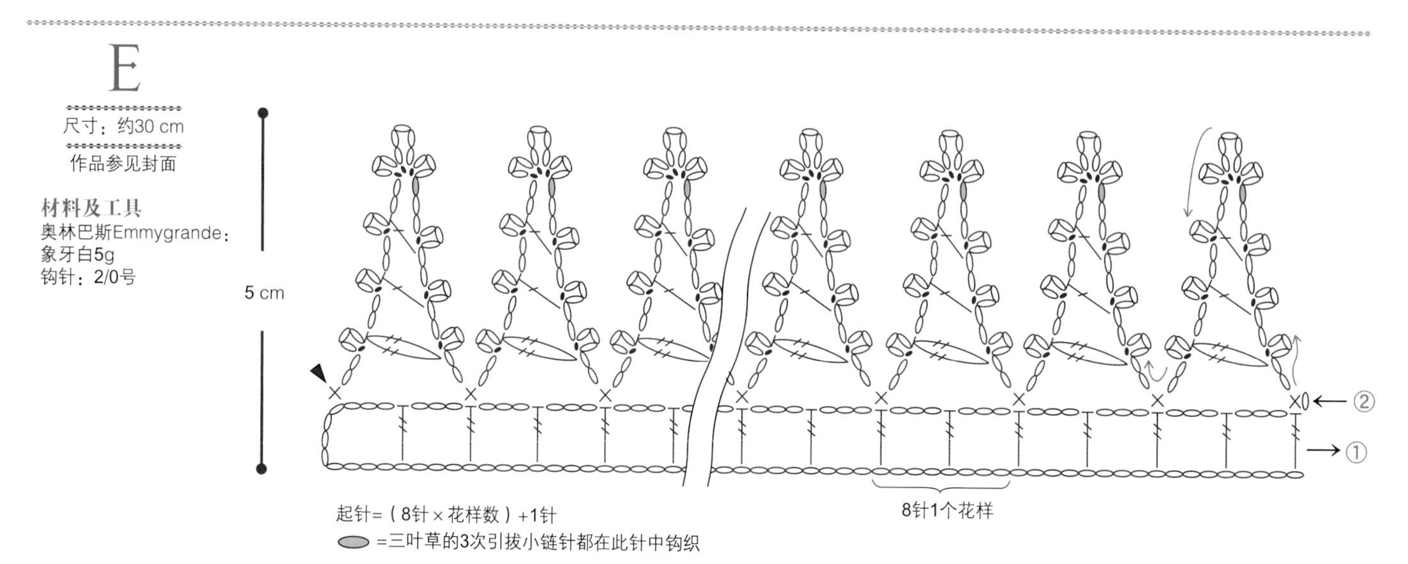

起针=（8针×花样数）+1针

=三叶草的3次引拔小链针都在此针中钩织

A

尺寸：10 cm

作品参见封面

材料及工具

奥林巴斯Emmygrande：本白6g

蕾丝针：0号

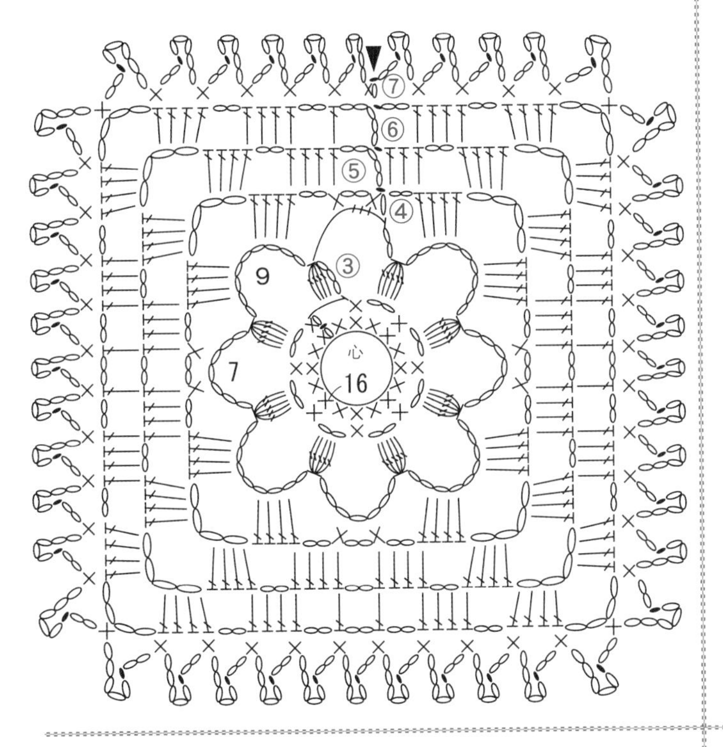

B

尺寸：直径6 cm

作品参见封面

材料及工具

奥林巴斯Emmygrande<Colors>：红色系1g

奥林巴斯Emmygrande：本白、灰色系各少许

蕾丝针：0号

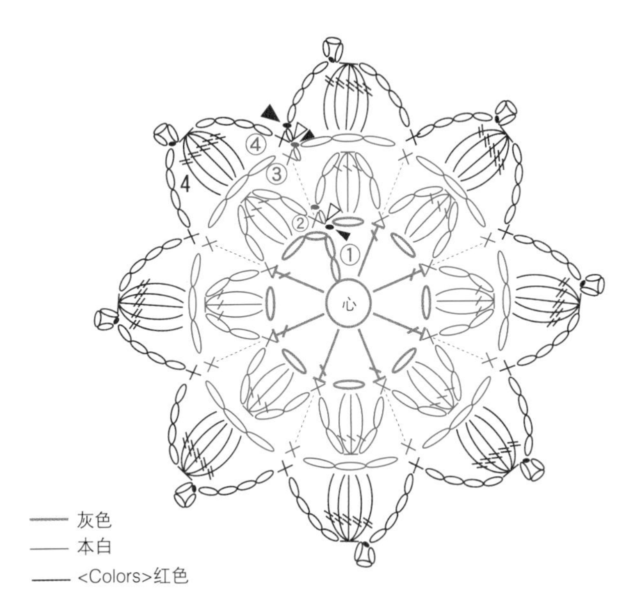

C

尺寸：直径5 cm×3.5 cm

作品参见封面

材料及工具

奥林巴斯Emmygrande：白色2g；黄色系少许

奥林巴斯Emmygrande<Colors>：绿色系2g

蕾丝针：0号

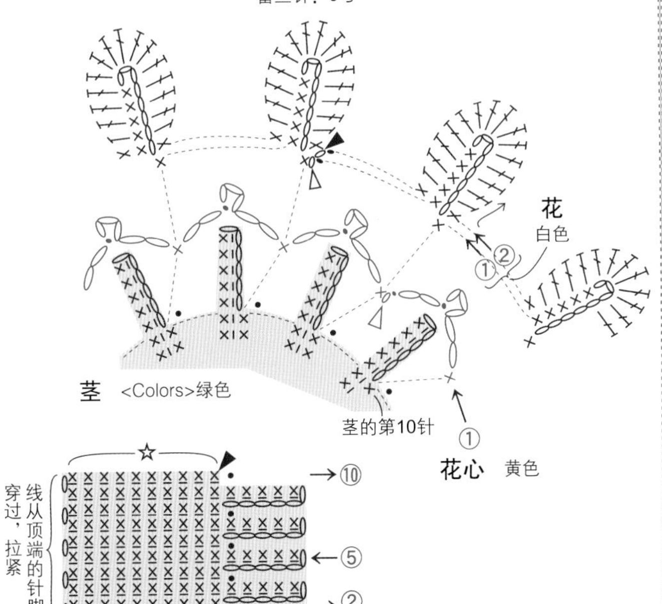

D

尺寸：5 cm×5.5 cm

作品参见封面

材料及工具

奥林巴斯Emmygrande<Colors>：粉色系少许

奥林巴斯Emmygrande：绿色系1g

蕾丝针：0号

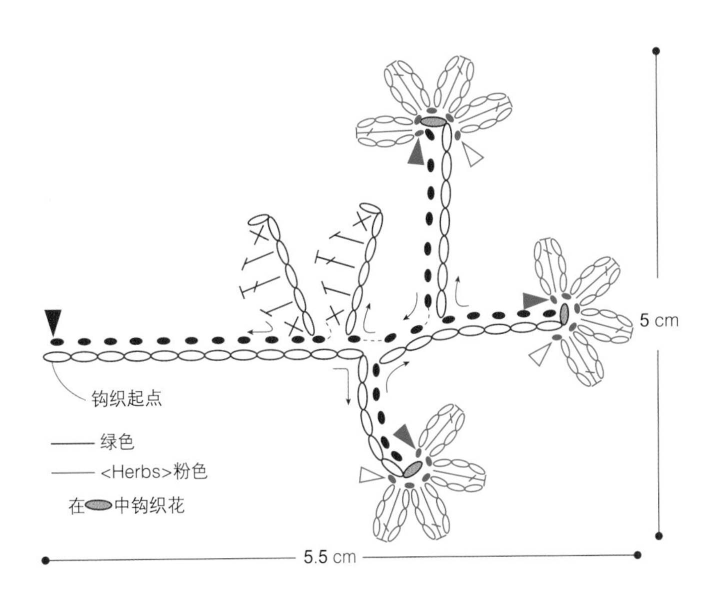

118

尺寸：参照图

作品参见P89

材料及工具

浜中 Paume<草木染>：浅绿色10g
浜中 塑料材质：白色约60 cm
浜中 AmiAmi两用钩针 LakuLaku：5/0号

=用塑料材质钩织
※塑料材质的使用方法参照P156

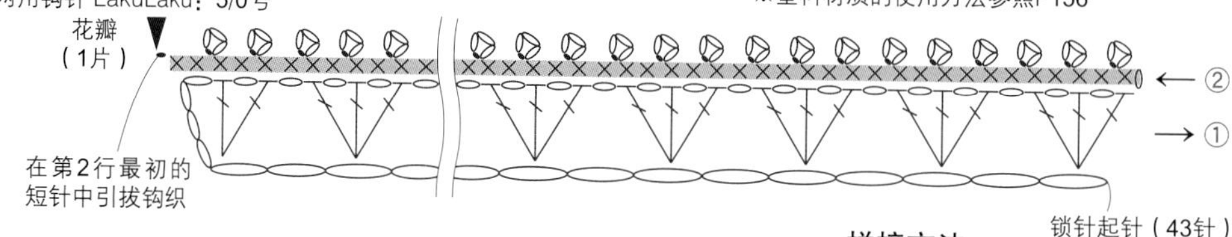

花心底面

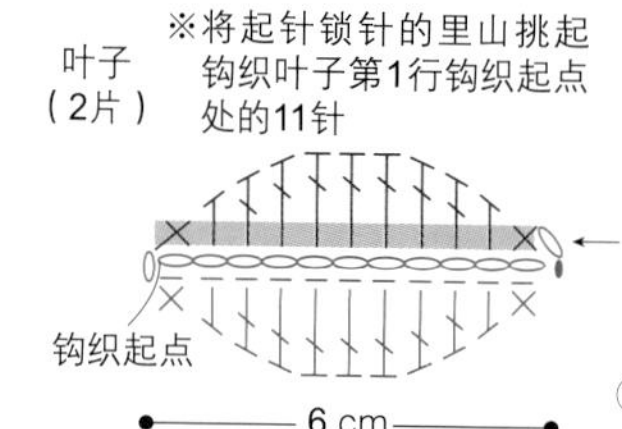

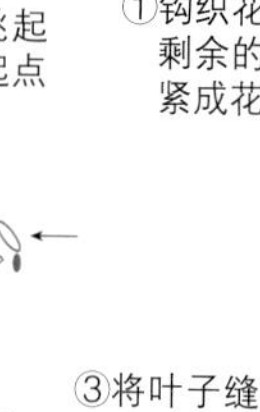

拼接方法

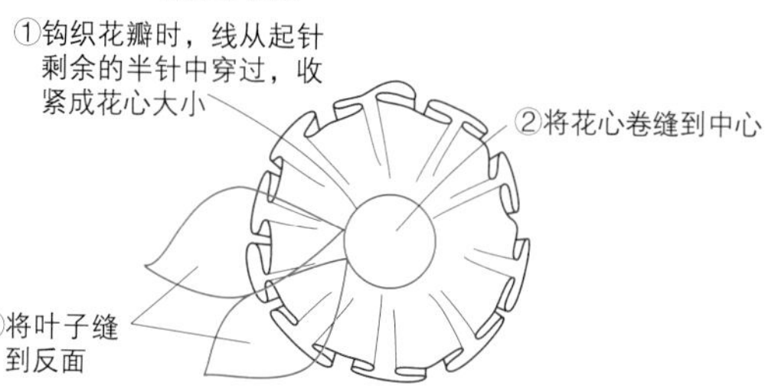

119

尺寸：约30 cm

作品参见P89

材料及工具

浜中 Paume<无垢棉>Crochet：本白9g
浜中 AmiAmi两用钩针 LakuLaku：3/0号

=在同一短针中钩织3针锁针、1针长针、3针锁针的小链针，共2次

=继续钩织

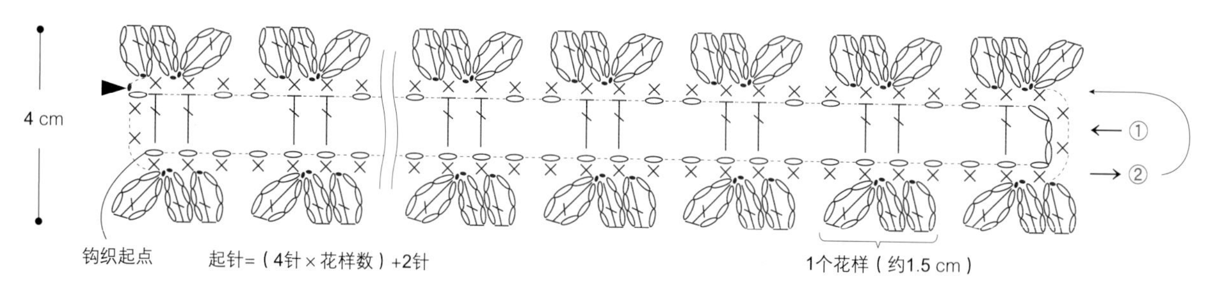

120

尺寸：直径2 cm

作品参见P89

材料及工具

浜中 Paume<无垢棉> Crochet：本白 1个，约1g
浜中 AmiAmi两用钩针 LakuLaku：3/0号

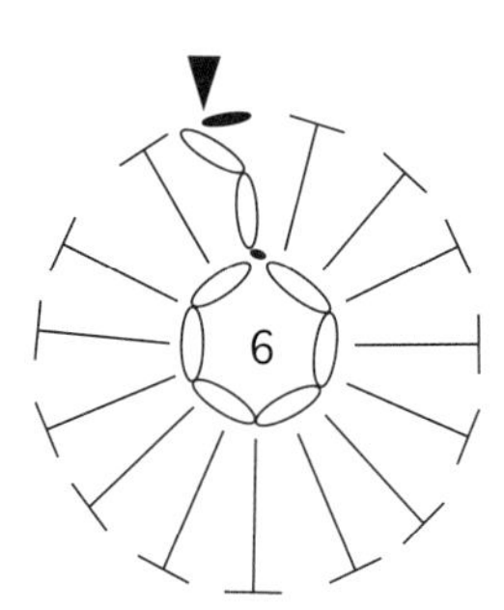

※将起针的锁针成束挑起

121

尺寸：参照图

作品参见P89

材料及工具

浜中 Paume<无垢棉> Knit：本白5g
浜中 AmiAmi两用钩针 LakuLaku：5/0号

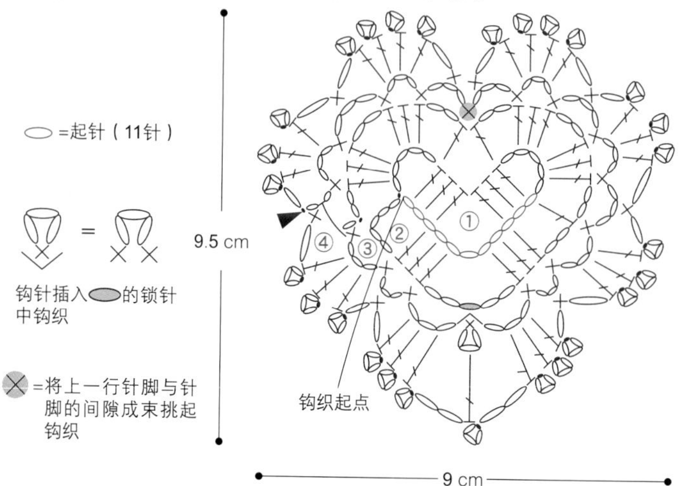

I22

尺寸：参照图

作品参见P89

材料及工具

浜中 Paume <草木染>Crochet：嫩绿色 1 个，约1g

浜中 AmiAmi两用钩针 LakuLaku：3/0号

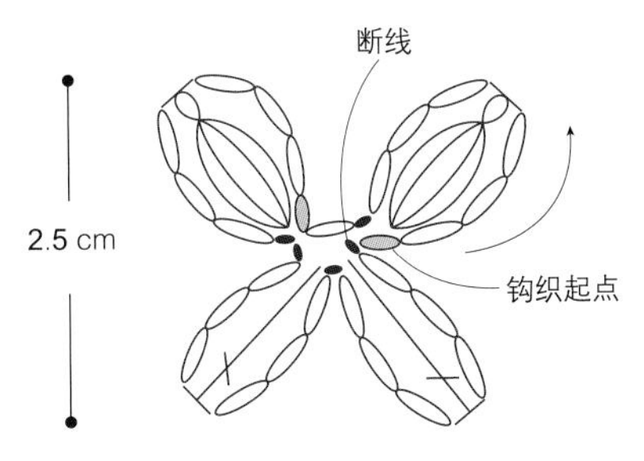

=先在此针中钩织变化的枣形针、3针锁针，然后在同一针脚中引拔钩织

I23

尺寸：2.5 cm × 2.5 cm

作品参见P89

材料及工具

浜中 Paume<无垢棉> Fine：本白 1 个，约1g

浜中 AmiAmi两用钩针 LakuLaku：2/0号

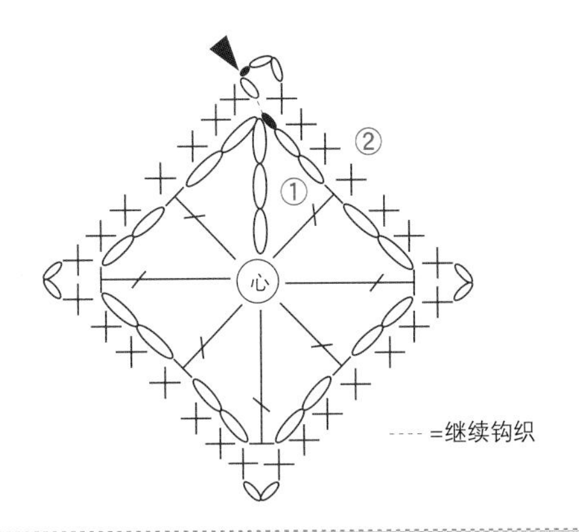

=继续钩织

I24

尺寸：参照图

作品参见P89

重点提示见P156

材料及工具

浜中 Paume<无垢棉>Knit：本白7g

浜中 塑料材质：白色适量

浜中 AmiAmi两用钩针 LakuLaku：5/0号

=用塑料材质钩织（参照P156）

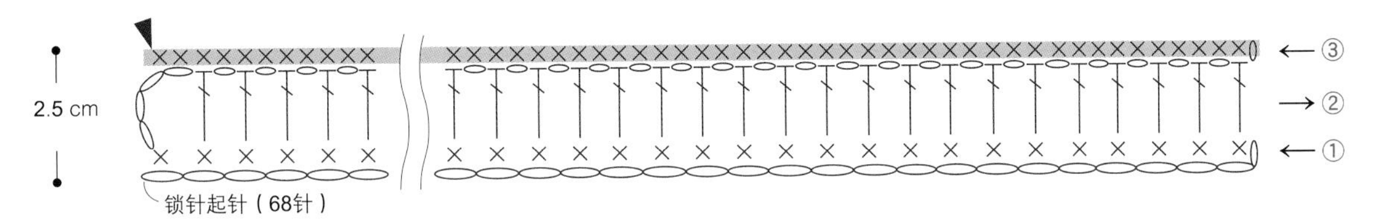

I25

尺寸：直径9 cm

作品参见P89

材料及工具

浜中 Paume<无垢棉>Crochet：本白4g

浜中 AmiAmi两用钩针 LakuLaku：3/0号

=将上一行针脚与针脚的间隙成束挑起钩织第3行的短针

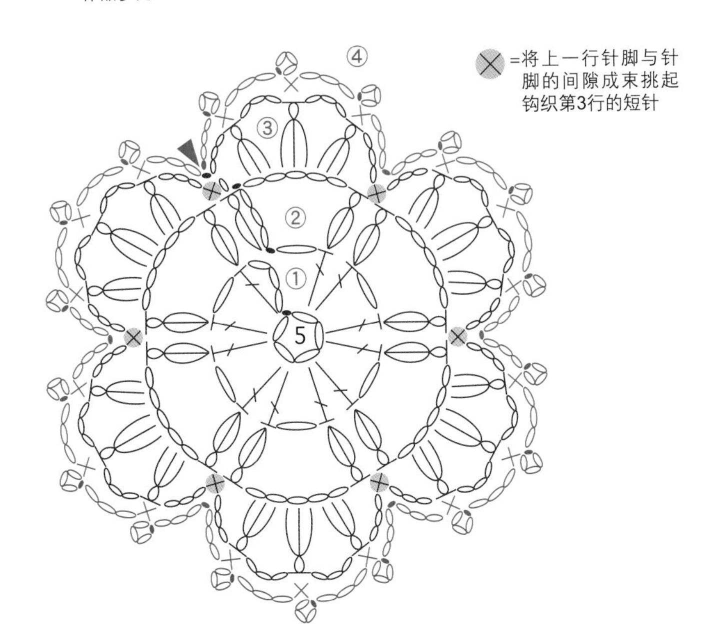

223

尺寸：参照图

作品参见P144

材料及工具

A：浜中Paume<无垢棉>Knit：本白1g

浜中 Paume<彩土染>：粉色2g

B：浜中 Paume<无垢棉>Knit：本白2g

浜中 Paume<彩土染>：粉色1g

手工棉：适量

浜中 AmiAmi两用钩针 LakuLaku：5/0号

1.5 cm　3 cm　1.5 cm

锁针起针（6针）

线从第1行和第7行中穿过，拉紧

※将起针锁针的里山和外侧的半针挑起后钩织第1行

※钩织至第6行，塞入手工棉

※将起针锁针中剩余的半针挑起钩织第9行

起针

※用配色A、配色B各制作1个

配色A　=粉色　=本白

配色B　=本白　=粉色

※先在反面穿渡配色线，再钩织

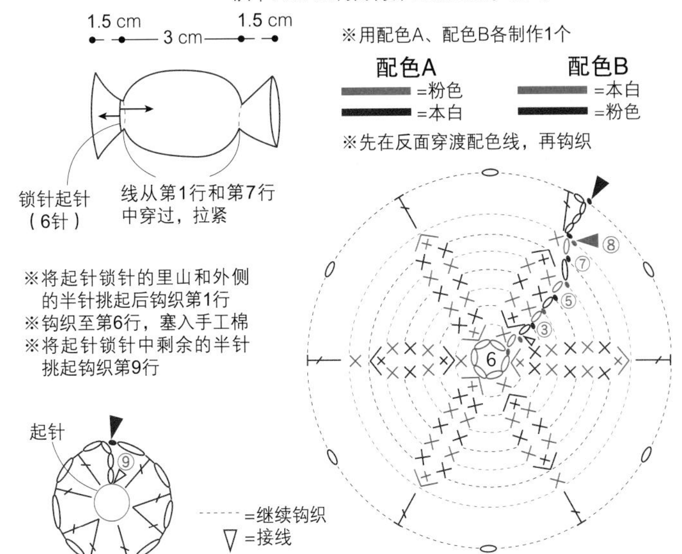

=继续钩织

=接线

231

尺寸：参照图

作品参见P145

材料及工具

浜中 Paume<无垢棉> Crochet：本白，每10 cm 1g

浜中 AmiAmi两用钩针 LakuLaku：3/0号

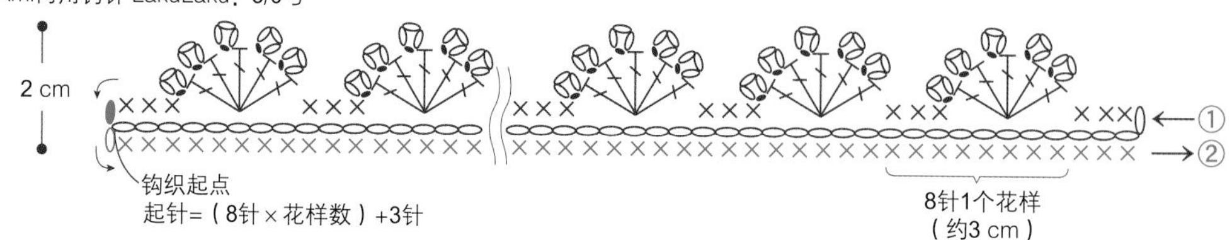

232

尺寸：直径10 cm

作品参见P145

材料及工具

浜中 Paume<无垢棉> 蕾丝线：本白2g

浜中 AmiAmi两用蕾丝针 LakuLaku：4号

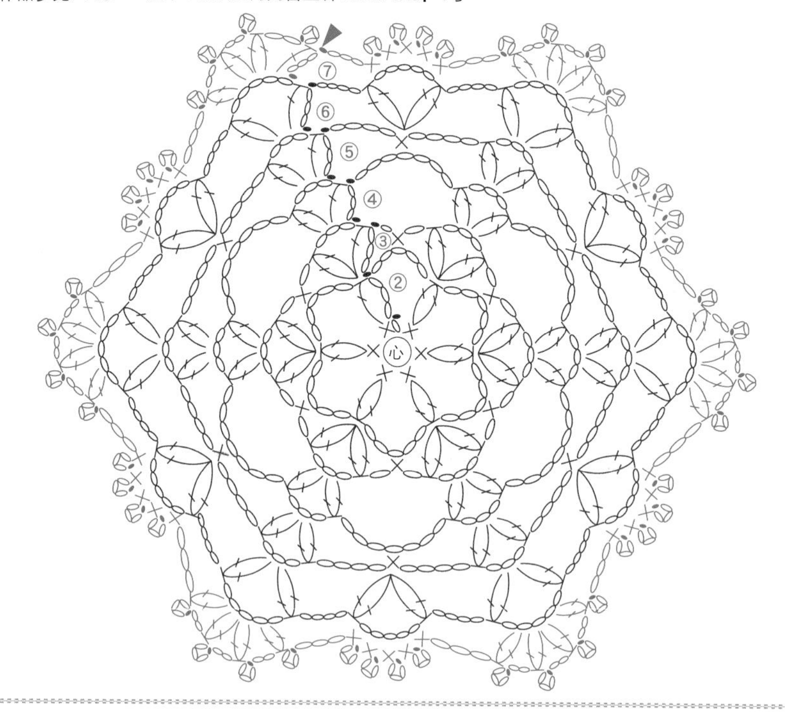

235

尺寸：参照图

作品参见P145

材料及工具

A：浜中 Paume<无垢棉> Crochet：本白6g；市售别针：1枚

B：浜中Paume<草木染>Crochet：嫩绿色4g；浅粉色3g

浜中 AmiAmi两用钩针 LakuLaku：3/0号

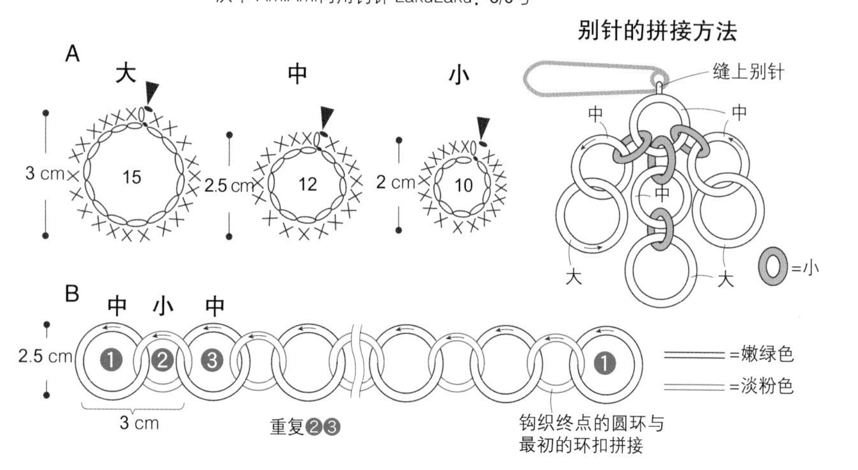

236

尺寸：参照图

作品参见P145

材料及工具

浜中 Paume<无垢棉>Knit：本白，每10 cm 1g

浜中 AmiAmi两用钩针 LakuLaku：5/0号

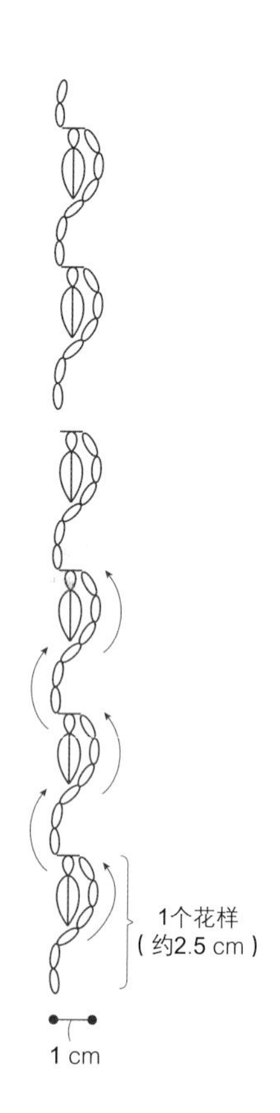

233

尺寸：参照图

作品参见P145

材料及工具

浜中 Paume<无垢棉>Fine：本白5g
浜中 Paume<草木染>Crochet：浅绿色1g
浜中 AmiAmi两用钩针 LakuLaku：2/0号

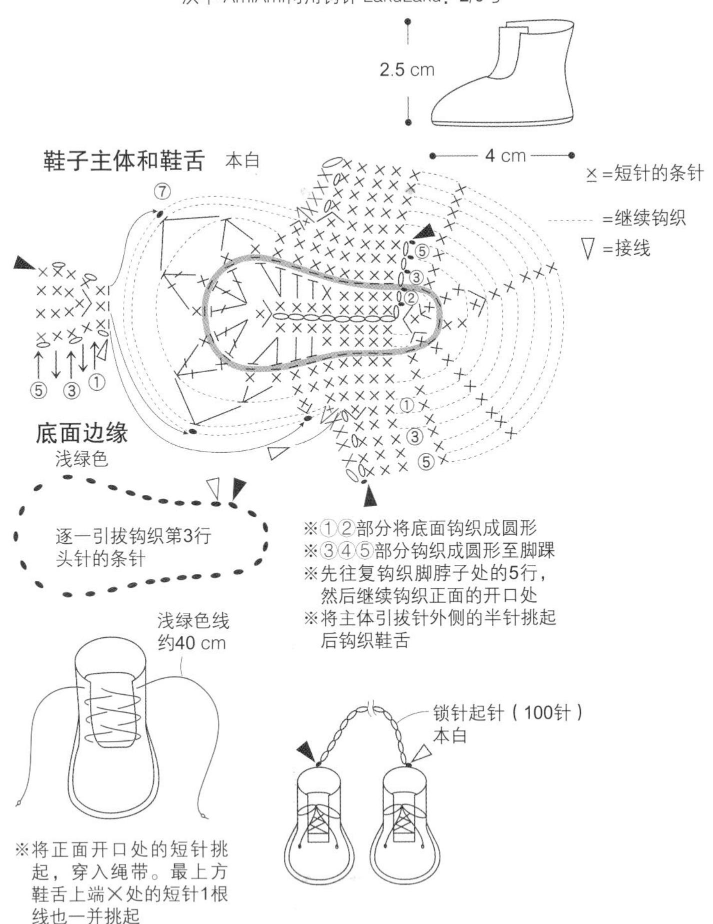

234

尺寸：参照图

作品参见P145

材料及工具

浜中 Paume<无垢棉>蕾丝线：本白3g
浜中 AmiAmi两用蕾丝针 LakuLaku：4号

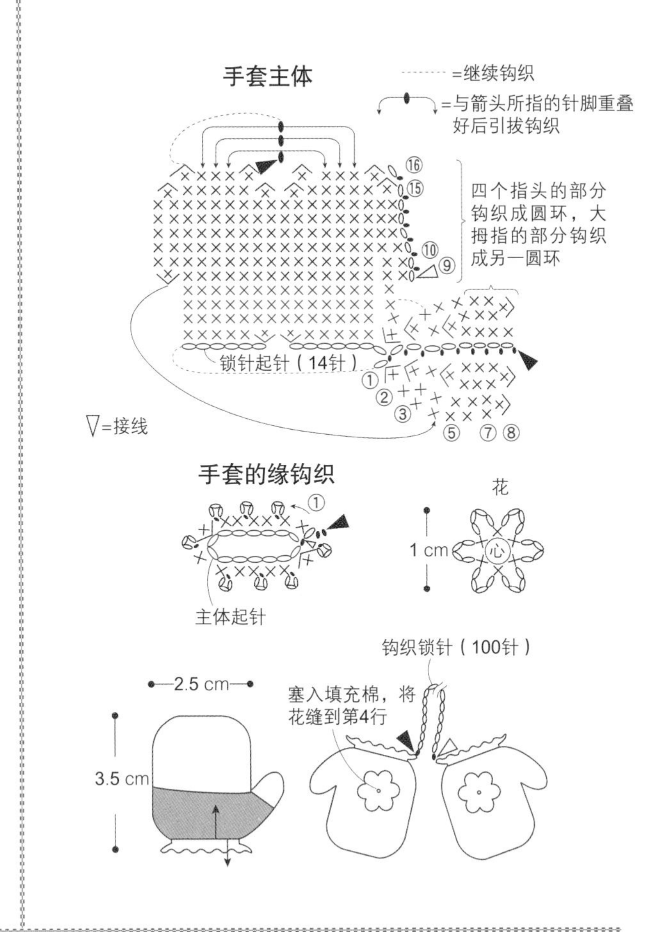

237

尺寸：直径8 cm

作品参见P145

材料及工具

浜中 Paume<无垢棉>Knit：本白4g
浜中 AmiAmi两用钩针 LakuLaku：5/0号

238

尺寸：参照图

作品参见P145

材料及工具

浜中 Paume<无垢棉> Knit：本白2g
浜中 AmiAmi两用钩针 LakuLaku：5/0号

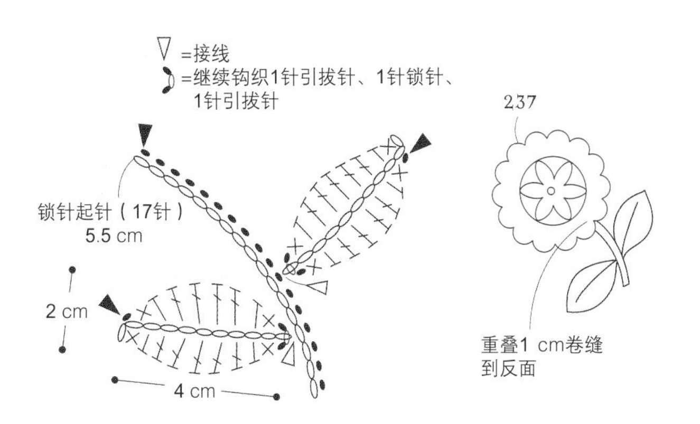

198

尺寸：约30 cm

作品参见P128

材料及工具

奥林巴斯Emmygrande：本白2g

蕾丝针：0号

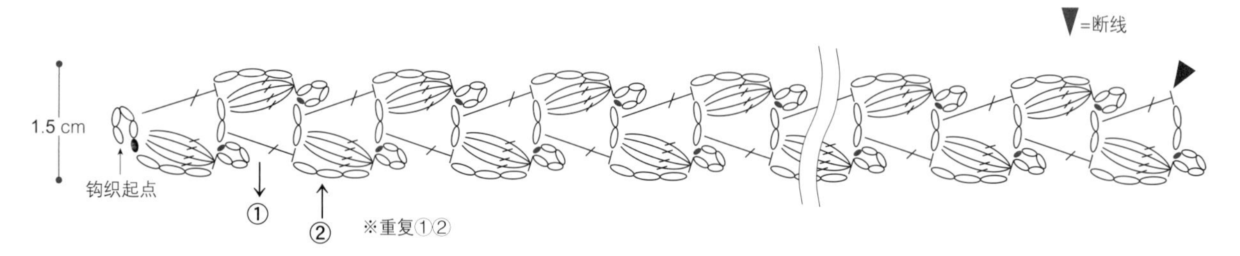

205

尺寸：约30 cm

作品参见P129

材料及工具

奥林巴斯Emmygrande<Herbs>：米褐色系8g

直径1.2 cm的环扣：1个

蕾丝针：0号

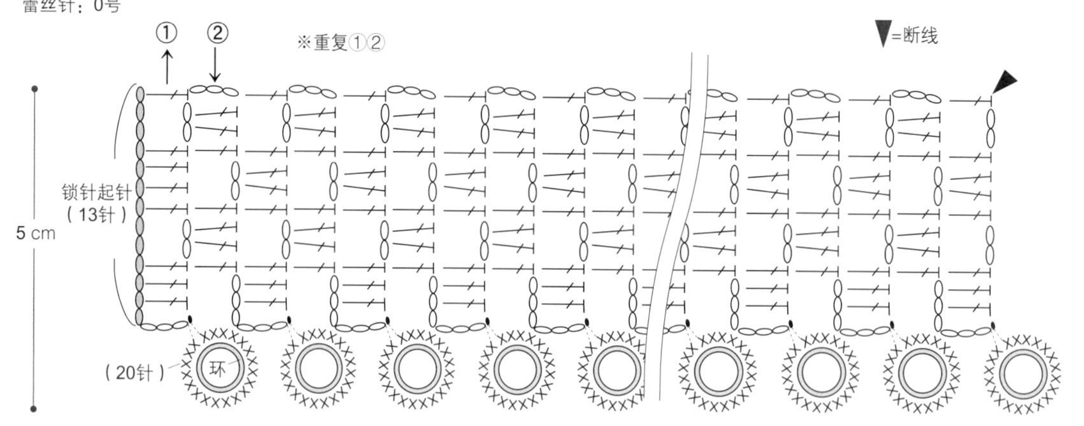

130

尺寸：约30 cm

作品参见P93

材料及工具

奥林巴斯Emmygrande：粉色系2g；黄色系1g

奥林巴斯Emmygrande<Herbs>：绿色系1g

蕾丝针：0号

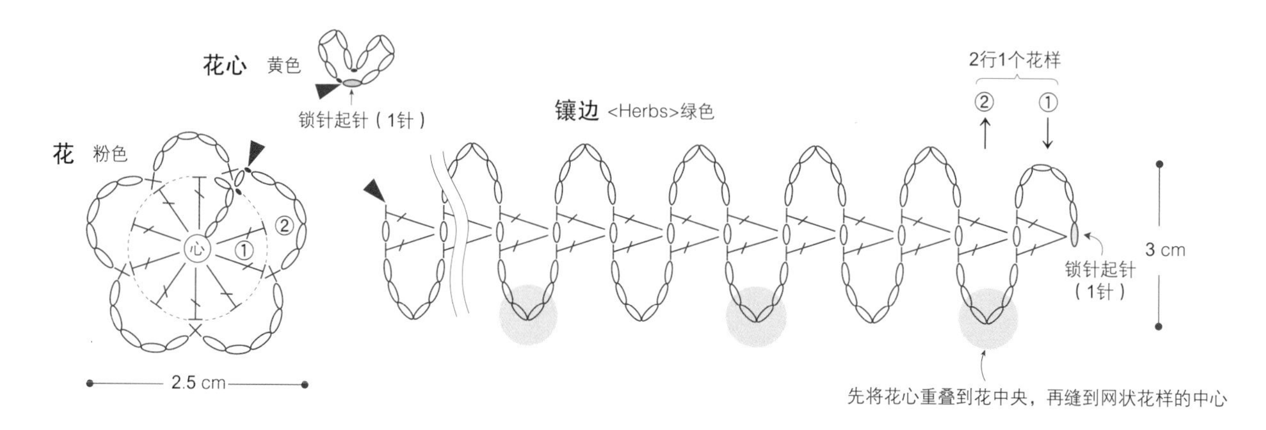

重点提示

61 作品参见P56

订缝花样制作出立体图形

1 钩织2块5行的星形花样。

2 将花样正面朝外合拢，并将钩针插入2块花样中，接线。

3 再次将钩针插入2块花样中，引拔抽出，钩织短针。

4 将钩针插入2块花样中，同时逐一钩织短针。

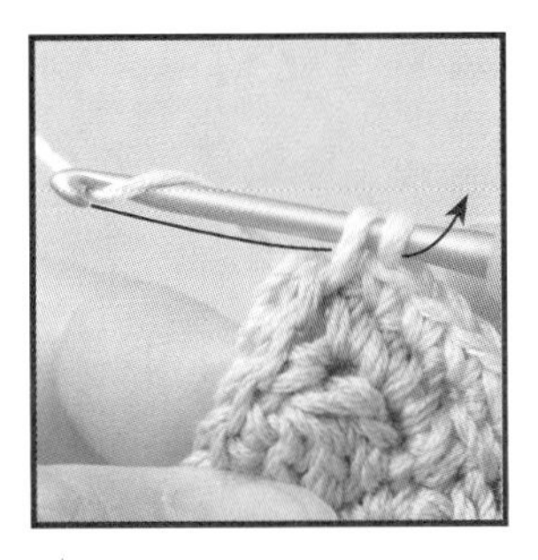

5 钩织边角时，将2块花样的锁针成束挑起，同时钩织短针。

6 此短针带有小链针。

锁针3针的引拔小链针

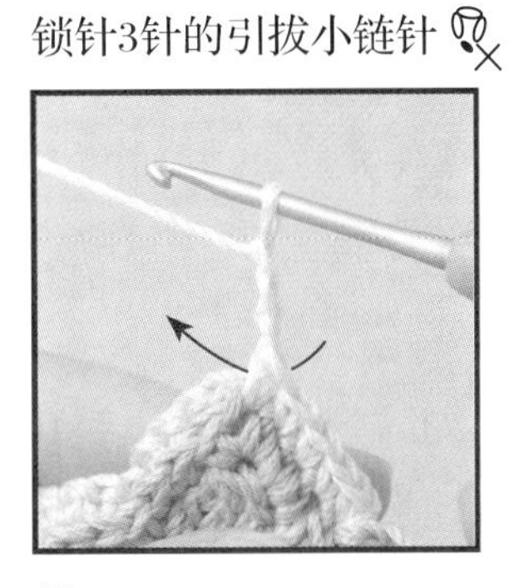

7 钩织3针锁针，按照箭头所示，将钩针插入短针头针和尾针的2根线中。

8 针尖挂线后引拔钩织。

9 小链针完成。之后重复钩织短针和小链针。

10 星形边角钩织到4个山头时将钩针取出，拉大线圈，暂时停止不钩。

11 中间塞入填充棉，再钩织剩余的部分。

12 最后在起点处的短针中引拔钩织，线头从针脚中穿过，固定。

重点提示

184 作品参见P120

扇形花样的钩织方法

3针中长针的枣形针

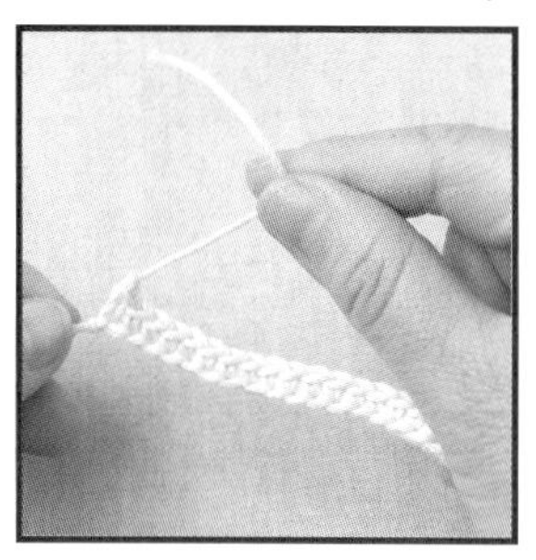

1 起针钩织“16针×花样数+3针”的锁针。第1行锁针钩织完成后，暂时剪断线。

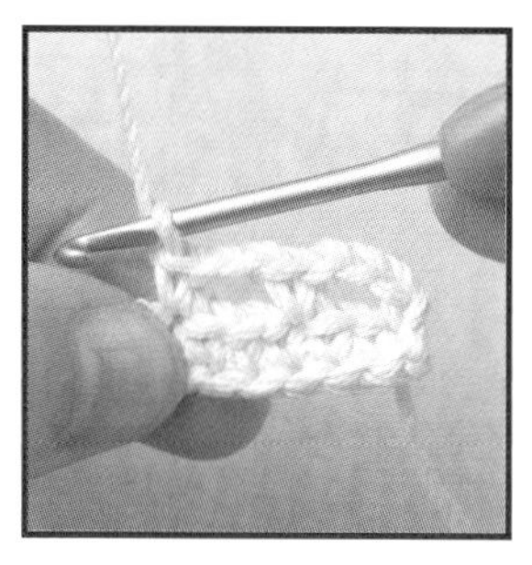

2 第2行接入新线，钩织4针锁针、1针短针、2针锁针、1针短针。

3 钩织第3、4行时，织片的左端向内调转，换方向拿好，同时钩织锁针和长针。然后在第4行的终点钩织短针。

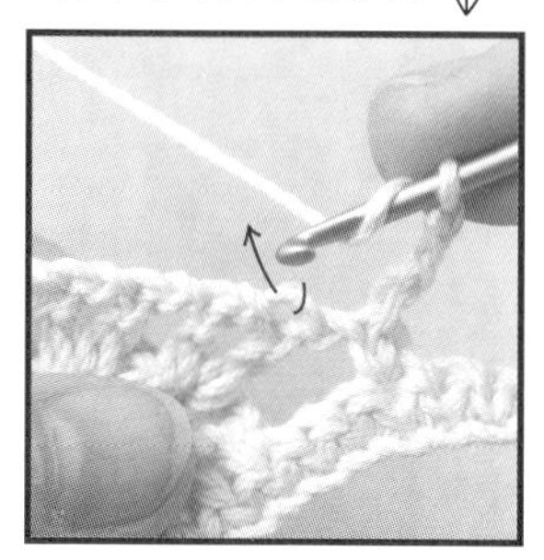

4 钩织第5行时，先钩织4针锁针，然后在上一行的长针中织入中长针3针的枣形针。

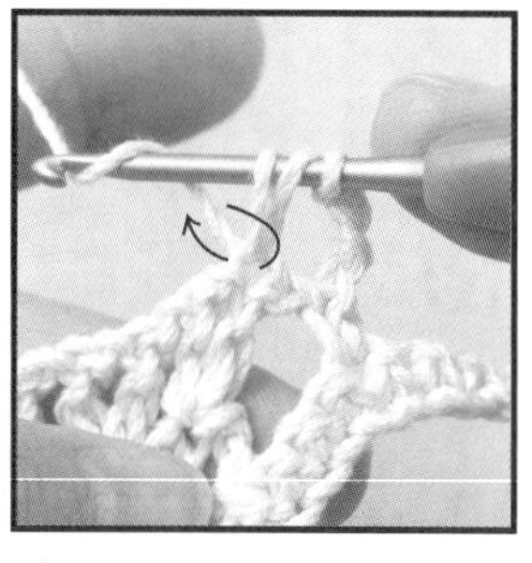

5 重复3次“针尖挂线，引拔抽出线”，钩织枣形针。

6 针尖挂线后一次性引拔穿过7个线圈。

7 枣形针完成。接着钩织3针锁针。

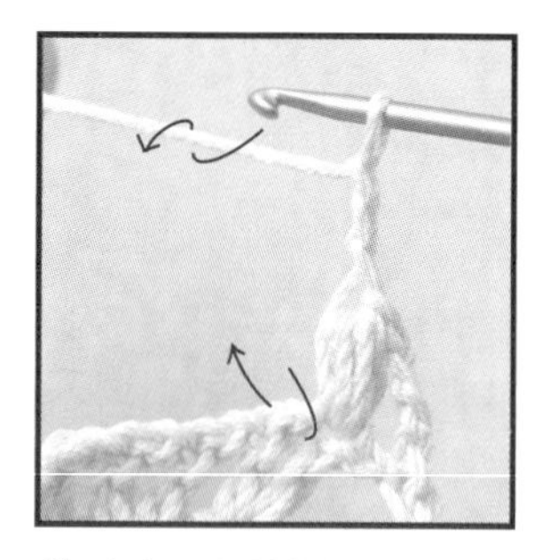

8 在上一行的长针中重复钩织1针枣形针、3针锁针。

9 第5行钩织完成。6个中长针3针的枣形针排列如图所示。参照P157符号图钩织第6、7行，钩织网状花样。

重点提示

124 作品参见P89

塑料材质的使用方法

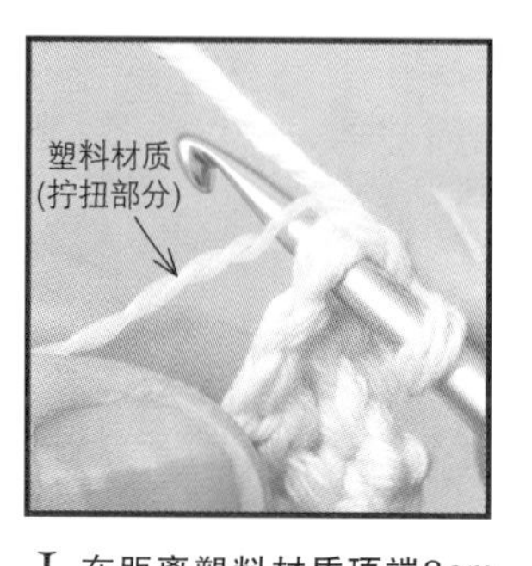

1 在距离塑料材质顶端3cm左右的地方拧扭制作出圆环，大小可以穿入钩针。先将钩针插入织片中，再插入圆环中。

2 钩织塑料材质，同时钩织短针。钩织终点侧也按照步骤1的方法制作圆环。

钩针编织的基础

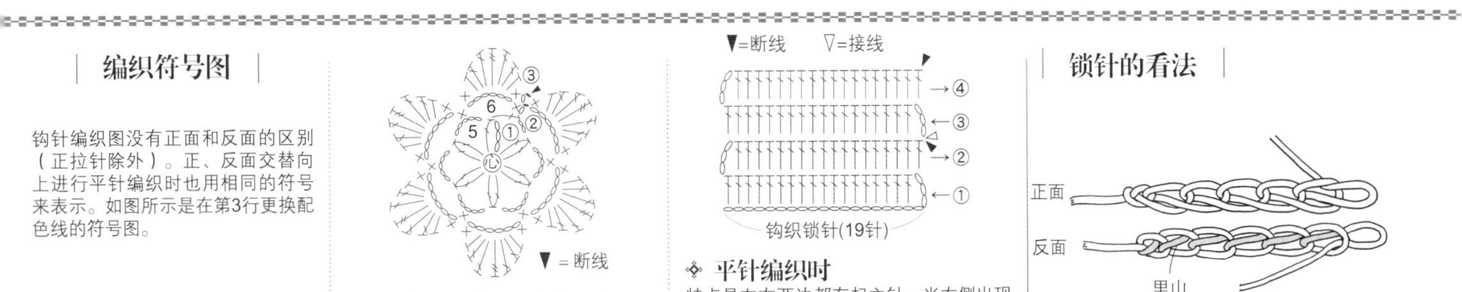

编织符号图

钩针编织图没有正面和反面的区别（正拉针除外）。正、反面交替向上进行平针编织时也用相同的符号来表示。如图所示是在第3行更换配色线的符号图。

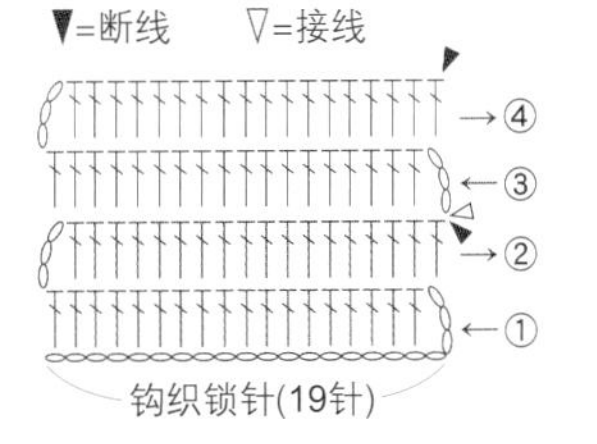

❖ 从中心开始环形编织时

从中心开始环形编织（或锁针起针）时，像画圆一样逐圈钩织。在每圈的起针处都钩织锁针。通常情况下织片的正面向上，从右到左看符号图来钩织。

❖ 平针编织时

特点是左右两边都有起立针，当右侧出现锁针时，将织片的正面置于内侧，从右到左参照符号图钩织；当左侧出现锁针时，将织片的反面置于内侧，从左到右看符号图钩织。如图所示是在第3行更换配色线的符号图。

锁针的看法

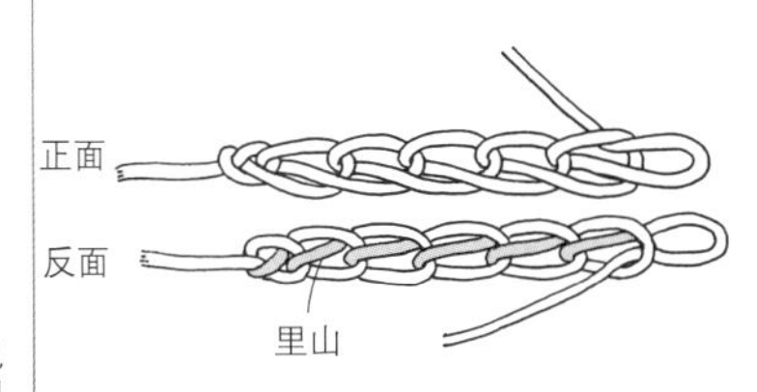

锁针有正、反面之分。
反面中央的1根线称为锁针的里山。

线和针的拿法

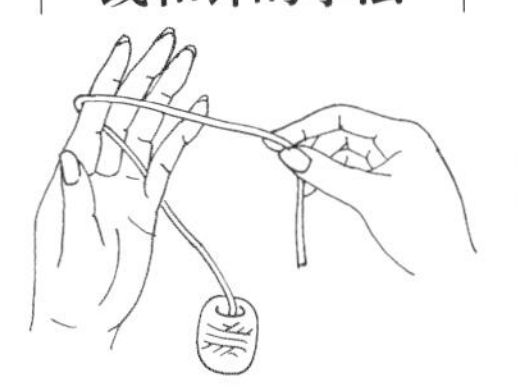

1 将线从左手的小指和无名指间穿过，绕过食指，线头拉到手掌前。

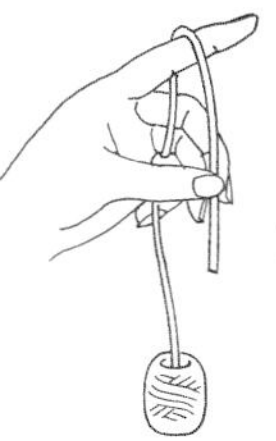

2 用拇指和中指捏住线头，食指撑开，将线挑起。

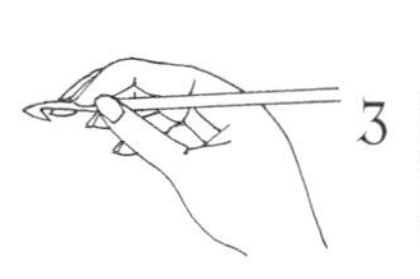

3 用拇指和食指握住针，中指轻放到针头处。

起针的方法

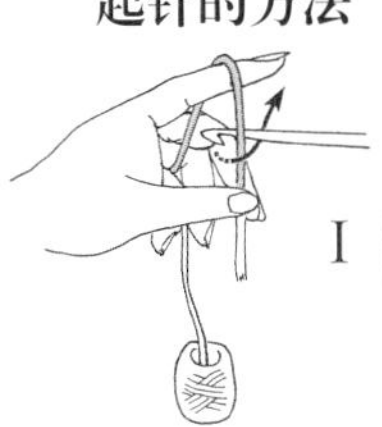

1 在线的里侧入针，回转针头。

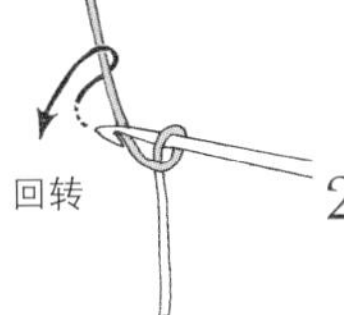

2 接着将线挂在针头上。

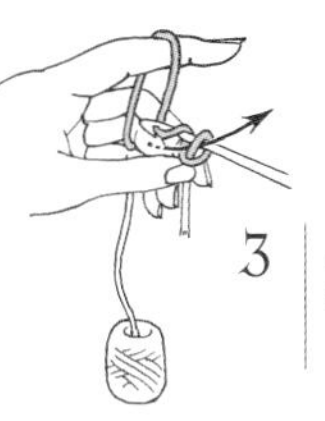

3 从圆环中穿过，将线圈拉出。

4 将线头抽出，收紧线圈，最初的起针完成。这针并不算做第1针。

起针

从中心开始环形编织时（用线头做环形）

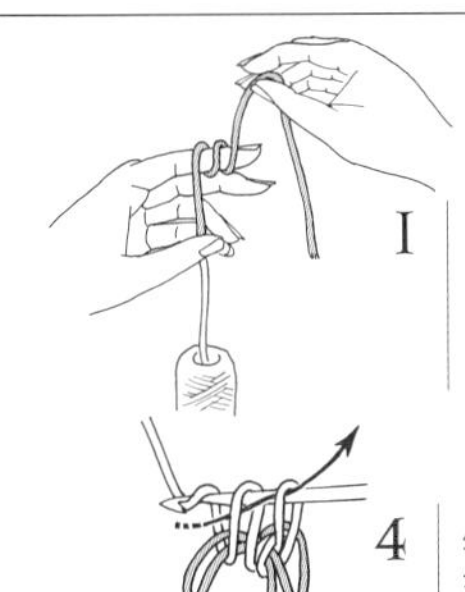

1 在左手的食指上将线绕2圈，形成环。

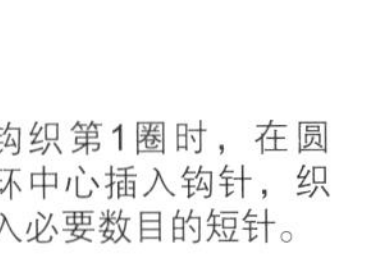

2 将环从手指脱出，在环中心入针，引拔将线抽出。

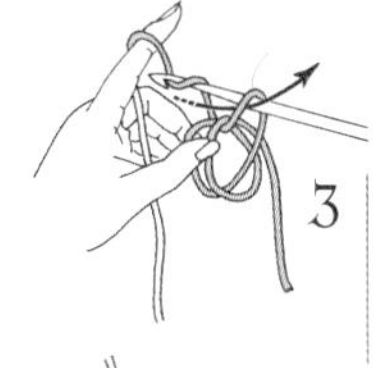

3 接着把线搭在针头上，将线抽出，钩织立起的锁针。

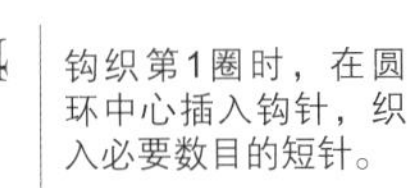

4 钩织第1圈时，在圆环中心插入钩针，织入必要数目的短针。

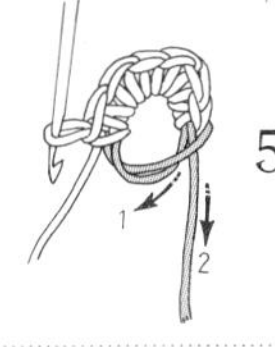

5 暂时将针抽出，将最初环形的线和线头抽出，收紧线圈。

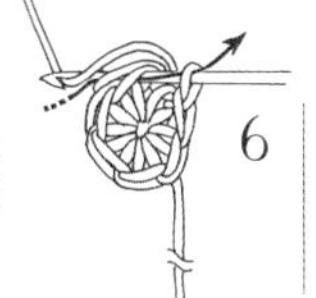

6 第1圈末尾时，在最初的短针中插入钩针，引拔钩织。

从中心开始环形编织时（用锁针钩织环形）

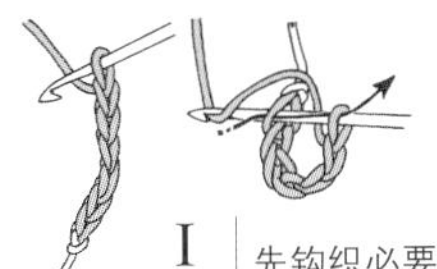

1 先钩织必要数目的锁针，然后将钩针插入最初锁针的中心，引拔钩织。

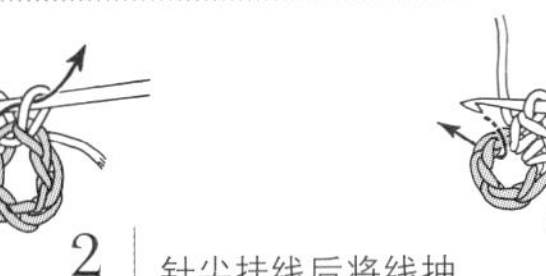

2 针尖挂线后将线抽出，钩织锁针。

3 钩织第1圈时，先将钩针插入圆环中心，然后将锁针挑起，钩织必要数目的短针。

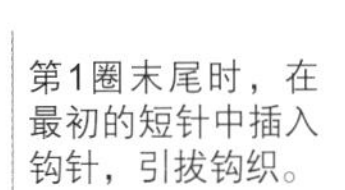

4 第1圈末尾时，在最初的短针中插入钩针，引拔钩织。

平针编织时

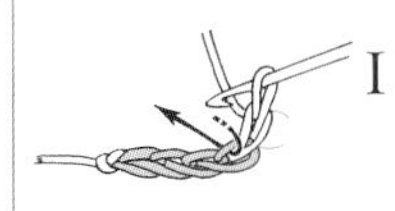

1 织入必要数目的锁针，在从头数的第2针锁针中插入钩针。

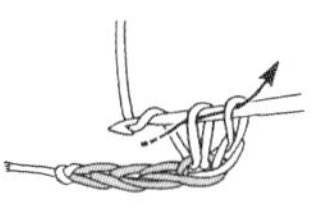

2 针尖挂线，将线抽出。

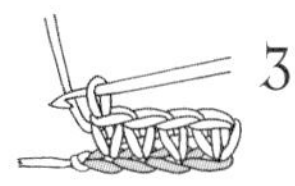

3 第1行完成后如图所示（1针锁针不算做1针）。

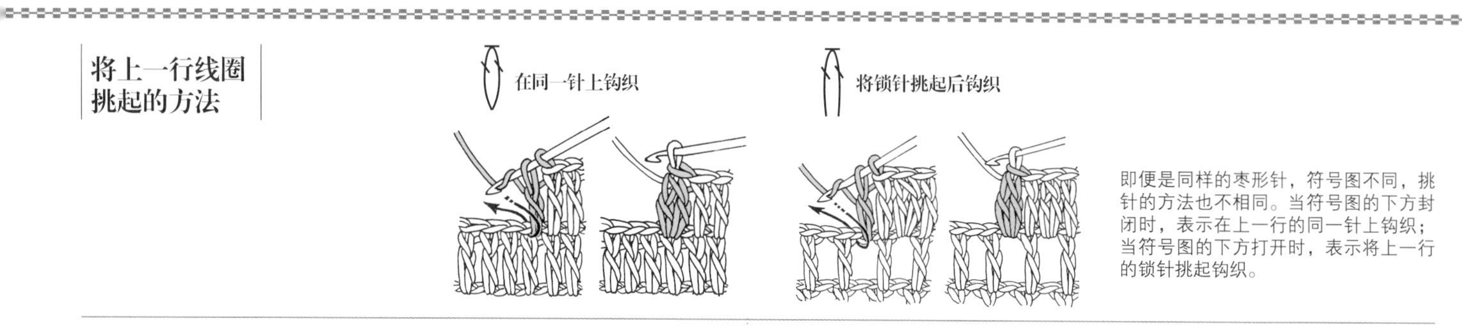

将上一行线圈挑起的方法

在同一针上钩织

将锁针挑起后钩织

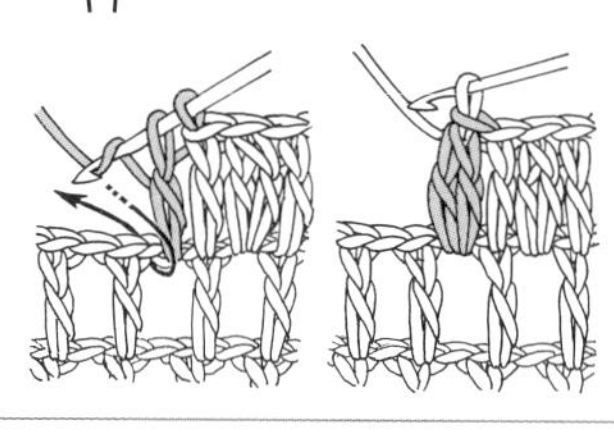

即便是同样的枣形针，符号图不同，挑针的方法也不相同。当符号图的下方封闭时，表示在上一行的同一针上钩织；当符号图的下方打开时，表示将上一行的锁针挑起钩织。

针法符号

锁针

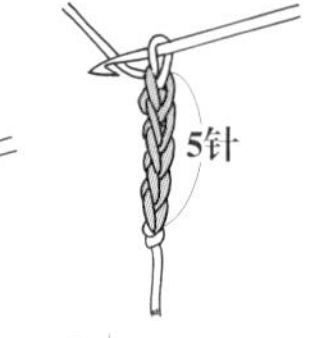

1 钩织最初的1针，按照箭头所示的方向运针。

2 针尖挂线，穿出线圈。

3 重复同样的动作。

4 完成5针锁针。

引拔针

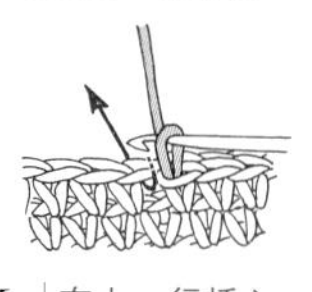

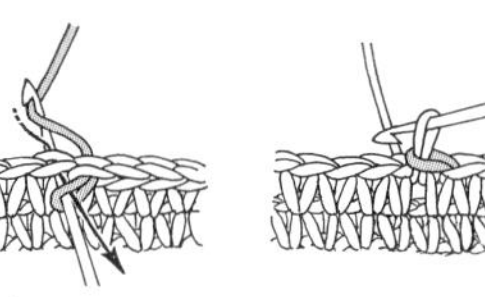

1 在上一行插入钩针。

2 针尖挂线。

3 将线一次性引拔穿出。

4 完成1针引拔针。

短针 重点提示参照P9

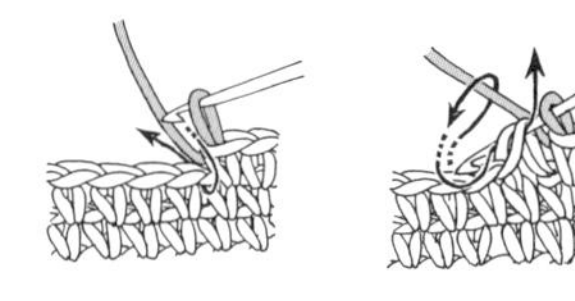

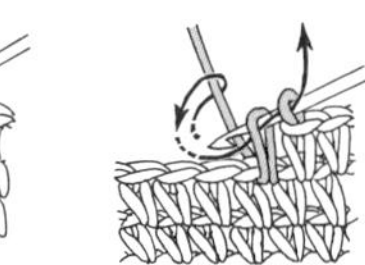

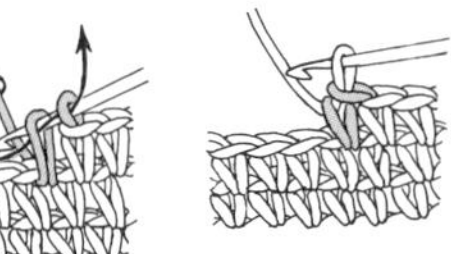

1 在上一行插入钩针。

2 针尖挂线，将线圈拉到前面。

3 针尖挂线，一次性引拔穿过2个线圈。

4 完成1针短针。

中长针

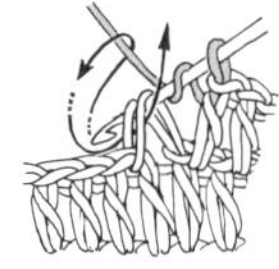

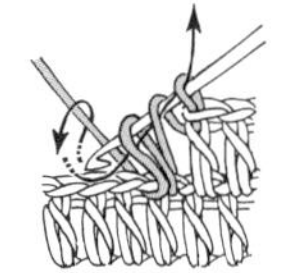

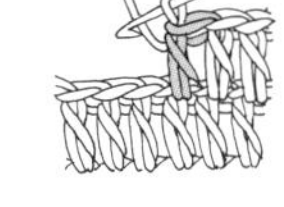

1 针尖挂线后，在上一行插入钩针。

2 再次在针尖挂线，将线圈拉到前面。

3 针尖挂线，一次性引拔穿过3个线圈。

4 完成1针中长针。

长针 重点提示参照P9

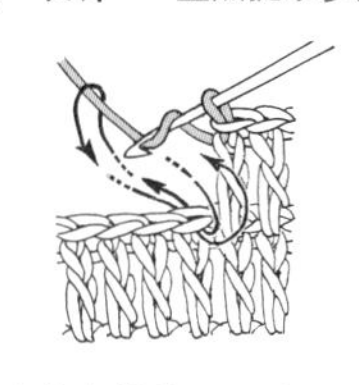

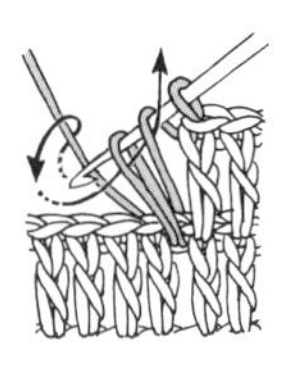

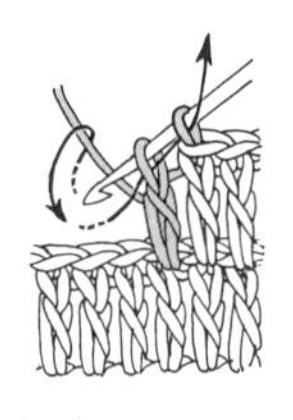

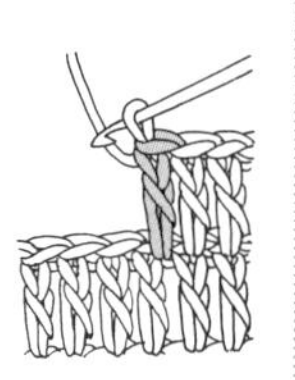

1 针尖挂线后，在上一行插入钩针。再次在针尖挂线，将线圈拉到前面。

2 按照箭头所示的方向，引拔穿过2个线圈。

3 再次在针尖挂线，引拔穿过剩下的2个线圈。

4 完成1针长针。

长长针　三卷长针 *（ ）内为三卷长针的次数

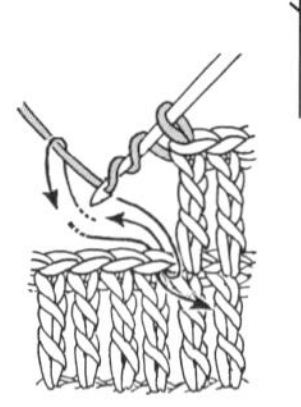

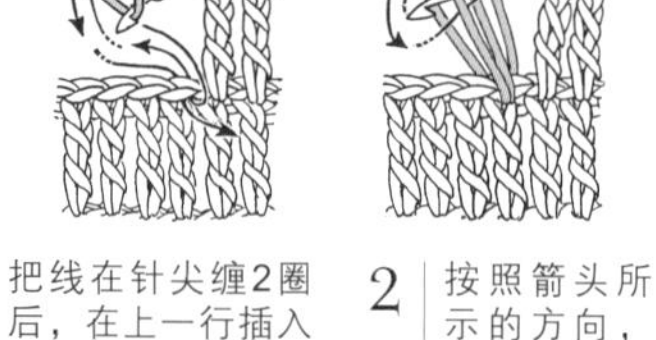

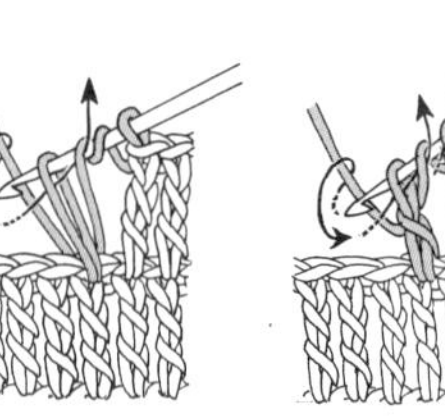

1 把线在针尖缠2圈后，在上一行插入钩针。然后在针尖挂线，将线圈拉到前面。

2 按照箭头所示的方向，引拔穿过2个线圈。

3 将同一个动作重复2次。

4 完成1针长长针。

短针2针并1针

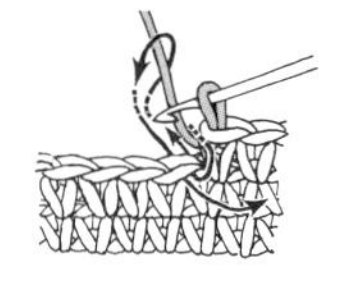

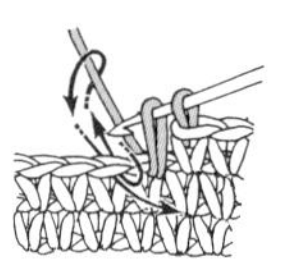

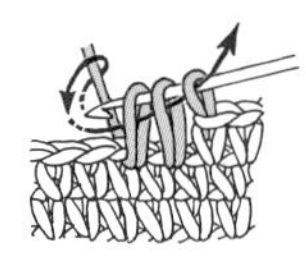

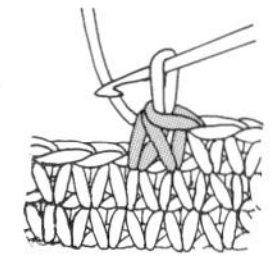

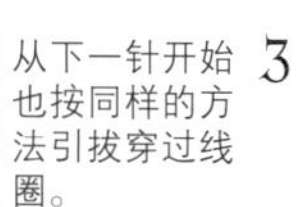

1 在上一行的线圈中，按图中箭头所示方向插入钩针，引拔穿过线圈。

2 从下一针开始也按同样的方法引拔穿过线圈。

3 针尖挂线，一次性引拔穿过3个线圈。

4 短针2针并1针完成。与上行相比减1针。

短针1针放2针

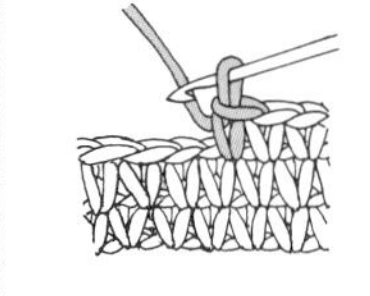

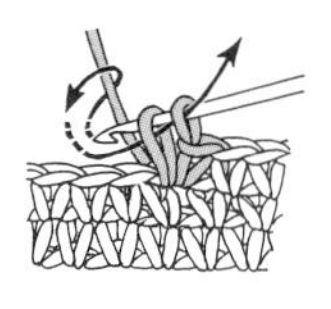

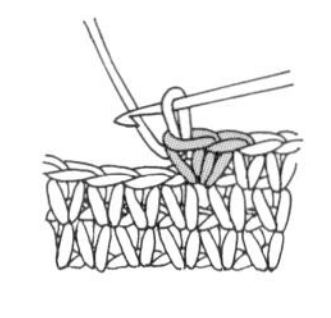

1 钩织1针短针。

2 在同一线圈处再次插入钩针，将线圈拉到前面。

3 针尖挂线，一次性引拔穿过2个线圈。

4 在同一线圈中织入2针短针，与上行相比增加1针。

短针的条纹针

重点提示参照P133

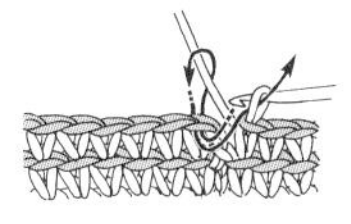

1 每行正面向上钩织。织1圈短针后，在最初的针脚中引拔钩织。

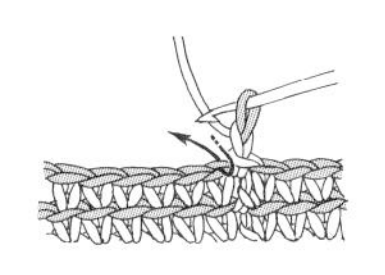

2 织入1针起立针，将上一行外侧的半针挑起，钩织短针。

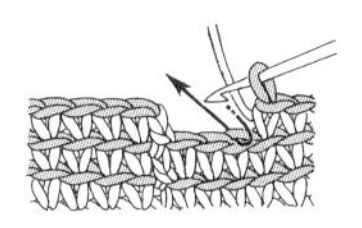

3 按照步骤2的要领重复，继续钩织短针。

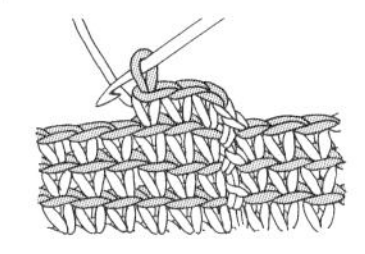

4 上一行内侧的半针呈条纹状，第3行短针的条纹针织完后如图所示。

短针的菱形针

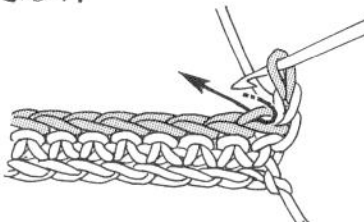

1 在上一行外侧半针沿箭头方向入针。

2 钩织短针，在下一针的外侧半针入针。

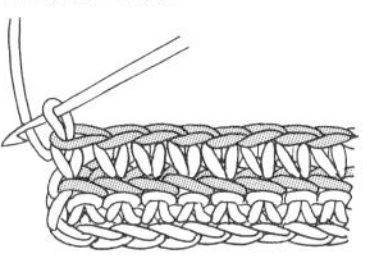

3 钩织到此行的末端后，将织片翻转。

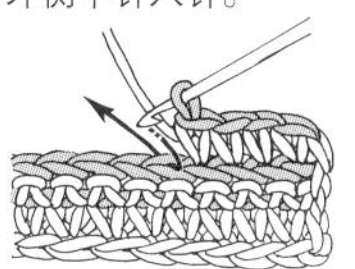

4 重复步骤1~2，在外侧半针入针钩织短针。

3针锁针的狗牙针

重点提示参照P155

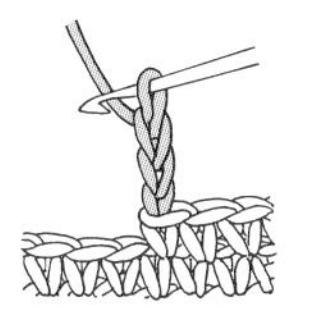

1 钩织3针锁针。

2 在锁针的首针半针和尾针1根线处插入钩针。

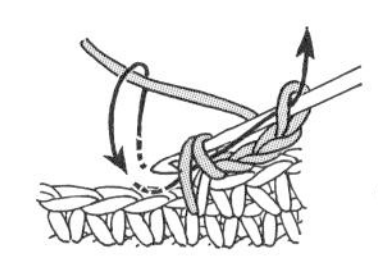

3 针尖挂线，一次性引拔穿过3个线圈。

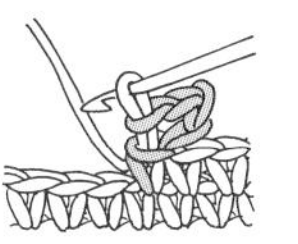

4 完成3针锁针的狗牙针。

长针2针并1针

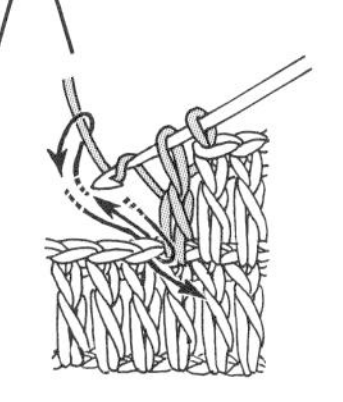

1 在上一行织入未完成的长针，并按图中箭头所示的方向在下面的线圈中插入钩针，然后将线拉出。

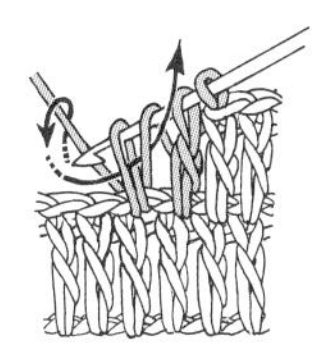

2 针尖挂线，引拔穿过2个线圈，织第2针未完成的长针。

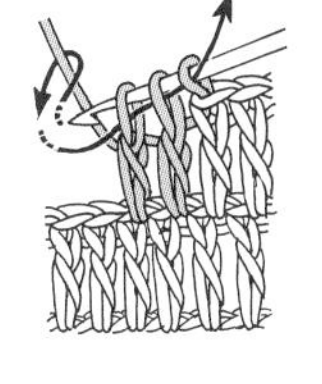

3 针尖挂线，一次性引拔穿过3个线圈。

4 完成长针2针并1针，与上一行相比减1针。

长针1针放2针

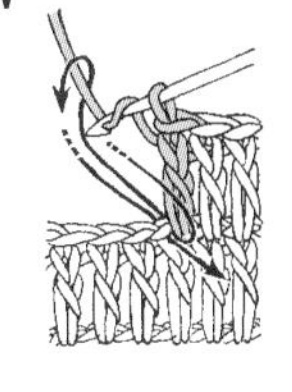

1 在钩织长针的同一针上，再钩织长针。

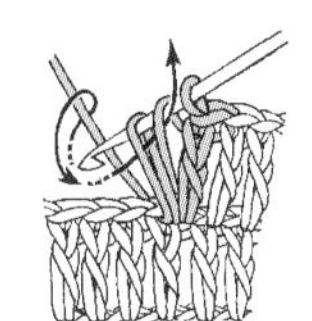

2 针尖挂线，引拔穿过2个线圈。

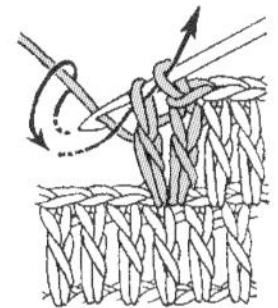

3 再次在针尖挂线，引拔穿过剩余的2个线圈。

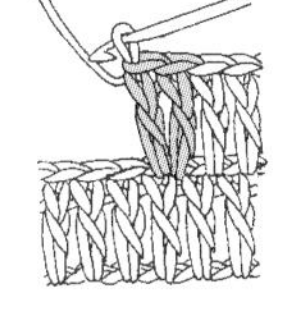

4 在同一线圈处织入2针长针，与上1行相比增加一针。

变化的3针中长针枣形针

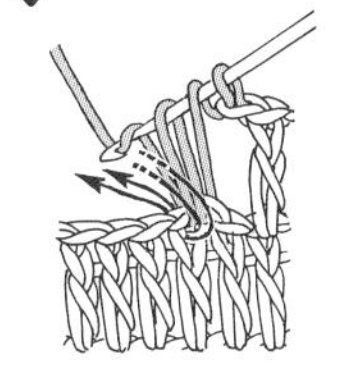

1 在上一行的同一线圈中钩织3针未完成的中长针。

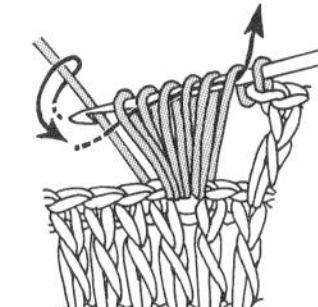

2 针尖挂线，先引拔穿过6个线圈。

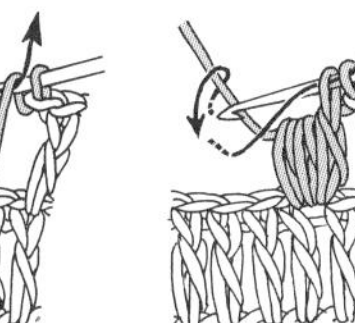

3 再次在针尖挂线，引拔穿过剩余的2个线圈。

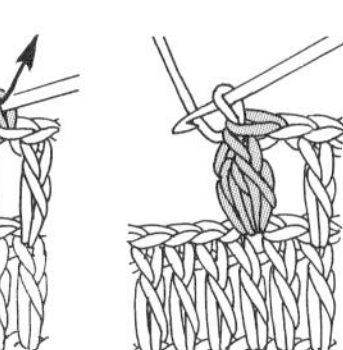

4 变化的3针中长针枣形针完成。

3针长针的枣形针

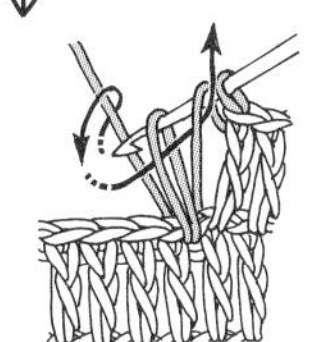

1 在上一行的线圈中，织1针未完成的长针。

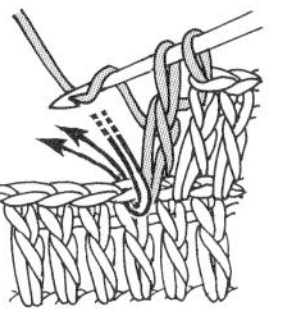

2 先在同一线圈处插入钩针，再织入2针未完成的长针。

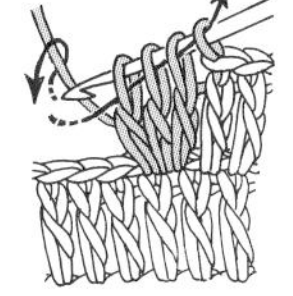

3 针尖挂线，一次性引拔穿过4个线圈。

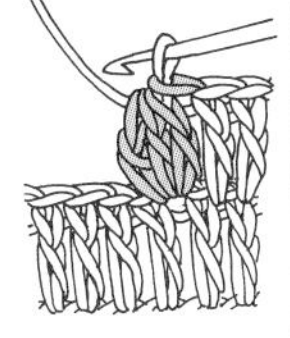

4 完成长针3针的枣形针。

5针长针的爆米花针

1 先在上一行的同一针脚中织入5针长针，然后暂时将钩针取出，再按箭头所示方向插入钩针。

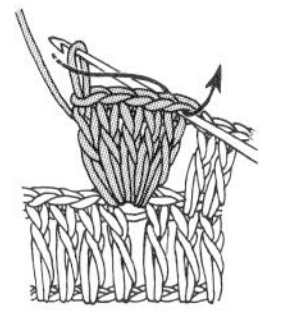

2 直接引拔穿入线圈。

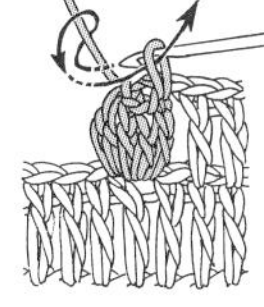

3 再钩织1针短针，收紧。

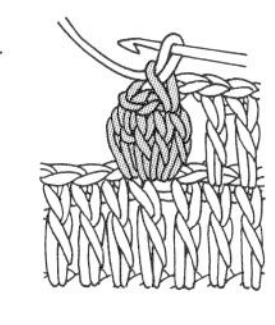

4 5针长针的爆米花针完成。

长针的正拉针

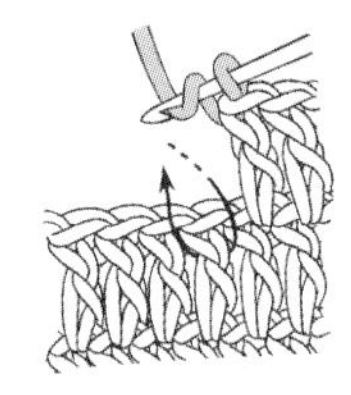

I 针尖挂线，按照箭头所示，从正面将钩针插入上一行长针的尾针中。

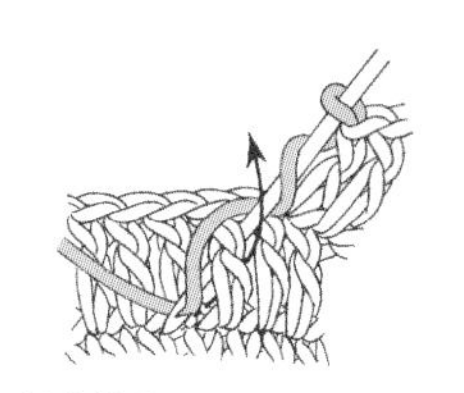

2 针尖挂线，再将线拉长抽出。

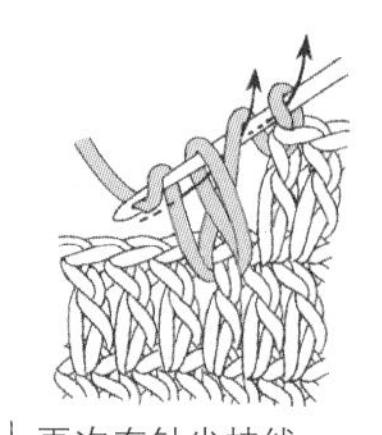

3 再次在针尖挂线，引拔穿过2个线圈。再按同样的动作重复1次。

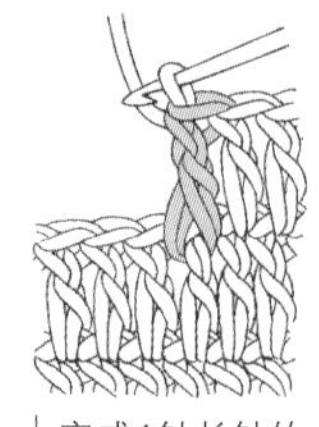

4 完成1针长针的正拉针。

长针的反拉针

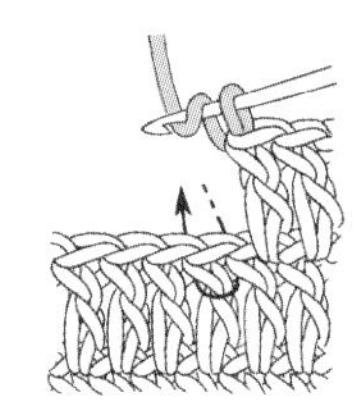

I 针尖挂线，按照箭头所示，从反面将钩针插入上一行长针的尾针中。

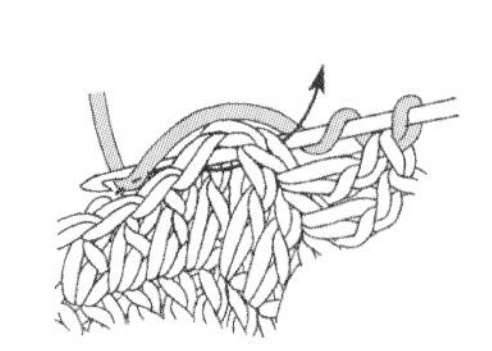

2 针尖挂线，按照箭头所示，将线从织片的外侧拉出。

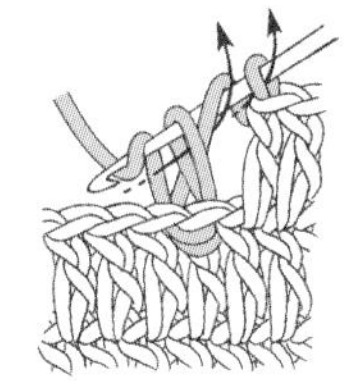

3 拉长线，再次在针尖挂线，引拔穿过2个线圈。同样的动作重复1次。

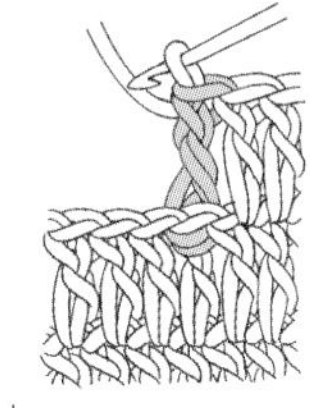

4 完成1针长针的反拉针。

其他的编织符号

3针中长针的枣形针……参见P156

4针长针的枣形针……参见P13

5针长长针的爆米花针……参见P45

配色线的替换方法……参见P13

钩针日制针号换算表

日制针号	钩针直径
2/0	2.0mm
3/0	2.3mm
4/0	2.5mm
5/0	3.0mm
6/0	3.5mm
7/0	4.0mm
7.5/0	4.5mm
8/0	5.0mm
10/0	6.0mm
0	1.75mm
2	1.50mm
4	1.25mm
6	1.00mm
8	0.90mm

本书使用的线的有关介绍

（图中毛线均为实物粗细）

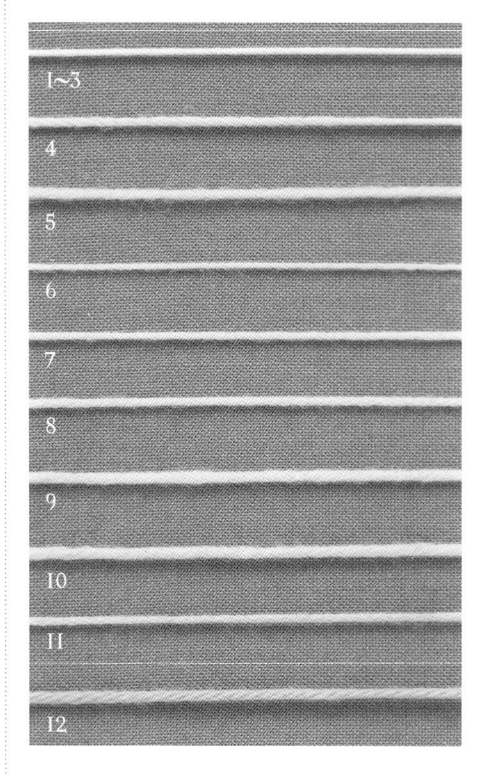

・1～12从左至右记述了材质—规格—线长—色数—适用针型
・想要咨询线的问题请按以下提示进行操作来询问

1 艾米格朗迪
100%棉，50g线团，约218m，45色，蕾丝针0号～钩针2/0号

2 艾米格朗迪(天然系)
100%棉，20g线团，约88m，18色，蕾丝针0号～钩针2/0号

3 艾米格朗迪(亮彩系)
100%棉，10g线团，约44m，22色，蕾丝针0号～钩针2/0号

4 petit marche亚麻纤维&棉
麻50%(亚麻纤维)，棉50%，25g线团，约80m，5色，钩针3/0～4/0号

5 pupnew4PLY
羊毛(放缩加工)100%，40g线团，约150m，32色，钩针5/0号

6 paume无垢棉，蕾丝系
棉(有机纯棉)100%，25g线团，约209m，1色，蕾丝针4号

7 paume无垢棉，优质系
棉(有机纯棉)100%，25g线团，约100m，1色，钩针2/0号

8 paume无垢棉，钩织系
棉(有机纯棉)100%，25g线团，约107m，1色，钩针3/0号

9 paume无垢棉，编织系
棉(有机纯棉)100%，25g线团，约70m，1色，钩针5/0号

10 paume彩土色
棉(有机纯棉)100%，25g线团，约70m，5色，钩针5/0号

11 paume编织系草木色
棉(有机纯棉)100%，25g线团，约107m，6色，钩针3/0号

12 paume草木色
棉(有机纯棉)100%，25g线团，约73m，5色，钩针5/0号